2009

中国生物技术发展报告

中华人民共和国科学技术部 社会发展科技司
中国生物技术发展中心 编著

科学出版社
北京

内 容 简 介

《2009 中国生物技术发展报告》分为政策篇、技术篇、产业篇和国际篇。介绍了我国生物技术及其产业发展的现状与成就，总结了发展生物技术及产业的经验，宣传了政府发展生物技术的政策方针，收集了截至 2009 年年底国内外生物技术研发和产业化的最新进展。

《2009 中国生物技术发展报告》能为生物科技领域的科学家、企业家、管理人员和关心支持生物技术发展的各界人士提供参考。

图书在版编目(CIP)数据

2009 中国生物技术发展报告 / 中国人民共和国科学技术部社会发展科技司，中国生物技术发展中心编著. —北京:科学出版社，2010
ISNB 978-7-03-028105-0

Ⅰ. 中… Ⅱ. ①中… ②中… Ⅲ. 生物技术-技术发展-研究报告-中国-2009 Ⅳ. Q81

中国版本图书馆 CIP 数据核字(2010)第 116361 号

责任编辑:王海光 李 悦 / 责任校对:刘晓梅
责任印制:钱玉芬 / 封面设计:耕者设计工作室

科学出版社 出版
北京东黄城根北街 16 号
邮政编码:100717
http://www.sciencep.com
中国科学院印刷厂 印刷
科学出版社发行 各地新华书店经销
*
2010 年 7 月第 一 版 开本:889×1194 1/16
2010 年 7 月第一次印刷 印张:21 1/4
印数:1—4 000 字数:354 000

定价: 148.00 元

(如有印装质量问题，我社负责调换〈科印〉)

《2009中国生物技术发展报告》
编辑委员会

主　　编：王宏广

副 主 编：马宏建　贾　丰　安道昌

参加人员：（按姓氏音序排列）

艾春波　艾瑞婷　敖　翼　鲍时翔　蔡辉益　曹雪涛
曹谊林　陈　凤　陈冠军　陈洁君　陈敬华　陈俐娟
陈书安　陈彦丞　陈志南　程翔林　杜昱光　范秉全
范　玲　付红波　付卫平　关镇和　郭亚军　郭跃伟
韩文斌　郝　沛　胡洪营　胡忆虹　华玉涛　黄　霞
黄英明　姬胜敏　江正兵　姜吉梦　焦炳华　焦念志
金　奇　旷　苗　李博华　李冬雪　李劲松　李　俊
李　宁　李瑞国　李向明　李亦学　李　毅　林　敏
林拥军　刘　静　刘俊新　刘录祥　刘先宝　卢　钿
吕有勇　马　放　马贵宏　马有志　潘爱华　裴端卿
裴雪涛　秦　松　邱宏伟　邱丽娟　饶志明　任南琪
沈心亮　石东升　史劲松　苏　月　孙燕荣　汤　波
唐克轩　陶海军　田　禹　童光志　万　涛　王爱杰
王德平　王国英　王　慧　王　晶　王　军　王丽伟
王淑军　王秀全　王　莹　魏于全　吴坚平　武治印
相建海　肖诗鹰　肖　湘　徐安龙　徐鹏辉　徐向阳
许正宏　严兴洪　杨淑燕　杨鑫淼　杨　智　易瑞灶
尹军祥　于善江　于振行　俞汉青　詹启敏　张　偲
张大璐　张　杰　张启发　张　锐　张　彤　张玉忠
赵　理　赵清华　赵饮虹　郑玉果　种　康　周乃元
周　琪　朱昌雄　朱　敏　朱明南

前　　言

2009年金融危机继续在全球蔓延。人类发展的历史表明,每一次大的经济危机、社会变革之后,都会伴随着新一轮科技进步,甚至催生新的科技革命。受金融危机的影响,经济发展速度下降,许多国家纷纷发展新技术,开发新产品,开辟新市场,培育新的经济生长点,各个国家都在积极寻找对策,不少国家不约而同地努力推进新的科技革命,促进新的产业革命。越来越多的事实表明,生物技术引领的新科技革命正在加速形成,生物经济正在成为新的经济生长点,美国、加拿大、芬兰、印度等国家相继提出了加速生物经济发展的对策措施,发展生物经济已经成为许多国家应对金融危机的重要措施之一。

中国政府一直十分重视生物技术及产业发展。2009年5月13日,温家宝总理主持召开了国务院常务会议,讨论并原则通过了《促进生物产业加快发展的若干政策》。会议指出,必须抓住世界生物科技革命和产业革命的机遇,将生物产业培育成为我国高技术领域的支柱产业。以生物医药、生物农业、生物能源、生物制造和生物环保产业为重点,大力发展现代生物产业。2009年11月,国务院又确定将生物产业作为未来重点培育的战略性新兴产业。

在国家宏观政策的引导下,我国生物产业保持了快速发展的势头。2006~2008年,我国生物产业实现总产值保持年均25%的高速增长,成为

金融危机影响下保持快速增长的少数行业之一，是支撑高技术产业增长的重要力量。2009年，我国生物产业规模迈上新台阶，其中生物和医药产业2009年实现总产值10 381.82亿元，首次突破万亿元大关。产值保持高速增长，医药制造业同比增长21%，比工业、高技术制造业同期增幅分别高11.67和15.86个百分点。在保持快速发展良好态势的同时，生物产业结构升级趋势日益明显，产业内并购活跃，已出现具有制造、商业完整产业链的特大型医药企业集团。同时，各地发展生物产业的积极性持续提高。北京、上海、天津、江苏、辽宁、湖北、山东、深圳等地纷纷出台本地区发展生物和医药产业的政策措施，如深圳在今后7年，每年投入5亿元发展生物医药产业。目前全国呈现的发展生物产业积极性，将为今后一个时期我国生物产业的快速增长注入新的动力和活力。

为了科学、全面地介绍我国生物技术及其产业化发展的现状和主要成就，交流和总结发展生物技术和产业的经验，宣传政府发展生物技术的政策措施，自2002年以来，科技部中国生物技术发展中心每年出版发行《中国生物技术发展报告》。结合当前应对金融危机和拉动内需的战略需求，通过对“863”计划生物和医药技术领域重点成果的总结，本年度报告遴选了一批既能拉动内需、又能形成新的经济增长点的自主创新技术和产品进行重点介绍。希望本书能为生物科技领域的科学家、企业家、管理人员和关心支持生物技术发展与产业的各界人士提供参考。

编　者

2010年6月

目　　录

1 政策篇

生命科学和生物技术的创新和突破是21世纪科学技术发展的鲜明标志，生物和医药技术是当今世界高技术发展最快的重要领域之一，生物技术产业是继信息产业之后又一个发展前景十分广阔的高科技产业，并将成为21世纪世界经济新的增长点和支柱产业之一，生物经济的发展正在引起全球经济格局的深刻变化和利益结构的重大调整。未来10～20年是我国经济社会发展的重要机遇期，随着未来我国经济社会的发展，各行业和不同区域对生物科技的需求将呈现持续增长和多层次、多样化的特征。保障农业领域未来食品安全，保障能源领域能源安全，建立资源节约型和环境友好型社会，缓解环境资源短缺，改善生态环境质量，提高生态水平，防御生物恐怖、外来物种入侵以及重大传染病，发展医疗卫生领域人口与健康事业，均为生物技术的发展提供了广阔的空间。建立和完善生物技术创新体系，全面提升我国生物和医药技术的整体创新能力对于重大疾病防治、生物医药产业发展、推动生物经济具有现实和战略意义。

人类发展的历史表明，每一次大的经济危机、社会变革之后，都会伴随着新一轮科技进步，甚至催生新的科技革命。受金融危机的影响，经济发展速度下降、失业人口增加、社会动荡因素增多，许多国家纷纷发展新技术，开发新产品，开辟新市场，培育新的经济生长点。这必将加速科技进步，有可能催生新的科技革命。

越来越多的事实表明，生物技术引领的新科技革命正在加速形成，生物经济正在成为新的经济生长点，发展生物经济已经成为应对金融危机的重要措施之一。美国、加拿大、芬兰、印度等国家也相继提出了加速生物经济发展的对策措施。在美国新任总统奥巴马的4位科技顾问中，有3位是生物与医药领域的专家，前总统布什过去8年一直不批准联邦政府资金支持干细胞研究，奥巴马总统上任不到1个月就批准了。继信息技术之后，许多国家都把发展生物与医药产业作为

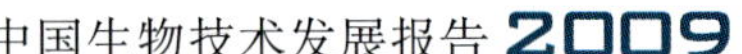

新时期提升综合国力的重要措施，纷纷采取增加投入、建立园区、争夺人才等多种措施加速生物经济的发展。为应对全球金融危机的影响，跨国制药企业加速了在生物和医药领域的并购、重组。2009 年初，辉瑞、默克、罗氏等国际制药企业掀起狂热的整合潮，整个行业格局出现重大变更。2009 年 1 月，美国制药巨头辉瑞公司以 680 亿美元的价格吞并了惠氏制药，创造了全球医药行业近十年来的最大的并购，其目的就是为了提升其在生物医药领域的国际竞争力，以确保公司业绩的持续增长。

2009 年是“十一五”的最后一年，为更好地把握历史机遇，明确发展思路和目标，加速发展步伐，科技部、国家发改委、农业部、教育部、卫生部、国家食品药品监督管理局、国家自然科学基金委员会、中国科学院等有关部门和各省市地方政府都纷纷采取了制定规划、完善政策、加大投入、培养人才、建设基地等有力措施。

一、生物产业作为重点发展的战略性新兴产业，受到政府的高度重视和大力支持

（一）国务院办公会研究确定将生物育种、生物医药作为重点扶持的战略性新兴产业

国务院已同意国家发改委提出的《关于加快培育战略性新兴产业有关意见的报告》，对加快培育包括生物技术产业在内的战略性新兴产业做出了总体部署。战略性新兴产业包括航空航天、信息、生物医药和生物育种、新材料、新能源、海洋、节能环保和新能源汽车等。

（二）国务院发布了《促进生物产业加快发展的若干政策》

为加快把生物产业培育成为高技术领域的支柱产业和国家的战略性新兴产业，2009 年 6 月 2 日，国务院发布了《促进生物产业加快发展的若干政策》（以下简称《政策》），并要求国务院有关部门依据该政策制定配套的政策措施，各省、自治区、直辖市政府要结合本地实际制订具体方案并抓好落实。

该《政策》提出的目标是要引导技术、人才、资金等资源向生物产业集聚，促进生物技术创新与产业化，加速生物产业规模化、集聚化和国际化发展；建立以企业为主体，以市场为导向，产、学、研相结合的产业技术创新体系，造就高素质人才队伍，增强自主创新能力，掌握一批拥有自主知识产权的重要生物技术、产品和标准；培育若干个跨国经营的大型生物企业和一大批拥有自主知识产权的创新型中小型生物企业，形成若干个产业集聚度高、

核心竞争力强、专业化分工特色显著的生物产业基地；加强生物技术专利保护和物种种质资源保护，提高种质资源开发、利用水平，保障生物安全。

《政策》提出了5个现代生物产业发展的重点领域，分别是生物医药领域、生物农业领域、生物能源领域、生物制造领域和生物环保领域。通过培育具有较强创新能力和国际竞争力的龙头企业，鼓励和促进中小型生物企业发展，大力推进生物产业基地发展，积极推进国际合作，发展壮大我国的生物企业。

同时，《政策》特别提出要大力促进自主创新，充分发挥企业技术创新主体的作用，加强创新能力基础设施建设，切实做好生物技术成果转移服务工作，加速自主创新成果的产业化。对于培养高素质的生物产业人才队伍，《政策》也明确提出要加强生物科技人才的培养，积极引进优秀生物科技人才。

为进一步保障生物产业的发展，《政策》提出要加大财税政策支持力度，积极拓宽融资渠道，创造良好的市场环境。

《政策》还提出要强化生物遗传资源保护和生物安全监管，加强生命科学、生物技术知识和有关法律法规的宣传普及工作，加强生物研究伦理审查。

关于生物产业的组织领导，《政策》提出要建立国家促进生物产业发展部际协调机制，统筹协调生物产业发展的重大问题。成立国家生物产业发展专家咨询委员会，对产业发展重大问题开展咨询研究。积极发挥行业协会桥梁和纽带作用，推动国际交流与合作，强化行业自律。

（三）国家发改委研究落实《政策》，启动实施了一批高技术产业化专项

国家发改委已部署落实国务院发布的《政策》，陆续出台贯彻《政策》的有操作性的具体办法，特别是针对加快完善生物企业融资环境和财税政策，加快培育生物技术产品市场。他们提出，对于资金支持生物企业的方面，应是多种渠道和多种方式的支持，除了各级政府的扶持资金，企业通过资本市场运作筹措的资金，也将鼓励发展生物产业创业投资。此外，金融机构信贷和担保对生物企业的支持力度也比较大。

为落实《生物产业发展“十一五”规划》，2009年，国家发改委组织实施了“绿色农用生物产品高技术产业化”、“微生物制造高技术产业化”、“现代中药产业发展”等若干与生物产业相关的专项。并于2009年年底开始着手联合有关部门编制生物产业发展的“十二五”规划，进一步推动具有自主知识产权的生物技术产业化，

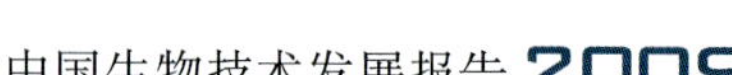

促进生物产业集群化和国际化发展。

“绿色农用生物产品高技术产业化”专项重点支持具有自主知识产权和对产业发展有重大支撑作用的重要绿色农用生物产品的产业化，包括畜禽新型疫苗产业化、新型饲用抗生素替代产品产业化、新型高效生物肥料产业化及农林生物农药产业化。该专项的实施旨在提高绿色农用生物产品市场占有率，提高重大畜禽疫病免疫预防率，降低化学肥料施用率，提高兽用抗生素替代率，提升我国绿色农用生物产品的自主创新成果产业化能力，培育一批大型生产企业，大幅度提升我国生物农业产品的市场竞争力和经济效益，有效保障我国粮食和环境安全。

“微生物制造高技术产业化”专项重点支持具有自主知识产权、对产业发展具有重要支撑作用的微生物制造产品及工艺产业化，主要包括新型酶制剂产业化、新型微生物发酵产品、生物制造工艺示范应用。通过实施该专项，提高酶制剂和微生物发酵产品的生产和应用水平，提高原料转化率和资源综合利用率，利用现代生物技术延伸微生物制造产业链，大力发展新产品；扩大生物催化技术在食品、饲料、纺织、造纸等重点行业的应用，减少污染物排放，降低能耗，带动产业结构调整和升级，培育微生物制造产业的龙头企业，提升国际竞争力。

“现代中药产业发展”专项重点支持治疗常见病、重大疾病的创新药物品种的产业化，优质原料药材生产基地的建设和中药制药过程质量控制先进技术的综合示范应用。主要包括创新药物品种的产业化、优质原料药材生产基地的建设、中药制药过程质量控制先进技术的综合示范应用。通过实施该专项，充分发挥中医药的治疗优势与特色，推动具有我国自主知识产权、技术先进、成熟度高的中药成果产业化，使更多的疗效确切、可供临床选择的中药新产品走向市场，项目完成后，形成若干个年产值 1 亿元的中药新品种，为中药产品的结构优化与名药、名厂培育奠定基础；围绕中药产品安全、有效、质量可控等关键环节，推动一批饮片、成药的生产过程质量控制关键技术应用，为形成中药生产过程控制技术标准和规范体系奠定基础，为整体提升中药产业的技术水平和技术含量提供示范；引导形成一批合作关系清晰、合作实体明确、合作任务落实的产、学、研合作项目，充分发挥我国已有的中药研究公共技术平台的技术创新优势，推动建立技术开发合作机制，促进中药产业技术联盟的形成。

2009 年 12 月 16 日国家发改委出台了《国家发展改革委关于加快国家高技术产业

基地发展的指导意见》，在对国家高技术产业基地的内涵中特别提到了生物领域。该文件对于我国生物产业的基地建设具有重要的促进作用。同时，国家发改委还在大力加强生物产业自主创新和能力建设，促进生物企业集群发展，加快培育生物龙头企业，促进企业国际化发展。

（四）农业部发放转基因玉米、水稻的生产应用安全证书，转基因技术及其安全评价继续受到关注

2009年8月17日，农业部依法批准发放了转植酸酶基因玉米、转基因抗虫水稻的生产应用安全证书。这是农业部首次发放转基因粮食作物的生产应用安全证书，受到了社会的广泛关注。

转植酸酶基因玉米“BVLA430101”是由中国农业科学院生物技术研究所培育的自交系，外源基因是由我国科学家自行克隆的植酸酶基因，受体品种是“Hi-Ⅱ”玉米自交系。转基因抗虫水稻“华恢1号”是由华中农业大学培育的高抗鳞翅目害虫转基因水稻品系。外源基因是由我国科学家人工改造合成的苏云金芽孢杆菌（简称Bt）杀虫蛋白融合基因*cry1Ab/cry1Ac*，受体品种是水稻三系恢复系“明恢63”。“华恢1号”与“珍汕97A”所配的杂交组合为“Bt汕优63”。农业转基因生物安全委员会综合评价认为，转基因水稻和玉米与非转基因对照水稻和玉米具有同样的安全性。不过其产业应用尚需时间，因为发放转基因生物安全证书并不等同于允许商业化生产。

目前，农业部正会同科技部、国家发改委等10个转基因生物新品种培育重大专项领导小组成员单位，遵照中央和国务院的总体部署，按照“加快研究、推进应用、规范管理、科学发展”的指导方针，加快实施转基因生物新品种培育重大专项，努力获得一批具有重要应用价值和自主知识产权的基因，培育一批抗逆、抗病虫、优质、高产、高效的转基因生物新品种，为我国农业可持续发展提供强有力的科技支撑。截至目前，农业部尚未批准任何一种转基因粮食作物种子进口到中国境内商业化种植，在国内也没有转基因粮食作物商业化种植。

针对转基因的生物安全问题，农业部组建了农业转基因生物安全委员会、全国农业转基因生物安全管理标准化技术委员会，建设了一批安全监督检验测试机构，其中35个已通过国家计量认证和农业部审查认可。截至2009年底，农业部已发布了62项转基因生物安全技术标准，保障了依法行政监管的技术需求。

2009年9月29日，国家农业转基因生

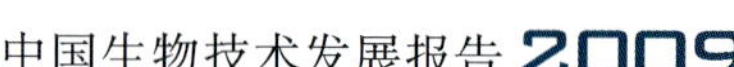

物安全评价与检定中心建设工程正式启动并举行开工奠基仪式。该项目2009年10月开工建设，计划2011年12月投入使用。项目建成后，将建成国内权威、国际先进的农业转基因生物安全评价与检定机构，主要开展农业转基因生物安全评价和应急预警，农业转基因生物安全管理科普宣传、公众交流，转基因技术标准、管理规范的研制，农业转基因生物产品成分检测鉴定和食用安全、环境安全的监测监控，农业转基因生物安全评价与检测鉴定技术交流及国际合作等工作，为《农业转基因生物安全管理条例》及其配套规章实施提供技术支撑和咨询服务。

（五）中国科学院制定《中国科学院中长期发展规划纲要（2006～2020年）》

中国科学院研究制定并发布了《中国科学院中长期发展规划纲要（2006～2020年）》，明确了中国科学院未来5～15年的发展目标、发展战略、战略重点和重要举措。其中将人口健康和医药领域、先进工业生物技术领域、现代农业科技领域，生态与环境科技领域列为战略重点领域，并要求在脑与认知及神经科学研究、蛋白质与进化生物学研究、人类与动植物基因组学和功能基因研究等基础研究方面进入世界先进行列。

二、地方政府积极响应，纷纷出台生物医药技术与产业发展规划，突出区域优势和特色

目前全国正在兴起发展生物技术与产业的热潮。发展生物技术，培育具有地方特色的生物经济，已经成为地方政府的共识，生物产业被作为各地高技术产业发展的重点领域和重要内容。为充分发挥各地的区域资源和技术优势，突出地方特色，全国已有北京、天津、上海、河北、山东、云南、陕西、广东、四川、吉林、黑龙江、辽宁、湖北、福建等10多个省（自治区、直辖市）政府在国家有关规划的基础上，制定出台了各地的生物产业发展规划和专项政策，加速地方生物技术产业快速发展、合理布局。

（一）湖北省

作为中部生物产业最发达的省份，2007年，湖北省生物产业实现产值360亿元，比上年增长24.1%；实现增加值126亿元，占全省GDP的比重达到14%，逐步形成生物医药、生物农业等优势特色产业群，成为全省经济增长和高新技术产业发展的重要推动力量。生物医药产业方面，生物疫苗产量居全国第5位，眼科用药产

量居全国第1位，解热镇痛药产量居全国第2位，维生素类产量居全国第5位；生物农业方面，动植物新品种培育与良种产业化位居全国前列，先后诞生了世界第一个克隆鱼、我国第一个试管猪和第一个转基因植物新品种，是我国最大的兽用和鱼用药研发和产业化基地、最大的生物农药基地；拥有一批重点企业和有竞争力的产品，生物企业在竞争中迅速壮大，形成了一批有较强市场竞争力的骨干企业和名牌产品，拥有健民、马应龙、人福、广济、春天、天茂、安琪、潜江制药等8家上市企业，年销售收入超过10亿元的企业1家，超过5亿元的企业7家，超过1亿元的企业38家。生物制造、生物能源、生物环保等新兴产业快速形成，生物产业发展正迈入快车道。

为了促进生物产业发展，结合《中共湖北省委、湖北省人民政府关于增强自主创新能力建设创新型湖北的决定》，制定了《湖北省生物产业发展规划（2008～2015年)》。

该文件的制定深入贯彻落实科学发展观，以机制体制创新和技术创新为动力，以做大做强产业为核心，以培育龙头企业为重点，优化资源配置，营造良好发展环境，充分发挥湖北省特有的资源优势和技术优势，以武汉国家生物产业基地为重要载体，重点发展生物医药、生物农业，加快发展生物制造、生物能源和生物环保等新兴产业，努力实现关键技术和重要产品研制的新突破，使生物产业成为质量效益好、增长速度快、带动效应强的战略性新产业，成为促进中部地区崛起、建设“两型”社会综合配套改革实验区的重要支撑。

湖北生物产业发展以“开放先导，集聚发展、创新引领，特色突破、市场主导，政府推动、统筹协调，持续发展”为基本原则，逐步形成促进生物产业快速发展的技术创新体系、产业组织体系、政策法规体系和行业管理体系；经过几年的发展，生物产业的集约化、规模化、国际化水平明显提高，成为湖北省高新技术领域支柱产业和中部地区重要的生物产业发展基地。《规划》中预计到2015年，全省生物产业总产值达到1300亿元以上，年均增长18%左右，实现增加值470亿元以上，占GDP的比重超过2.5%。其中，到2010年，生物产业总产值突破600亿元，实现增加值210亿元以上，占GDP的比重达到2%；到2012年，生物产业总产值突破840亿元，实现增加值300亿元以上，占GDP的比重达到2.3%。规模以上生物企业超过1000家，打造过50亿元企业5～8家、超过10亿元企业10～15家，培育一批创新能力强、成长性好、市场扩张性强的企业群。

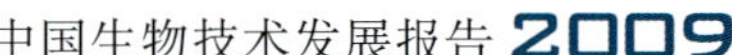

生物技术领域高新技术企业科技投入占企业销售收入的比重达到8%以上，培育若干个拥有自主知识产权、年销售额超过5亿元的生物技术产品。建立基本完备的生物产业创新服务体系和支撑条件平台体系，产业技术创新设施基本完备，企业创新能力明显提高，产品附加值得到大幅提升。建设高水平、国际化的生物技术联合研发平台（基地），引进国际一流生物企业，全省生物产业出口规模达到15亿美元以上。

根据发展基础和条件，湖北生物产业发展按照中心区、拓展区两个层次进行规划布局。其中，中心区以武汉国家生物产业基地为核心，辐射武汉城市圈；拓展区包括以宜昌为中心辐射宜（昌）—荆（州）—荆（门）及恩施州的鄂西南地区，以襄樊为中心的襄（樊）—十（堰）—随（州）及神农架林区的鄂西北地区。武汉国家生物产业基地位于环东湖地区，是实现湖北生物产业跨越式发展的突破口。充分依托环东湖地区的生物技术人才、技术优势和丰富的产业资源，把握武汉城市圈建设“两型”社会综合配套改革试验区的机遇，深化改革，扩大开放，大胆试验，努力将基地建设成为突破阻碍生物产业聚集化、跨越式发展障碍的先行区，增强生物技术自主创新能力，抢占世界生物产业制高点的前沿阵地，集研究与开发、贸易与流通、人才培养与综合服务为一体的产业发展平台。同时，辐射带动武汉城市圈和全省生物产业快速发展，提升湖北省在全国生物产业中的地位。

（二）广西壮族自治区

广西壮族自治区具有南亚热带的特色生物资源优势和连接西南、华南、中南与东盟大市场枢纽的区位优势，木薯、甘蔗等非粮型能源作物资源在全国名列前茅，已经被国家确定为第一个以木薯等非粮原料生产燃料乙醇并推广车用乙醇汽油使用的试点省区。拥有三金药业、田园生化、广西中粮、可口可乐（广西）、易多收生物、明阳生化、梧药集团等一大批超亿元的龙头企业。目前广西在包括生物燃料乙醇、生物柴油、中成药、蔗糖、绿色食品和保健品产业、花卉园艺产业、茶业、林业等生物能源、生物医药、生物制造及生物农业在内的生物产业已初具规模。广西已经有多家企业在泰国、越南、菲律宾、印尼、柬埔寨等国家建立木薯、甘蔗原料生产基地、育种试验基地和生物能源生产基地，多家科研机构到越南、泰国等国家建立国际中草药种植示范合作等。

为了培育广西新的经济增长点、提高能源自给率、保障人民生命健康、提高农业综合生产能力，将优势产业做大、做强、

做优，特制定了《广西壮族自治区生物产业发展规划》。

该文件以邓小平理论和“三个代表”重要思想为指导，深入贯彻落实科学发展观，以区域经济和产业结构调整为契机，紧紧围绕生物能源、生物农业、生物制造、生物医药、生物环保等领域，以机制体制创新和技术创新为动力，优化区域布局，培育龙头企业，努力实现关键技术和重要产品研制的新突破，形成一批具有自主知识产权的生产技术和产品，打造生物质循环经济产业链，使广西的生物产业成为质量效益好、增长速度快、带动效应强的战略性新产业。坚持市场导向与政府引导相结合、坚持优化布局和聚集发展相结合、坚持自主创新与引进技术相结合、坚持可持续发展四项基本原则。

力争使广西生物产业主要经济指标进入国家前列，在关系经济社会发展全局和国家安全的关键优势生物技术领域掌握自主知识产权，生物产业竞争力达到全国中上水平，把广西建设成为我国重要的非粮生物产业基地和泛北部湾地区重要的特色生物产业技术聚集地。到2012年，培育3～5家年产值超10亿元的龙头企业，实现全区生物产业总产值1000亿元。到2015年，培育年销售收入超30亿元的高新技术企业（集团）1～2家以上，实现全区生物产业总产值1200亿元。到2020年，培育30家以上产值超亿元的生物产业企业、10家以上产值超10亿元大型生物产业企业集团和2～3家年销售收入在50亿～100亿元的特大企业（集团），全区生物产业总产值突破3000亿元。

在发展重点方面，根据现有生物产业发展基础、比较优势和研发能力，坚持做大产业规模与增强自主创新能力并举，按照产业化、集聚化、国际化发展的要求，重点发展生物能源、生物农业、生物环保、生物制造及生物医药等行业，尽快形成广西生物产业的群体优势和局部强势。

在空间布局上，建设“1个国家基地”，“3个核心园区”、“4条产业链”和“4个平台”。“1个国家基地”即南宁生物国家高新技术产业基地，“3个园区”即以不同资源特色为主的崇左生物产业园、桂林生物产业园和柳州生物产业园，并以基地和园区为基础形成核心区、集聚区、扩展区和外协区。“4条产业链”即淀粉基产品产业链、糖基产品产业链、纤维素基产品产业链和植物药用品产业链，形成生物能源、生物农业、生物医药、生物基材料、生物化工、微生物制造、糖醇制造、农产品深加工、生物环保等9大生物制造行业。“4个平台”即两级生物技术创新平台（组建系列的自治区级或国家级生物产业关键

共性技术研发中心和工程技术研究中心）、生物产业成果孵化中试平台、生物产业化示范平台和生物产业技术综合信息服务及物流平台。

（三）河北省

经过多年的发展，河北省形成了石家庄、安国等有影响的生物医药基地，初步构建起以国家和省级重点实验室、工程（技术）研究中心、企业技术中心、生产力促进中心为主架构的生物技术创新体系，形成了一批有一定影响的生物医药、生物制造和生物能源企业，开发出一批支撑生物产业发展的关键技术，培育出一批具有良好市场前景的生物产品。截至 2008 年年底，全省规模以上生物产品生产企业达 400 家左右，销售收入 472 亿元，具备了加快发展的基础。但同时也面临着结构性矛盾突出、自主创新能力较弱、外部竞争压力大、机制与政策不完善等问题。

为了扬长避短，积极发展新兴战略产业，特制定了《河北省人民政府办公厅关于促进生物产业加快发展的实施意见》。

文件中提出：引导技术、人才、资金等发展要素向生物产业集聚，促进生物技术创新与产业化，加速河北省生物产业规模化、集聚化和国际化发展。到 2013 年，全省规模以上生物产品生产企业销售收入达到 1000 亿元以上，生物医药产业销售收入居全国前列。建立以企业为主体，以市场为导向，产、学、研相结合的产业技术创新体系，造就高素质人才队伍，增强自主创新能力，开发一批拥有自主知识产权的重要生物技术、产品。到 2013 年，培育 5 家以上销售收入超 100 亿元的大型生物企业和一批拥有自主知识产权的创新型中小生物企业，形成一批以石家庄国家生物产业基地为龙头、产业集聚度高、核心竞争力强的省级生物产业基地。加强生物技术专利保护和河北省物种种质资源保护，有计划地开展重点品种资源调查与监测，提高种质资源开发、利用水平，保障生物安全。

重点发展生物医药、生物农业、生物环保、生物能源、生物制造等领域。采取大力培育壮大生物产业龙头企业、积极扶持中小生物企业成长、努力推进生物产业集聚、积极推进国内外合作等措施大力发展壮大生物企业。大力促进自主创新，在资金、人才、财税、环境、政策等方面给予重点扶持，支持产业发展。

大力培育壮大生物产业龙头企业。支持华北制药、石药集团等一批具有较强创新能力和市场竞争力的重点企业。对华北制药新产品工业园、石药集团重大创新药物产业化及药物制剂国际化、神威药业现代中药产业园等生物类建设项目，按照

“企业有需求、政府能做到、一园一策、一企一策、一项一策”的原则给予支持。加速推进重点企业引进战略投资者，通过资产重组、资源整合和机制创新，增强实力和活力，促其做大、做强。

集中力量推进石家庄国家生物产业基地做大、做强，以产业链和工业园为抓手，做强生物医药优势产业，做大生物制造和生物农业等新兴产业，形成产业核心区、研发孵化区和栾城、赵县、深泽生物产业园“两区三园”格局，提升基地在国内外的影响力，使其成为辐射和带动全省生物产业发展的核心区。支持安国建设以现代中药为重点，绿色中药材种植、加工制造、贸易流通为一体的生物产业基地。积极培育张家口生物酶，承德生物农业，廊坊、沧州生物制造，唐山、秦皇岛生物冶金和海洋生物，衡水、邯郸、邢台生物能源等产业基地，形成区域特色，增强竞争优势。

（四）河南省

近年来，河南省生物产业快速发展，实力明显增强，形成了较好的产业基础。2008 年全省生物产业产值已经超过 600 亿元，其中医药制造业实现工业产值 484 亿元，同比增长 35%，高于全国平均增幅 10 个百分点；实现利润 47 亿元，同比增长 27%，是全国增长最快的省份之一。河南省医药制造业产值已从 2005 年全国第 7 位上升至 2008 年全国第 5 位。抗生素原料药、血液制品、片剂、中药贴剂、中药丸剂生产规模均居全国前列；郑麦 9023、郑单 958、转基因抗虫棉推广面积均居全国第一位；乳酸、异 Vc 钠、核苷等生物化工产品具有规模优势。在国内率先突破了转基因抗虫棉、甲型 H1N1 流感疫苗制备等一批关键技术，涌现出了天方药业、辅仁制药、金丹乳酸、天冠集团、华兰生物、中棉种业、安图生物、焦作健康元等一批骨干企业。郑州国家级生物产业基地和新乡、驻马店、焦作、南阳、周口 5 个省级生物产业基地占全省生物产业的比重达到 70%。

为了更好地发挥河南省生物资源和产业基础优势，抓住世界生物科技革命的战略机遇，抢占产业发展制高点，增强核心竞争力，促进生物产业跨越式发展，把河南省建设成为国内一流、具有较强竞争力的生物产业大省，特制定了《河南省生物产业调整振兴规划》。

文件中提出深入贯彻落实科学发展观，紧紧抓住国内外生物产业快速发展的机遇，充分发挥河南省生物资源优势，按照重点突破、创新引领、开放带动、集聚发展的总体要求，以生物医药、生物农业、生物化工、生物能源为主攻方向，加快突破关键技术，强化产业发展优势，抢占产业发展制高点；大力推进与国内外大型企业的战略合作，弥补产业发展短板，培育带动性强的骨干优势企业，将河南省建设成为规模优势突出、主导产业鲜明、在全国具有重要位置的生物产业基地。生物产业发展应以“重点突破、创新引领、开放带动、聚集发展”为发展原则。在未来的十年里，全省生物产业年均增长率超过20%。到2012年，生物产业实现产值1200亿元，其中生物医药产业800亿元、生物化工产业220亿元、生物农业产业80亿元、生物能源产业100亿元，建成具有全国竞争优势的抗生素原料药、血液制品、新型疫苗、有机酸和生物育种生产基地。到2015年，实现产值2000亿元；到2020年，实现产值超过5000亿元。在新型高效广谱抗生素、新型疫苗、血浆综合利用、新型制剂、高效清洁发酵、转基因育种等领域突破关键技术，取得一批高水平的专利和成果，培育一批年销售收入超过5亿元的生物技术产品。提升企业研发能力，到2012年，新建60家省级以上企业研发机构，逐步完善以企业为主体的自主创新体系，为产业发展提供较强的技术支撑。到2012年，形成产值超过50亿元的生物企业3～5家，产值超过10亿元的15家，产值超过100亿元的园区1～2个。到2015年，形成产值超过100亿元的生物企业2～3家，产值超过300亿元的园区2～3个。到2020年，形成产值超500亿元的园区3～5个。

河南省生物产业发展定位和重点任务主要包括加快建设国内一流的新型医药产业基地，努力打造生物农业第一大省，大力发展生物化工产业，积极发展生物能源产业，积极培育发展生物环保产业，优化产业布局。按照统筹规划、整合资源、突出特色、集聚发展的原则，综合运用政策手段，合理配置要素资源，强化郑州国家生物产业基地的中心地位，加快南阳、新乡、周口、焦作、驻马店5个省级产业基地建设，鼓励其他地区在产业聚集区内建设生物特色产业园，加快形成中心带动、各具特色、衔接配套、良性互动的全省生物产业发展的新格局。

（五）湖南省

湖南省生物医药产业持续快速发展，2005～2008年销售收入年均增长35%。2008年实现销售收入253亿元，同比增长41%，增幅居全国第4位；增加值79亿元，同比增长27%。拥有一批治疗肝炎、肿瘤、妇科病等重大疾病、年销售收入超过2亿元的药品。拥有独家产品100多个、中药保护品种70多个，天然植物标准化提取物生产技术处于全国前列。基因工程药物、干细胞技术、组合生物合成技术、基

因诊断和基因治疗等处于国际一流水平。蛋白质工程、中药新药高通量筛选、中药粉体技术等处于国内领先地位，新药研发数量居全国第4位。长沙国家生物产业基地、浏阳生物医药园产业集聚度不断增强，已有入园企业110余家，年销售收入突破100亿元，占湖南省生物医药产业的40%，已成为全省生物医药产业发展的核心区域。一批重大项目逐步培育成熟。年产值超过100亿元的流感疫苗项目筹建基本完成；中南地区最大的原料药生产基地建设进展顺利；一批抗癌一类新药已进入临床研究阶段，为生物医药产业的突破性发展奠定了坚实的基础。

为加快生物医药产业发展，特制定《湖南省生物医药产业振兴实施规划（2009～2011年）》。

该文件提出发挥生物技术研发优势和国家基地平台优势，以自主创新为动力，加快突破新药创制重大关键技术和工艺；以整合重组为重点，加快培育知名品牌和骨干企业；以国家生物产业基地为核心，加快产业集聚和优化布局，促进生物医药产业持续快速发展。

到2011年，全省生物医药产业实现年销售收入700亿元，年均增长40%。预期到2020年，实现年销售收入超过4000亿元，年均增长约25%。培育销售收入超过亿元的重大品种30个，年销售收入超过50亿元的企业集团1家、超过20亿元的企业5家、超过10亿元的企业10家。着力培育现代中药、生物制品、原（辅）料药、制药机械和医疗器械等的重大品种。做大、做强长沙国家生物产业基地，建设技术创新平台和产业化公共服务平台。

在发展措施方面，制定促进湖南省医药产品市场开拓的招标采购办法，协调促进湖南省医药产品进入外省医疗保险和公费医疗目录，提高湖南省医药产品在省外医药市场的占有率。设立生物医药产业发展基金。以长沙国家生物产业基地为载体，政府、省内骨干医药企业、省内外投资机构共同设立湖南省生物医药发展基金，重点支持产业基础设施、产业支撑平台和重大产业化等项目建设。加大对新药开发的临床前研究和临床研究的扶持力度，对取得新药证书生产文号的品种、对获得国家资金补助的重大项目给予支持。

（六）深圳市

2008年，深圳市生物产业销售收入358.5亿元，产业规模位居国家生物产业基地城市前3位；生物医疗设备、生物制药产业规模全国领先；销售收入超过亿元的生物企业61家，其中超过10亿元的企业6家。迈瑞、三九、海普瑞等一批企业已成

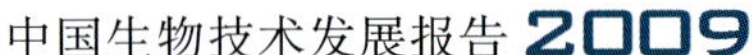

长为我国各专业领域自主创新的龙头企业。深圳市生物产业具有自主创新特色明显、产业基础扎实、产业化环境日益成熟等特点，先后诞生了世界第一个基因治疗新药、第一幅亚洲人基因图谱，国内第一个生物工程一类新药、第一台医用核磁共振诊断仪、第一台彩色超声多普勒血液成像系统（彩超）、第一台伽马射线治疗系统、第一台全自动生化分析仪等一大批自主创新成果。截至2008年年底，深圳共有19个生物项目被列入国家高技术产业发展计划，位居全国前列。

为了更好地提升深圳整体创新能力，培育战略性新兴产业，依据《深圳国家创新型城市总体规划（2008～2015）》等，编制了《深圳生物产业振兴发展规划（2009～2015年）》。

该文件提出全面落实科学发展观，围绕国家生物产业基地建设一个核心目标，遵循自主创新、国际合作、集聚发展、重点突破四个基本原则，强化生物医疗、生物医药、生物农业、生物环保四个优势领域，完成提升自主创新能力、加强产业国际合作、扩大产业发展规模、推动产业重点突破、促进产业集聚发展、构建产业支撑体系六大主要任务，努力将深圳建设成为我国乃至全球重要的生物产业基地。

到2015年，深圳市生物产业技术创新体系、产业组织体系、政策法规体系、行业管理体系和创新服务体系将初步建立，成为世界知名、国内领先的国家生物产业基地。在生物医疗领域，成为以生物医疗设备为突出特色、世界重要的生物医疗产业集聚区；在生物医药领域，成为世界领先的基因治疗药物研发与产业化基地、亚洲最大的疫苗生产中心、中国领先的创新药物研发与产业化和药品制剂出口基地；在生物农业领域，成为中国领先的转基因农作物、绿色农用生物制品创新与产业化基地、南中国海地区海洋生物技术研发与产业化基地；在生物环保领域，成为中国领先的水处理、生态修复技术创新与产业化基地。生物产业年销售收入达到2000亿元左右，成为深圳市高技术支柱产业。开发出5个以上针对重大疾病、具有全球专利保护的创新药，5个以上跨领域、多系统集成、具有全球专利保护的新型生物医疗设备产品。培育3家左右年销售收入超100亿元龙头企业，50家左右超10亿元企业，200家左右超1亿元企业。

强调以提升自主创新能力、加强产业国际合作、扩大产业发展规模、推动产业重点突破、促进产业集聚发展、构建产业支撑体系、促进生物产业的快速发展为主要任务，实施创新能力提升、产业国际合作、产业重点突破、产业集聚推进等四大

工程，全面提升生物产业的发展水平。

在领导层面，成立深圳新兴高技术产业发展领导小组，全面统筹协调深圳市生物产业发展工作及重大事项的审议。领导小组办公室设在深圳市发改委，负责领导小组的日常工作。建立生物产业专家委员会，为产业发展提供决策咨询。鼓励生物产业行业协会发挥桥梁、纽带和协调作用，支持行业协会建设公共服务平台，参与生物产业发展的政策研究、法规制定、规划编写、标准制定、技术和产品推广。通过组织保障、政策保障、资金保障、人才保障、空间保障五大保障体系，推进深圳市生物产业的跨越式发展。

（七）成都市

成都市生物医药产业基础较强，拥有一批优势企业和产品，聚集了一批医药创新资源。近年来，成都市生物医药产业年均增幅保持在20%以上。2008年，全市生物医药制造业实现工业产值202亿元，增长21%，利税31.72亿元；医药商贸业实现销售收入180亿元，增长20%，实现医药出口额1.6亿美元，增长60.5%；医药外包服务收入2.4亿元，增长71%；医药产业在成都市高新技术产业利税贡献率中继续保持第一。2008年，全市生物医药企业350家，其中规模以上的生物医药企业146家，规模以上企业数量仅次于上海、北京，成都市已成为国内重要的生物医药生产和流通基地之一。

为促进成都生物医药产业的进一步发展，成都市委市政府制定了《成都市生物医药产业发展规划（2009～2012）》。

该文件中提出加快医药“联动发展”，形成生物医药研发、制造、流通相互促进、协调发展的格局；加快企业“内生外引”，实施一批带动性强的产业项目，培育、引进和扶持一批骨干企业、知名企业和有特色的中小型生物医药企业；加快产品研发与创新，形成产、学、研结合，技术和资源共享的新机制，培育一批重点产品；加快产业载体建设，打造生物医药研发创新中心和产业孵化中心。

到2012年，生物医药产业经济总量达900亿元，销售收入超过1亿元的企业80家，销售额超过亿元产品30个；现代中药、疫苗、血液制品、大输液产品等在国内的研发与市场优势地位进一步确立，建成国内重要的生物医药研发创新中心、产业孵化中心和医药贸易中心，成为特色鲜明的国家生物医药产业基地；生物医药产业成为西部领先、全国一流、融入世界的新兴产业。

其中生物医药制造业产值达到550亿元以上，年均增长28%，力争进入全国同

类城市前4位；生物医药贸易销售收入突破350亿元，年均增长20%，占全国市场份额的8%，成为中西部地区最大的医药贸易基地，其中，生物医药出口额达到4亿美元以上，年均增长30%；生物医药外包服务业收入超过10亿元，年均增长50%，居全国同类城市前列。生物医药制造业方面，培育2~3家销售收入超过50亿元的企业，10家销售收入超过10亿元的企业，60家销售收入超过1亿元的企业，新增生物医药上市企业2~3家；生物医药商贸业方面，形成1家销售收入超过80亿元的企业，2~3家销售收入超过30亿元的企业，20家销售收入超过1亿元的企业；生物医药外包服务业方面，培育1家销售收入超过亿元的企业，3~5家销售收入超过5000万元的企业（机构）。力争有30个生物医药产品年销售收入超过1亿元；新增国家一类创新药物3~5个，累计取得国家各类药物证书达到300个以上；国家级、省级工程（技术）研究中心和企业技术中心达到20个。

成都生物医药产业发展在继续巩固提升现代中药、化学药的产业基础地位的基础上，大力发展生物制药、生物医学材料及医疗器械，积极培育医药外包服务。在抗体药物、疫苗、重组病毒载体等生物制药领域，生物活性人工骨、牙种植体、医用磁共振医疗系统等生物医学材料及医疗器械领域，大输液产品、手性药物等化学药领域，中药大品种二次开发、创新成药等现代中药领域形成国内领先的研发和产品优势。

三、国家科技计划进一步加强对生命科学与生物技术领域的部署

围绕“十一五”“863”计划生物和医药技术领域战略目标，2009年“863”计划生物和医药技术领域在重大项目、重点项目和专题三个层次进行全面部署。

重大项目针对严重危害我国人民健康的、有良好先期工作基础的以及具有重要临床与科学意义的几种癌症，以揭示癌症发生和转移机理的分子机制，为癌症的临床早期诊断、分子分型和预后判断提供科学依据为目标，2009年启动了“癌症基因组研究”重大项目课题，合同专项经费为3675万元。

重点项目以重大疾病为研究对象，以加强生物技术与临床资源的系统集成，攻克若干重大疾病预防和诊治的关键技术为目标，2009年启动了“常见重大疾病全基因组关联分析和药物基因组学研究”重点项目8个课题，合同专项经费总计14 846万元。

专题针对国际生物技术和现代医药技术发展前沿、我国生物技术和现代医药技术发展瓶颈，启动了“基因操作和蛋白质工程技术”、“新一代工业生物技术”、“生物信息与生物计算技术”和“现代医学技术”4个专题61个课题，强化对生物科技前沿领域的探索研究，增强我国生物和医药技术领域的原始创新能力，为“十二五”乃至更加长远的发展提供充足的技术和人才储备。4个专题共涉及8个研究方向，合同专项经费总计9865万元。

2006～2009年期间，“十一五”“863”计划生物和医药技术领域在若干前沿技术领域取得了重大突破，初步建立和完善了具有中国特色的生物技术创新体系，提升了我国生物技术的整体竞争力；以重大疾病为重点，加强了生物技术与临床资源的系统集成，攻克了若干重大疾病预防和诊治的关键技术；以医药和工业发酵为突破口，强化了生物技术向产业的应用辐射，支撑和引领了生物产业的快速发展，创造了一定的经济效益和社会效益。截至2009年底，本领域共获得新药证书7个，另有5个产品正在申请新药证书，获得临床批文50件，其中Ⅲ期临床9个，Ⅱ期临床23个。获得医疗器械证书21个，另有16个产品正在注册申报。获得新型诊断试剂盒产品批文14个，另有7个产品正在注册申报。申请各类专利2396项，其中发明专利2166项；授权各类专利702项，其中发明专利555项，占授权专利总数的79.1%。发表论文6880篇，其中被SCI、EI或ISPT收录的论文共有3793篇，占发表论文总数的55.1%，影响因子超过20的论文达38篇；共出版专著243本，获得105个软件著作权；获得省部级以上奖励76项；累计转让成果44项，成果转让收入18 113万元。实现新增产值约58.7亿元。

1. 在新药创制技术方面取得一批成果，为“创新药物”重大专项的启动实施提供了重要的技术支撑

生物和医药领域“863”计划开展了一批新药的临床和临床前研究，鉴定了一批疾病相关的功能基因，解析了一批重要蛋白结构，发现了一批药物靶标，为新药创制重大专项的实施提供了重要技术支撑。“863”计划立项研发的产品中，已有32个现进入新药创制重大专项。其中由军事医学科学院自主研发的抗流感新药磷酸奥司他韦颗粒剂，有效提高了我国应对甲型H1N1流感的药物防控能力，被国家确定为应对甲型H1N1流感疫情的重要战略储备药物。由深圳微芯生物科技有限责任公司自主研发的西达本胺，是新型分子靶向抗肿瘤一类新药，已向美国FDA递交新药临

床试验（IND）申请，将在美国开展Ⅰ期临床研究。

2. 集成、创新了部分重大和常见疾病的诊断技术和标准，提高了我国医院诊疗水平

该领域支持研究开发了临床诊断技术和标准，有些在各大医院进行了推广应用。由上海交通大学医学院附属瑞金医院制定的《急性白血病诊断和分型技术平台技术规范手则》，是迄今为止国内急性白血病诊断、分型专项技术最全面的总结和规范手册，已在16家单位推广应用。浙江大学围绕数字化医疗开展了相关研究，建立了医疗信息集成框架、数据模型、服务接口、医疗文书表达规范、电子病历系统功能模型等一系列模型、框架和技术；完成了集成引擎、数据中心、信息服务中间件和电子病历系统等大型医疗信息系统软件的研发。该成果于2007年在中国人民解放军总医院全面实施，受到好评。

3. 疫苗研发达到国际领先水平，有效支撑了我国重大传染病的防控

该领域共研究开发40种重大或常见疾病的疫苗，已有2个获得新药证书并商业化。中国人民解放军第三军医大学研制的重组口服幽门螺杆菌疫苗于2009年3月获得新药证书，这是世界上第一个获得新药证书的同类疫苗，预期市场效益和社会效益良好，需求量可望达到超过1000万人份/年。北京民海生物科技有限公司研制的无细胞百白破b型流感嗜血杆菌联合疫苗于2009年3月获得新药证书，这是我国第一个获得同类证书的疫苗产品。厦门大学研制的重组戊型肝炎疫苗于2009年10月完成了Ⅲ期临床研究，这是国际上研究进展最快的戊肝疫苗。

4. 促进发酵工业的节能减排，引领化学工业的生物制造

“十一五”“863”计划工业生物技术领域，围绕发酵工业的节能减排和生物化学品的生物制造，立项实施了一批课题，对于我国传统发酵产业的节能减排、化学工业的生物制造具有重要的示范意义。江南大学研究的谷氨酸发酵新工艺，使味精制造用水和排水已从$250m^3/t$下降到$30m^3/t$，日耗水从两万多立方米降至$6000m^3$。中国科学院过程工程研究所承担的酱油发酵生产工艺的创新，使生产过程能耗减少80%、水耗降低20%。华东理工大学等单位在红霉素、头孢菌素C等代表性抗生素的生产工艺上不断创新，大大降低了生产成本，提高了生产效益，确保了我国抗生素产业的国际地位。南京工业大学等单位对乙烯、丁醇、丁二酸等生物基化学品的开发以及

聚乳酸、聚羟基丁酸等生物塑料的开发开展了创新研究，相关技术的产业化已被国家发改委纳入高技术产业化示范工程。

5. 生物前沿技术原始创新不断取得突破，提升我国生物医药技术国际地位

该领域支持的研究中，共有 24 篇文章在 *Science*、*Nature* 和 *Cell* 杂志上发表。我国在国际上率先揭示禽流感病毒聚合酶关键部分 PA 亚基与 PB1 多肽复合体的精细三维结构；在国际上首次获得神经营养因子 NT-3 与受体 p75 复合物的三维晶体结构。这两项研究成果在 2008 年的 *Nature* 杂志上发表。血肽图专用检测试剂的自主研发，获得了 2008 年国家自然科学奖二等奖，并在国际上引起广泛关注，被 *Nature* 杂志在中国专刊 *Nature China* 上列为 2008 年中国生命科学研究亮点并给予评述。一项从全基因组水平揭示亚洲人群的精细遗传结构，系统阐明亚洲人群遗传结构与地理分布，以及语言结构之间关系的研究成果，于 2009 年发表在 *Science* 杂志上，引起国际科学界广泛关注。

2 技术篇

第一章 前沿生物技术

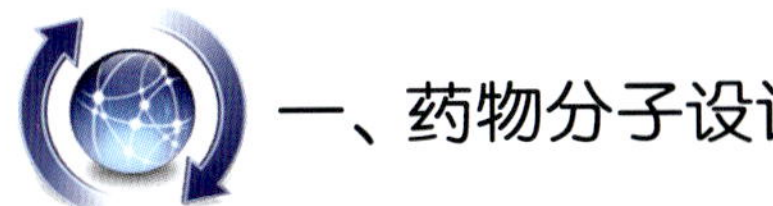

一、药物分子设计

为落实国家中长期规划，发展药物分子设计核心技术，“863”计划生物和医药技术领域专门设立了“药物分子设计核心技术与软件产品的研究开发”、“基于功能基因组和结构基因组的药物分子设计”、“针对重大疾病的药物分子设计及产品开发”3个重点项目，以药物品种研究为依托，发展药物分子设计技术，力求突破我国创新药物研究先导化合物结构发现与优化的瓶颈，提高我国药物分子设计研究与开发的整体水平和综合实力，同时探索产、学、研相结合的医药产业集成创新模式，尽快使我国医药研究与开发在国际医药研究领域占有一席之地，促进我国医药产业的跨越式发展。

（一）药物分子设计核心技术与软件产品的研究开发的总体进展顺利

重点开展了分子类药性预测、基于靶标结构和药效团的虚拟筛选技术、化合物药代动力学及毒性预测技术及新化学实体设计技术的算法研究及程序设计，改进了课题组以往发展的多个药物分子设计相关的计算方法和程序，发展了一些新的药物设计计算方法与程序，初步建立了流程化的药物分子设计软件系统平台，构建了200余个基于化合物的药效团模型和超过1000个基于受体结构的药效团模型，经过几个课题组的共同努力商业化推广了1项药效团数据库。

药效团数据库 PharmaCoreDBv2.0 以及整合的流程化的药物设计软件平台将为我国药物设计软件和服务产业的发展起到推动作用，同时有助于在国内药物研发相关单位推广药物设计最新方法与软件，提高药物研发的效率。项目参加单位创腾公司还在2008

年11月与华南师范大学、中国科学院上海药物研究所以及中国化学会计算（机）化学专业委员会共同举办了第四届国际分子模拟与信息技术应用学术会议，会议有近四百位国内外学者参加，共同研讨了分子模拟相关技术特别是在药物研发中应用的最新进展情况，并在会议上对取得的研究成果进行了介绍和宣传。取得的重要进展有以下几方面。

1. 药效团数据库 PCDB 商业化进入国内市场

北京创腾科技有限公司在集成式的药物分子设计软件系统方面，在与其他单位通力合作的基础上，提前完成了药效团数据库 PCDB1.0 的建立（图2-1），包括自行构建的90个基于化合物的药效团模型和超过1000个基于受体结构的药效团模型，具有自主知识产权，并于2007年11月召开了产品发布会，将此数据库产品商业化推向市场。2008年度申请并获得了软件著作权（著作权登记证书编号：093736）。2008年度在PCDB 1.0的基础上又进一步规范了药效团的格式，并陆续收集了来自中国医学科学院药物研究所、四川大学以及华东理工大学的基于活性化合物结构的药效团近百个，2008年年底推出了PCDB 2.0，2009年进一步对流程管理平台进行了完善和优化。该产品在药物研发领域有很好的应用前景，推向市场后，填补了国内相关产品的空白，为生物医药相关的学术单位和企业提供了药物筛选的重要数据和信息，可以大大加快药物研发的速度，同时该产品和国际上同类产品相比也处于领先地位。

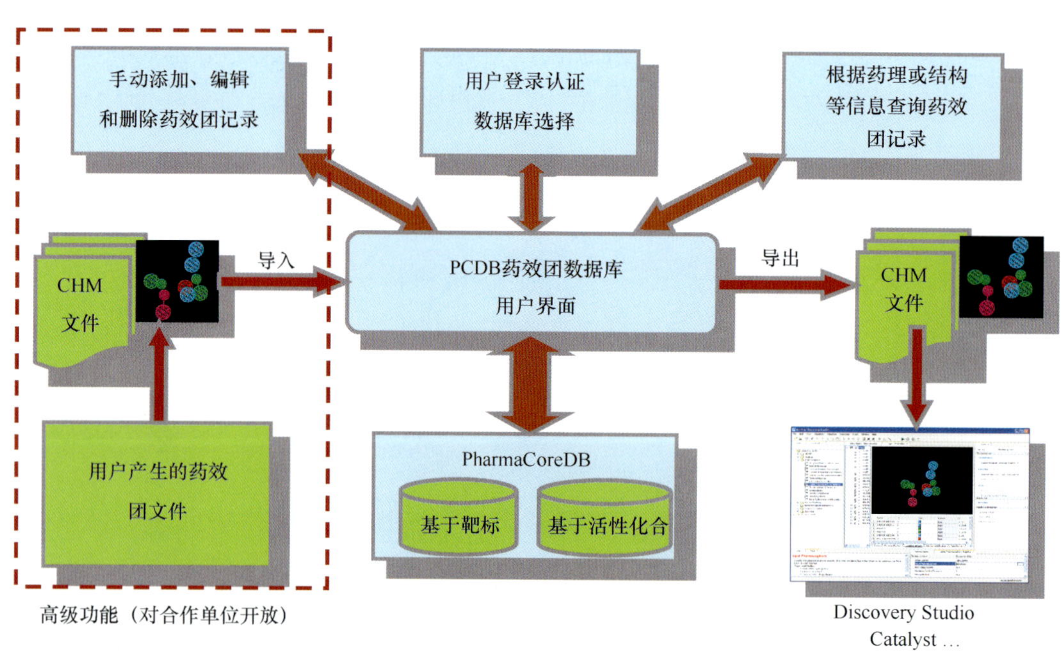

图2-1　PCDB1.0 的架构和功能

2. 初步建立了流程化的药物设计软件和数据库系统

北京创腾科技有限公司在集成式的药物分子设计软件系统方面，基本完成了药物设计软件和数据库系统流程管理平台开发工作（图2-2，图2-3），并已用于对其他课题组开发的程序的整合工作。基本完成了其他课题组提供的程序和数据库产品的模块化测试工作，并将这些模块作为组件加入到新药设计平台中。

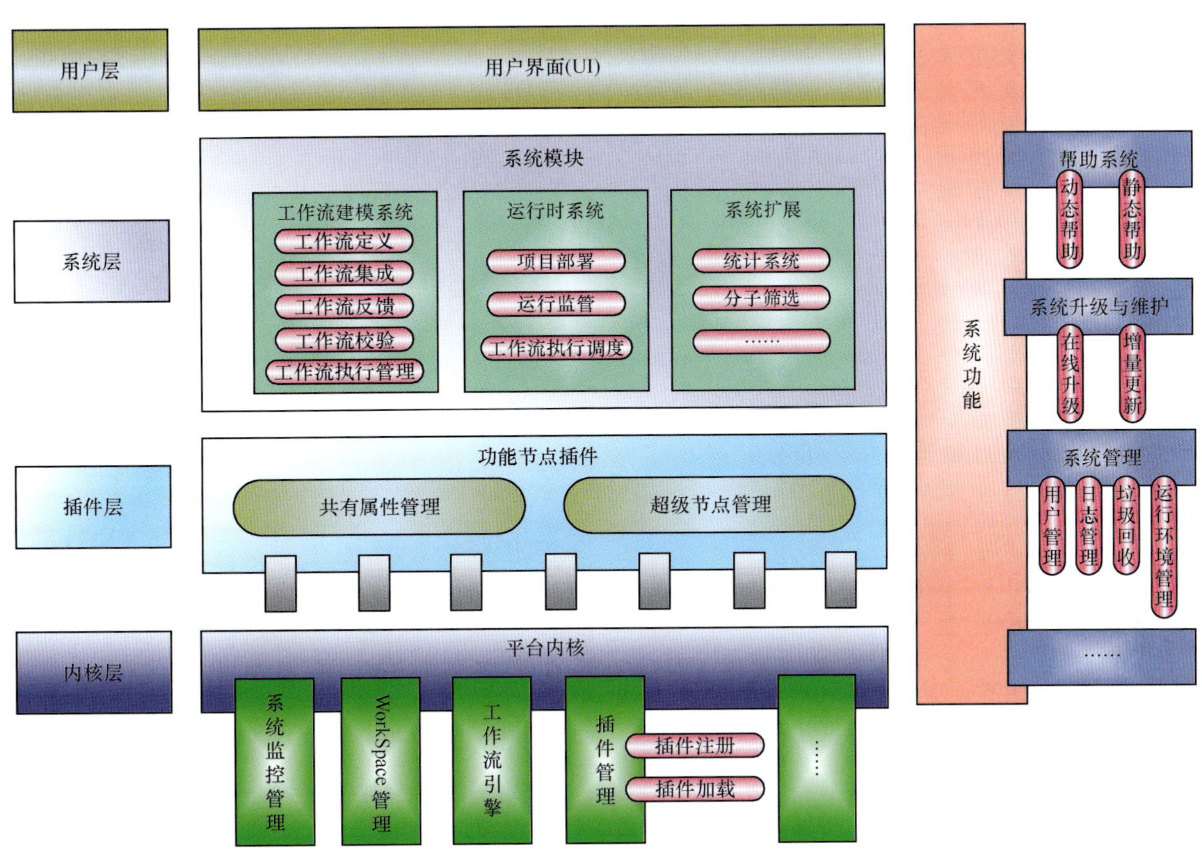

图2-2　流程管理平台的功能框架图

3. 药物从头设计程序及其应用

北京大学在基于靶标结构和药效团unude高通量虚拟筛选技术方面，有关从头药物设计程序的研究成果达到国际领先水平。在前期工作基础上（LigBuilder1.2程序），北京大学课题组完成了新版LigBuilder 2.0的编制工作（图2-4）。与原1.2版本相比，新版本功能更齐全，完善了结合部位探测功能，并能对药物靶标进行初步的可设计性预测，增加了结构优化模块、锁钥匹配模块和可合成性分析模块，形成了完整的基于蛋白质结

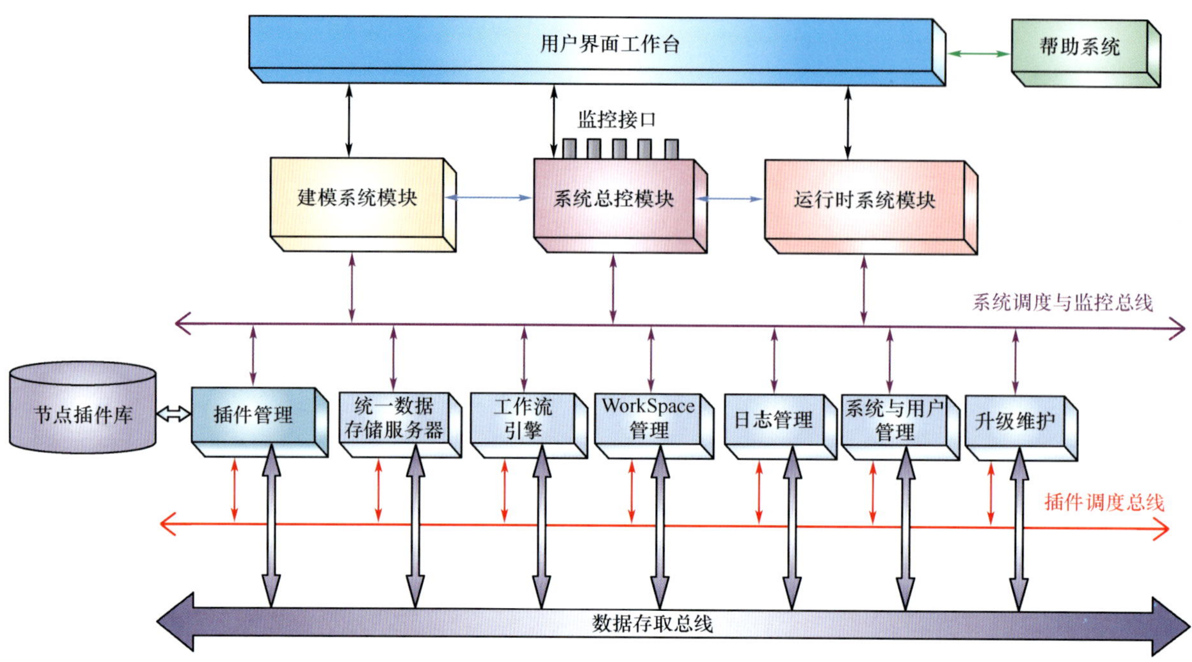

图 2-3　流程管理平台的体系结构图

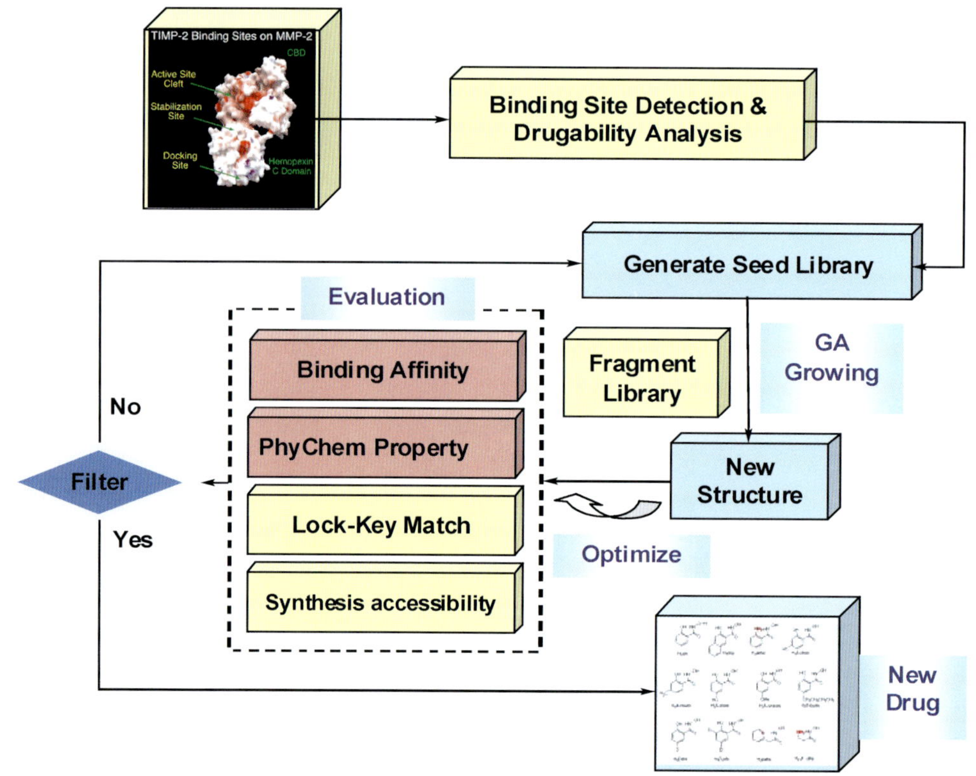

图 2-4　运用活性分子从头设计程序设计 NCE 流程图

构的药物从头设计流程。特别是该程序加入了内置的化学反应数据库（目前包含465个反应），可以在分子的产生及输出过程中用逆向合成原理对分子的可合成性进行分析，降低了从头药物设计得到的NCE（新的化学实体）的合成难度，突破了从头药物设计程序给出的分子难以合成这一瓶颈。

4. 柔性分子对接程序PSI-DOCK的进一步改进

北京大学在基于靶标结构和药效团unude高通量虚拟筛选技术方面，已经发展了一个蛋白质-配体分子对接PSI-DOCK，并于2009年获得了软件版权。

在药物设计计算常用的12种打分中，SCORE3（new）以对接精度RMSD＜2.0Å为标准时为75%，略低于表现最好的PLP（76%），以对接精度RMSD＜3.0Å为标准时为81%，表现最好（表2-1）。同时，SCORE3（new）在构象挑选和结合自由能计算两方面均表现出很好的预测能力，超出了药物设计中常用的打分函数。表2-2给出了不同打分函数预测的结合自由能与实验测定值的线性相关系数，表中第二列为打分排名第一的构象的打分与实验测定结合自由能之间的相关性，第三列为对晶体结构打分与实验测定自由能的相关性，可以看出经改进后的SCORE3的打分准确性非但没有下降，还略有提高，因此它完全可以独立应用于构象挑选和结合自由能预测两种情形。

表2-1　各种打分函数在构象挑选中的评价

Scoring Function	Success Rate/%					Xtal struct Ranked first
	RMSD≤1	RMSD≤1.5	RMSD≤2	RMSD≤2.5	RMSD≤3	
AutoDock	26	47	60	66	70	—
PLP	63	69	76	79	80	—
DrugScore	63	68	72	74	74	—
X-Score	37	54	66	72	74	—
SCORE2.01	38	46	51	59	61	27
SCORE3	37	51	60	64	67	20
SCORE3_vdw3（m3）	51	65	75	79	81	29

表2-2　各种打分函数打分准确性

Scoring Function	R2（1st ranked pose）	R2（Crystal structure）
AutoDock	0.20	—
PLP	0.36	0.35
DrugScore	0.36	0.34
X-Score	0.49	0.44
SCORE2.01	0.36	0.52
SCORE3	0.50	0.49
SCORE3（new）	0.51	—

设计软件系统与服务平台初具规模，完成了一项药效团数据库的商业化工作。

（二）基于功能基因组和结构基因组的药物分子设计取得进展

在基于功能基因组和结构基因组的药

物分子设计方面，获得126个新药分子实体；确定新的药物筛选靶标8个，发现4个潜在的药靶基因；确定药物先导化合物18个，3个进入临床前研究阶段。该项目取得的重要进展包括如下几方面。

1. 3个新化合物进入临床前研究

中国医学科学院药物研究所在以新功能基因为靶标药物小分子化合物的筛选、设计及优化的研究方面，发现并确认3个新化合物进入临床前研究，包括：①双功能抗肿瘤抗转移化合物MTC-220；②天然抗HIV-1化合物F18；③抗肝癌化合物S2。

2. 鉴定出8个肿瘤治疗药物新靶标

中国医学科学院药物研究所在以新功能基因为靶标药物小分子化合物的筛选、设计及优化方面，鉴定出8个肿瘤治疗药物新靶标。在深入研究基因功能的基础上，已鉴定出8个肿瘤治疗药物新靶标，包括Integrin beta3、CBR1、OLC1等。

3. 确定了2个老年痴呆症治疗药物先导化合物

中国医学科学院药物研究所在以新功能基因为靶标药物小分子化合物的筛选、设计及优化方面，确定了2个老年痴呆症治疗药物先导化合物。发现4个阻断Kv2.1和抑制AChE的双功能化合物，经分子和细胞水平以及动物行为学研究，确定了2个老年痴呆症治疗药物先导化合物。

4. 获得2个蛋白质结晶

南开大学在基于结构基因或蛋白的药物分子设计方面，获得2个蛋白质结晶。一是人类胰腺淀粉酶蛋白质结晶；二是PKR催化结构域的蛋白质晶体。

5. 合成16个活性类似物

南开大学在基于结构基因或蛋白的药物分子设计方面，设计并合成16个活性类似物。其中6个Salinosporamide A活性类似物、10个三尖杉酯碱类活性类似物。

（三）针对重大疾病的药物分子设计及产品开发取得突破

在发展药物分子设计技术方面，已建立起与国际接轨的并行优化的创新药物研发技术体系，该体系以药物分子设计为核心，着重加快候选药物分子发现的速度，可以显著提高创新药物研究的效率，已应用于摩力那班、ZO60228、MF241、C36的研究与开发以及CD4、PPARα/γ、FKBPs、FMS等蛋白为靶的全新候选药物发现，很好地提高了研究的进度，取得了较好的结果。其中CD4、PPARα/γ、FKBPs的候选

药物研究在今年获得了国家“新药创制”科技重大专项的资助，较好地支持了我国创新药物研究。

在新药品种研究方面，各项研究按计划顺利进行。洛铂将进入Ⅲ期临床，川丁特罗、艾迪康唑、西达本胺3个品种进入Ⅱ期临床，氯苯哌酮进入Ⅰ期临床，摩力那班、噻吩诺啡2个品种将获得临床批文，另有8个品种正在进行临床前研究，基本形成了合理的品种梯队，确保项目研究能够完成预定的目标。

项目研究共申请和获得了13项新分子实体的发明专利，取得了1个新药证书、4项临床批文，另有2项正在报批，同时西达本胺已实现国际专利许可，有望成为面向全球市场化的自主创新品种。该项目取得的重要进展包括如下几方面。

1. 应急开发了具有自主知识产权的磷酸奥司他韦颗粒剂和帕拉米韦三水合物氯化钠注射液，有效提高了我国应对甲型H1N1流感的药物防控能力

中国人民解放军军事医学科学院毒物药物研究所承担的“噻诺啡、MF241及ETP508的研究开发”课题，应急开发了具有自主知识产权的磷酸奥司他韦颗粒剂和帕拉米韦三水合物氯化钠注射液，有效提高了我国应对甲型H1N1流感的药物防控能力。磷酸奥司他韦颗粒剂是应用同步发现及优化药物性质的创新药物研发模式，针对流感和人禽流感老年人和儿童易感、发病急、上呼吸道感染严重、患者吞咽困难的发病特点开发的具有自主知识产权的抗流感药物。它在水中完全溶清，适用于吞咽困难的重症患者及老年人使用。颗粒剂规格为15mg和25mg，更加方便儿童根据体重调节剂量，一方面提高儿童服药的依从性，另一方面避免了胶囊剂量过大对儿童可能产生的副作用。已申请了中国发明专利（CN1820744A）、欧洲发明专利（EP2005945）、国际PCT专利（PCT2007/112619）、印度尼西亚专利（022/2006）、韩国专利（10-2008-7024836），同时也申请美国专利和日本专利。有效提高了我国应对甲型H1N1流感的药物防控能力。

2. 西达本胺年内将进入国际开发阶段

西达本胺（图2-5）是由深圳微芯公司自主研发的新型肿瘤靶向治疗药物，属原创性化学新药，于2009年2月获得Ⅱ/Ⅲ期临床试验批文。同时，该化合物已获得美国和中国发明专利授权，完成了国际专利授权许可（授权费2800万美元），于2009年11月向美国FDA递交西达本胺新药临床试验申请，年内将在美国开展Ⅰ期临床研究，使产品进入国际开发阶段，对

中国新药创制的自主化和国际化具有重要的示范作用。

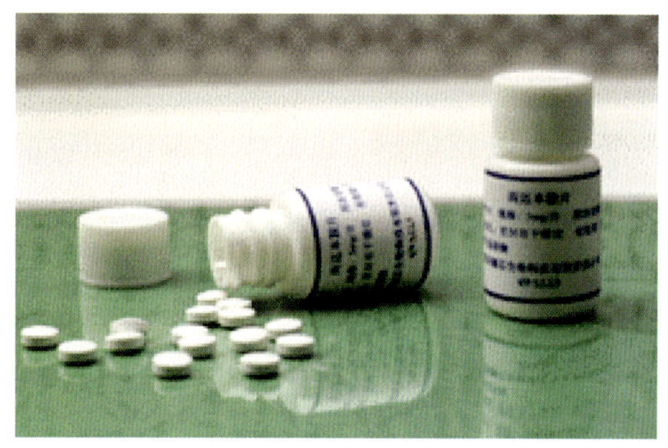

图 2-5　西达本胺

3. 盐酸川丁特罗研究进展顺利

沈阳药科大学承担的“川丁特罗的研究与开发”课题，自主研发出结构全新化合物盐酸川丁特罗（图 2-6），已经申请了化学物质、制备方法和医药用途的中国专利（申请号：01128234.7），并进一步完成了国际 PCT 专利的申请注册，相继在美国、日本、欧洲、俄罗斯、印度和香港等主要发达国家和重要地区进行专利申请注册，使该项目的知识产权覆盖国际市场。目前，中国、美国、欧洲、日本、俄罗斯和中国香港六项专利已授权。现在已经完成Ⅱ期临床试验，即将进入Ⅲ临床试验阶段。

4. 艾迪康唑专利权成功转让

中国人民解放军第二军医大学承担的

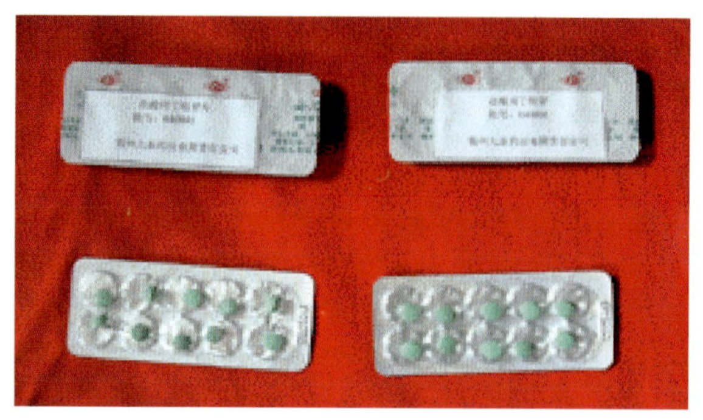

图 2-6　盐酸川丁特罗

“艾迪康唑的研究与开发”课题，依据计算机辅助设计研究得到抗真菌创新药艾迪康唑（图 2-7），是我国依据计算机辅助设计研究得到的第一个抗真菌创新药。该药于 2008 年 10 月获得Ⅱ/Ⅲ期临床试验批文。艾迪康唑的专利权已经转让给安徽济人药业有限公司，由第二军医大学与安徽济人药业有限公司共同开展产业化研究，转让经费 2000 万元。

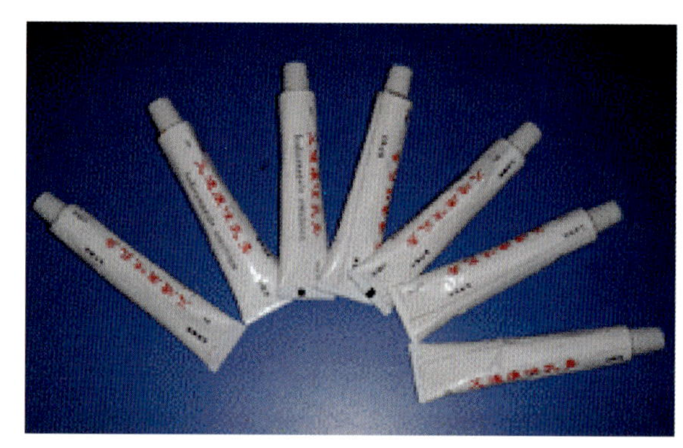

图 2-7　艾迪康唑

5. 洛铂（LBP）研究进展顺利

海南长安国际制药有限公司承担的“洛铂的研究与开发”课题，独家引进德国

爱斯达公司原创研发的一种新型铂类复合物——洛铂，现已建成年产 500 万支冻干粉针的洛铂现代化生产线，并顺利通过国家 SFDA 的 GMP 认证。洛铂已自主在全国 20 余家医院开展多中心临床研究和洛铂治疗多种肿瘤的治疗性临床研究。于 2008 年 11 月正式通过国家 SFDA 组织的专家委员会审评和行政审查，获得了洛铂治疗 NSCLC 的临床研究批件（批文号：2008L09400）。

二、生物信息技术

“十一五”“863”计划生物和医药技术领域设立了“生物信息与生物计算技术”专题，该专题瞄准国际生物信息和生物计算技术的发展前沿和我国生命科学和生物技术研发的具体需求，目标是建立和完善生物信息共享、服务与技术支撑体系和药物信息技术创新体系，发展生物计算与系统生物学研究的新方法、新技术，突破生物标志物识别和靶标发现的关键生物信息技术，实现我国生物信息与生物计算技术的跨越式发展，跻身国际前列。到 2009 年底，该专题课题进展顺利，取得了一系列突破性的成果。

（一）“高分辨激光血流成像仪”实现小批量商业化生产，“便携式激光散斑血流成像系统”进行试生产

华中科技大学在高分辨激光散斑血流成像技术方面，旨在开展脑皮层功能多模式光学成像方法的整合技术研究，包括研究快速多波长成像技术、脑皮层功能多参数实时计算与显示技术，实现对脑认知过程中脑皮层血容量、血氧和血流变化、钙离子浓度或细胞膜电位变化的高分辨并行成像。可以用于脑血管瘤等神经外科手术过程中有关脑组织、脑血管功能状态的实时高分辨成像监测，并已经在广州军区武汉总医院神经外科进行了数例临床测试，目前通过广州星博科仪有限公司进行市场推广。该课题已授权中国发明专利 1 项，申请中国发明专利 2 项和软件著作权 3 项，发表有关学术论文 15 篇，其中 SCI 收录期刊论文 9 篇，EI 收录论文 4 篇。

（二）构建生物信息学数据分析工作流集成平台 OmicsExplorer，已广泛应用

上海生物信息技术研究中心在生物信息学数据分析工作流集成平台OmicsExplorer构建方面，实现了集成数据、应用与服务为一体的、整合的生物信息学计算平台和工作流开发环境。实现了一个在线工作流共

享仓库 OmicsExplorer，发布工作流程超过 60 个，涉及基因组注释及序列分析、蛋白质组数据分析、代谢组学数据分析、转录组数据处理及分析、生物统计学分析、生物化学计算、文本挖掘、进化分析 8 大类，用户已经遍及世界各大研究所及医药研发企业。另外，自主研发的工作流引擎 ABSworkflow 目前在阿斯利康制药有限公司进行软件评估。

（三）通过组学数据整合分析，提出了新的白血病治疗方案并进行了临床应用

上海交通大学医学院附属瑞金医院在基于信息整合的多元化“组学”数据综合分析系统方面，通过课题构建的系统分析已获得的白血病各水平“组学”数据，整合专业化生物信息仓库中的各类信息，提出了 RA 和 ATO 联合用药的临床应用方案，对治疗初发的 APL 患者非常有效，使得 APL 有望成为第一种可以治愈的血液系统恶性肿瘤。另外还提出了 STI571 和砷剂的联合使用，使得发展中国家的人们有望使用这一高效的靶向药物。已发表文章 4 篇，其中包括 1 篇 *Cancer Cell*（SCI 期刊，影响因子 23.858，已接收），软件专利权 3 个，国内专利 1 个，国外专利 1 个，并获得上海市科技进步奖一等奖、教育部高等学校科学技术奖自然科学奖一等奖。

（四）开发蛋白质鉴定软件性能达世界先进水平，极具市场前景

中国科学院计算技术研究所对一系列质谱数据分析和蛋白质及其修饰鉴定核心算法研究，实现了多种蛋白质数据库检索关键技术，在此基础上开发了稳定可靠的蛋白质鉴定软件 pFind 单机版和并行版，在精度和速度两方面都已赶超同类常用商业软件，同时开发了各种实用的配套软件工具，形成了我国第一个完整的规模化蛋白鉴定计算平台，并在国内主要蛋白质组实验室广泛推广试用，增加了对 LTQ-FT/Orbitrap 等新型质谱数据的支持分析工作。另外，课题对蛋白质翻译后修饰的鉴定做了深入研究，非修饰蛋白和肽段的鉴定研究的基础上，加强了修饰蛋白质和肽段的鉴定研究，针对常规限制性修饰鉴定策略的缺点，研究了基于谱图聚类的非限制性修饰鉴定策略，能够自动发现样品含有的修饰类型，并大大提高谱图解析率。开发的蛋白质鉴定软件 pFind，在精度和速度两方面都已赶超同类常用商业软件，增加了对 LTQ-FT/Orbitrap 等新型质谱数据的支持分析工作，特别是在蛋白修饰鉴定方面性能突出，极具市场化前景。

(五) 基于基因多态性的个性化医疗支持系统，已经开展临床常规检测服务

上海生物信息技术研究中心承担的“建立基于生物标志物和基因多态性的个性化医疗支持系统”项目，开展了一系列生物标志物、遗传多样性及个性化医疗的研究工作。以影响我国人民健康的重大疾病为中心，收集疾病相关临床表现、诱发基因突变信息、遗传多态性信息、药物信息等，并建立疾病—基因—药物整合数据平台，在此基础上进行了个性化医疗临床决策支持的应用软件的开发，其中乙肝病毒耐药突变检测已进入了临床应用，在全国近 10 家医院已经开展乙肝病毒治疗用药前的检测诊断常规服务。

(六) 发现糖尿病早期诊断生物标志物，有望进入临床应用

上海中科新生命生物科技有限公司在基于液相色谱—质谱的血清蛋白质与多肽谱信息技术研究及其在糖尿病相关标志物发现中的应用研究方面，针对基于多样本的血清蛋白质与多肽的定量计算方法和差异分析技术，建立了基本的实验流程和数据处理方法，发展了多种定量方法，并进行了准确性和重复性评价。在完善了非标记定量方法的基础上，发展了标记定量方法和多反应监测（MRM）的绝对定量方法。提取蛋白质和多肽的质谱强度信息，全面评价基于色谱—质谱面积，质谱鉴定肽段数，基于稳定同位素标记等技术的大量准确性和重复性。发展以非标记定量为主，标记定量为辅的大规模、快速定量策略，开发了新的计算工具对蛋白质与多肽进行准确定量和数据处理。获得具有可比性的个体化血清差异蛋白质与多肽差异谱，能有效地区分不同人群特征。已进行了超过 2000 例样本各级筛选。在一级筛选中获得 1000 个以上的蛋白质定量数据，初步筛选了超过 60 个具有统计学意义的差异蛋白质，其中有 10～20 个以上的可能候选标记物已经或正在做进一步验证。本课题到目前为止发表论文 7 篇，其中 SCI 论文影响因子大于 5 的 5 篇，已申请专利 2 项。申请软件著作权 1 项。

(七) 元基因组学和代谢组学相结合进行代谢性疾病研究取得较好进展

上海交通大学在元基因组学和代谢组学的系统整合计算分析平台与代谢性疾病研究方面，以代谢性疾病（肥胖症、糖尿病）的研究为例，建立从样本采集、临床数据获取到菌群结构测定、代谢组学特征测定、元基因组数据获取以及模式识别和多维数据关联分析等一系列的软件工具和

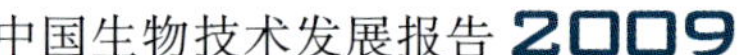

数据库；建立了454测序序列分析流程、DGGE（Denaturing Gradient Gel Electrophoresis）影像数据分析流程、T-RFLP（Terminal Restriction Fragment Length Polymorphism）图谱数据分析流程；建立了用PLS（Partial Least Squares）结合Marterns' Uncertainty Test进行模式识别、寻找重要模式识别变量、用OPLS进行肠道菌群与尿液组分的关联分析、用linear-SVM（Support Vector Machine）进行两组模式识别、用LogisticLDA（Logistic Latent Dirichlet Allocation）进行多组模式识别等数据分析方法；开发了利用荧光标记酶切基因进行微生物群落结构分析、基于肠道菌群结构观察抗癌药物治疗效果、用群属专一性16S rRNA基因克隆文库分析人体粪便菌*Bacteroides* spp. 分子多样性等方法。发表SCI论文8篇，其中包括一篇*PNAS*（影响因子9.38），申请国内专利1项、国外专利1项。

（八）完成工业生物过程生物信息数据库设计，提出阿维链霉菌胞内蛋白酶谱研究方法，解决了阿维菌素生产中的瓶颈问题

上海生物信息技术研究中心在工业生物过程的生物信息数据库及分析平台构建，以三种常用工业生产菌——红霉素生产菌红霉糖多孢菌（*Saccharopolyspora erythraea*）、阿维菌素生产菌阿维链霉菌（*Streptomyces avermitillis*）、革兰氏阳性菌枯草杆菌（*Bacillus subtilis*）为对象，开展工业生物过程的生物信息数据库及分析平台研究，对阿维菌素生产菌工业现场的实际发酵样本进行微生物发酵过程的组学研究，建立了工业发酵过程的蛋白组及转录组实验规程和数据处理方法，提出了阿维链霉菌胞内蛋白酶谱研究方法，解决了发酵后期高活性蛋白酶对蛋白组的降解作用；完成工业生物过程生物信息数据库设计，包括工业微生物基因组、转录组、蛋白质组和代谢组四个层次，可以实现生物过程相关的基因组、转录组、蛋白质组、代谢组、微观代谢流和宏观代谢流数据及过程参数的对接。发表文章8篇，申请专利2个，并获得上海市技术发明奖二等奖和上海市科技进步奖一等奖，培养博士生4名，硕士生10名。

（九）建立技术先进的集成生物信息/药物信息服务平台，已开始应用

中国科学院上海药物研究所在药物作用途径和调控网络图谱构建方面，初步建立一个技术先进、具有自主知识产权的集成生物信息/药物信息服务平台；共建立了8个靶标与药物发现的相关平台，建立了

药物靶标数据库及预测平台；发展了数个化学信息学、分子模拟及生物学新方法，已发展相关方法学文章 14 篇，应用文章 5 篇，获软件版权 2 项，申请应用发明专利 7 项；能成熟地应用于药物研发，向国内外研究机构和企业提供技术服务。并基于本课题所建立的方法及平台，对重大疾病相关靶标进行了应用。采用靶标预测系统，成功地发现了数个天然产物的体内作用靶标，与国外科研机构合作，开展生物实验验证及作用机理研究，并得到了实验证实，相关文章发表在 *Cancer Research* 期刊，这是通过计算机模拟技术成功预测并指导实验的成功案例。

（十）运用计算机导向药物分子设计，发现离子通道阻断剂

中国药科大学应用生物信息学研究手段，综合运用计算化学、分子图形学、化合物数据库搜寻等药物设计的技术，同时结合经典药物设计方法，对具有综合调控延迟整流钾通道作用的抗心律失常活性化合物进行探索性的研究。截至目前，共合成新化合物 75 个，以人工全细胞膜片钳技术进行 IKur 钾通道体外阻滞活性筛选，结果表明，有 42 个化合物对 IKur 通道抑制水平达到 10^{-6} 数量级，其中高 IKur 通道阻滞活性的化合物也显示出对 IKr、IKs 钾离子通道较好的阻滞活性，该课题已经成功获得了具有延迟整流钾通道 IKr、IKs 及 IKur 多重阻滞活性的苗头化合物。分子机制研究表明，所选苗头化合物能够提高房颤动物心肌缝隙连接蛋白 Cx43 的表达水平，改善心肌细胞电信号传递，可延长大鼠血液凝血酶原时间（PT），并在一定程度上抑制大鼠血小板血栓形成，具有进一步开发价值。

该课题共申请国家发明专利 5 项，其中 2 项已授权，1 项已转让；申请美国专利 1 项，已经进入实质性审查；共发表论文 14 篇，其中 SCI 论文 9 篇；受邀为 *Current Topics in Medicinal Chemistry* 杂志撰写 3 篇前沿述评，内容涵盖“离子通道与肿瘤”、“hERG 钾离子通道与药物的相互作用”以及“作用于电压门控型钾通道 Kv1.5 的药物发现”等目前离子通道药物研究的热点领域，充分体现出该课题研究工作的国际影响力。

（十一）开展多囊肾病治疗药物先导化合物的设计，确定 5 种优选化合物

第二军医大学长征医院在多囊肾病治疗药物先导化合物的设计、合成和药理研究课题研究方面，确定了五种优选化合物，并完成了化合物的放大合成，为后续研究奠定了基础。开展优选化合物在 HAN：SP-

ARD多囊肾病大鼠模型中的体内药效学实验。初步探讨了DH9在多囊肾病细胞模型中的作用机制。完成DK2的急性毒性试验和三致实验。2009年共发表SCI论文3篇。

三、重大疾病的分子分型和个体化诊疗

随着我国人民生活水平的不断提高，饮食结构和环境因素不断改变，我国的疾病谱已发生了重大变化，慢性非传染性疾病如心脑血管病、恶性肿瘤、老年性和退行性疾病、精神疾病、糖尿病、慢性肝病等疾病，其发病率和死亡率呈迅速上升趋势，对我国人口与健康已构成了重大威胁。这些重大疾病对我国人民的健康和我国经济社会发展的影响日益严重，由此而带来的疾病和经济社会负担急剧增加，是全面建设小康社会、和谐社会的重大障碍，也是我国未来重大疾病防治的重点。

目前，国际上对于重大疾病的诊治技术发展的一个重要趋向是根据不同患者所患疾病的不同类型，设计干预因素或个体化治疗方案。在基因表达水平上精确区分疾病的分子类型是其中的一个重要方向。利用基因分析可以为医生提供有力的证据和信息，在实施治疗方案时，可选择对患者最有效的药物治疗方案，不仅提高了疗效，还可以降低化疗的毒副作用，同时提高患者的生存质量。

当前，我国重大疾病的分子分型与个体化诊疗主要针对的是恶性肿瘤（包括肺癌、胃癌、食道癌、鼻咽癌、白血病等）、心血管疾病（如动脉粥样硬化）、老年神经变性病（如老年性痴呆、帕金森病）、精神系统疾病（如抑郁症和精神分裂症）、糖尿病和慢性肝病等。研究人员主要利用功能基因组学、蛋白质组学和生物芯片技术，分析和比较患者和正常人群在先天遗传信息（如SNP）和后天遗传改变的差异，并将这些分子遗传信息与疾病的生物学特性及临床症状、治疗反应、预后与转归进行综合分析，制定出相关癌症的分子分型标准，为实现该疾病的个体化治疗提供基础。与此同时，我国研究人员正在通过广泛调研，并参照国际标准，制定出项目内统一的临床标本（含组织和体液）收集和管理规范，研发符合国际标准、基本格式统一、体现单病种特点、有关单位可以通过网络共享的临床及实验数据库，并为有关研究提供生物信息方面的技术支撑。

目前，我国已经开展了以5类恶性肿瘤（肺癌、胃癌、食道癌、鼻咽癌、白血病）、心血管疾病、精神疾病、老年神经退行性病、糖尿病和慢性肝病等为代表的10类重大疾病样本的收集工作，基本已建立

了各病种的样本收集标准和信息管理系统，已基本完成各样本收集工作，创建了我国重要疾病资源的共享平台，为验证和开发相关临床诊断标记物和诊疗手段奠定了基础；开发一批与重大疾病发生、分子分型和药物敏感性等相关的基因多态性位点群和预警分子靶位点及其相关诊断试剂盒，研发可应用于重大疾病临床治疗的新药，发现一批重大疾病相关的分子标志物和SNP位点，起草疾病诊断相关的分子分型标准，研究和制定指导临床实践的规范化综合诊断及诊疗方案。

（一）建立单病种大样本的标准化临床标本库及信息系统

1. 建立了符合疾病特征与国际接轨的样本收集规范

已初步制定肿瘤生物样本（包括肿瘤组织和血液）的采集及管理规范，并在项目内实施、推广和不断完善。

非肿瘤疾病也建立符合相应病种特征的与国际接轨的生物样本采集规范。常见精神疾病的样本收集和分类是采用美国精神障碍诊断与统计手册第4版（DSM-Ⅳ）标准。目前已建立覆盖7省市的冠心病基础和临床研究网络，提供开放共享的冠状动脉粥样硬化多中心资源平台。

2. 编制了整合临床资料和实验研究数据与分析共享的软件系统

已完成了标本管理平台、病历管理平台、科研数据管理平台、分子网络注释系统的4个平台以及平台之间的相互关联研发。

急性白血病研究组自建了多中心临床和实验数据库标准化管理体系数据库，网址为www.863blood.com.cn，可以随时登陆并更新数据。

3. 收集标准的疾病样本及规范临床资料

收集疾病标准样本和规范临床资料是进行分子分型研究的基础性工作。目前，中国医学科学院肿瘤医院、北京肿瘤医院、上海交通大学附属瑞金医院、中山大学肿瘤防治中心等有关单位已完成各样本收集3.7万多份（表2-3）。

表2-3　我国部分疾病研究组的样本收集情况表

病种	已完成数/例
肺癌	3000
胃癌	3628
食管癌	4000
鼻咽癌	2800
急性白血病	4620
心血管疾病	4298
常见精神疾病	4200
老年神经变性疾病	4000
糖尿病	4731
慢性肝病	2102

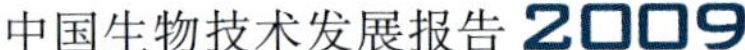

（二）建立单病种大样本的标准化临床标本库及信息系统

1. 已经应用于临床疾病诊断、分子分型及预后判断的标志物

首都医科大学研发的帕金森病遗传家族性基因 SNP 检测平台和老年性痴呆遗传家族性基因检测平台已成功应用于临床帕金森病及老年性痴呆的基因诊断及风险预测。

2. 已验证的分子标志物

与铂类药治疗疗效相关的 20 个 SNP。中国医学科学院肿瘤研究所筛查出的可能与铂类药治疗疗效相关的 20 个 SNP 在另外一个包括 183 例以铂类药物治疗的小细胞肺癌患者的独立样本中验证，经过 Z transform 检验，*P* 值等于 0.043，说明新发现的 20 个 SNP 在两个独立的样本中均与铂类药的治疗疗效有关。

胃癌高表达基因 *COL1A2* 和低表达的基因 *ATP4B*。北京肿瘤医院胃癌的分子分型和个体化诊疗课题组利用半数 Relief、信息增益（IGI）和分类信息指数（CII）3 种算法在肠型胃癌差异基因表达谱中获得了 4 个具有较高分类预测能力的决策树。其中 2 号决策树具有最高的分类准确率，它包含 1 个在肿瘤组织中高表达的基因 *COL1A2* 和 1 个在肿瘤组织中低表达的基因 *ATP4B*。这一预测模型提供的数据在实验样本中得到验证，并提示这对基因组合具有较强分类能力，可用于识别胃癌的生物学特性，有可能用于胃癌的早期诊断研究和临床评价。采用 k-TSP 算法分析胃癌的 miRNA 表达谱数据，鉴定出 4 对（8 个）用于区分胃癌复发风险的 miRNA 标志，通过 SVM、RF 及 KNN 验证，结果显示第 1 号特征标志组合（hsa-miR-375 和 hsa-miR-142-5p）具有最高的分类准确率（87.5%），ROC 分析结果显示，其在训练样本中具有最高的分类敏感性（100%）和特异性（100%）；进一步确定在新鲜组织测试样本中的分类敏感性和特异性分别达到 89% 和 100%，在石蜡切片测试样本的分类敏感性和特异性分别达到 90% 和 94%。

获得了 29 个可用于食管癌诊断的血清自身抗体标志物。中国医学科学院肿瘤研究所食管癌的分子分型和个体化诊疗课题组获得了 29 个可用于食管癌诊断的血清自身抗体标志物，其敏感性和特异性均超过 85%。制备了含有该 29 个标志物的蛋白质芯片，对高发区现场的 500 例血清进行检测的结果显示，对重度不典型增生和原位癌的检出率分别为 80%（8/10）和 75%（6/8），特异性为 83%。

挑选了对冠心病遗传易感性相关的177个SNP位点。国家人类基因组南方研究中心基于中国人群开发了对冠心病遗传易感性相关的风险预警SNP分子芯片；挑选了177个SNP位点，作为风险预警SNP分子芯片开发的第一批SNP位点。在建立的样本资源库中挑选了211个病例—对照样本（106个病例和105例健康对照），作为预测数据库的样本进行第一步预测，得到的疾病预测率为42.7%，患病预测正确率为70%，无患病预测正确率60%，具有较大临床应用价值。

3. 发现一批可能的分子标志物

得到含11个蛋白的食管癌最佳诊断标志物谱。中国医学科学院肿瘤研究所食管癌的分子分型和个体化诊疗课题组发现3、8、20号和Y染色体探针组合在男性患者诊断的阳性率达69%，发现3、8、10、12、17及20号染色体增益有可能作为食管癌辅助诊断及早期诊断的候选分子标志。在血清抗体标志物谱研究中，得到含11个蛋白的最佳诊断标志物谱，其判断食管癌淋巴结转移的敏感性和特异性分别为78.3%和80.9%。

发现鼻咽癌患者中存在大约30个基因点突变。中山大学鼻咽癌的分子分型和个体化诊疗课题组增加散发性鼻咽癌至1600例和健康对照2000例，利用Illumina高密度SNP芯片（HumanHap610-quad）和全基因组SNP关联分析策略；续而通过独立、大量样本验证，发现了除公认的MHC区域以外，还有2个新的基因位点与鼻咽癌的发病风险相关。这是首个大规模人群、高密度的鼻咽癌易感基因筛查研究。并率先利用新一代DNA测序技术对2例鼻咽癌病人肿瘤基因组进行测序，通过比较公共基因组数据库和自身匹配的外周血DNA序列，发现这两例鼻咽癌患者中存在大约30个基因点突变，可能与其致癌有密切关系，目前正进行相关验证工作。

两个SNP可能是与AML治疗的预后有关的分子标记。上海交通大学附属瑞金医院急性白血病的分子分型和个体化诊疗课题组对T-ALL的分子标志检测显示：SIL-TAL、CALM-AF10、HOX11、HOX11L2、NOTCH1突变的阳性率分别为15.35%、4.69%、28%、28%和30%。综合HOX11、HOX11L2表达以及NOTCH1突变在T-ALL中的检出率，在成人和儿童中分别达到84.21%和80.49%。在159例患者中ATM 4138C > T（rs3092856）（变异率5%）和TP53 215C > G（rs1042522）（变异率33%）位点的不同基因型在整体生存期（OS）中存在统计学差异，*P*值分别在0.044和0.003，提示这两个SNP可能是与

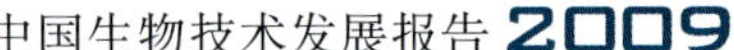

AML 治疗的预后有关的分子标记。

发现 *ITGA2* 基因中的一个 SNP 位点与中国人冠状动脉粥样硬化存在显著相关。国家人类基因组南方研究中心参与的心血管疾病的分子分型与个体化诊疗项目在 1323 个病例和 1057 个对照样品中针对 116 个基因的 936 个位点所进行的 SNP 关联分析发现，*ITGA2* 基因中的一个重要 SNP 位点与中国人冠状动脉粥样硬化存在显著相关。从前期研究数据中挑选了 177 个 SNP 位点，作为风险预警 SNP 分子芯片开发的第一批 SNP 位点。我们在所建立的样本资源库中挑选了 211 个病例—对照样本（106 个病例和 105 例健康对照），作为预测数据库的样本进行第一步预测，得到的疾病预测率为 42.7%，患病预测正确率为 70%，无患病预测正确率为 60%。

辅助帕金森病早期诊断、监测病情进展及疗效评估的标志物。老年神经变性疾病的分子分型和个体化诊疗课题组利用功能核磁共振成像（fMRI），发现在静息状态下，帕金森病患者神经活动表现特异性改变；这些特异性改变继发于多巴胺缺乏；这些变化随着疾病的进展而更加明显；该方法的简便和非侵害性使它可能成为辅助帕金森病早期诊断、监测病情进展及疗效评估的分子标志物。

发现Ⅱ型糖尿病 *ADAMTS9* 基因的 rs4607103 位点。北京大学糖尿病的分子分型和个体化诊疗课题组在 1047 例Ⅱ型糖尿病患者及 1019 例正常对照者中进行病例对照研究中发现 *ADAMTS9* 基因的 rs4607103 位点的等位基因频率在Ⅱ型糖尿病组和非糖尿病对照组存在显著性差异（P = 0.006）。

定位新的鼻咽癌易感基因。在前期工作基础上，增加散发性鼻咽癌至 1600 例和健康对照 2000 例，并利用 Illumina 高密度 SNP 芯片（HumanHap610-quad）和全基因组 SNP 关联分析策略，续而通过独立、大量样本验证，发现了除公认的 MHC 区域以外，还有 2 个新的基因位点与鼻咽癌的发病风险相关。

（三）研发一批用于重大疾病临床诊断、治疗及预后判断的试剂盒、生物芯片和预测模型

1. 6 种诊断检测试剂盒正在推广

研发冠心病检测的试剂盒。心血管疾病的分子分型与个体化诊疗的有关研究人员研发了一批用于冠心病检测的试剂盒，如动脉周样硬化和冠心病合并检测试剂盒，对氧磷酶 2 对冠心病作用检测试剂盒，冠心病发生中血小板衍生生长因子检测试剂盒；细胞黏附相关蛋白基因检测冠心病易

感性试剂盒；血管细胞间黏附与冠心病发生检测试剂盒等。

中国医学科学院肿瘤研究所的研究人员研制了检测6项肿瘤标志物的微阵列-酶联免疫检测试剂盒。他们利用双抗体夹心Array-ELISA反应模式，选用肺癌早期诊断中临床常用标志物AFP、CEA、CA125、CA153、CA199、PSA、HCG进行7项联检，获得了较好的实验结果。已获得专利授权，名称为“检测六项肿瘤标志物的微阵列-酶联免疫检测试剂盒”申请号200810105335.4。

2. 一批处于验证阶段的试剂盒、生物芯片和预测模型

建立了食管癌预测模型。中国医学科学院肿瘤研究所研究人员通过开展食管癌的分子分型和个体化诊疗研究，建立了食管癌血清小分子肽诊断模型，对盲筛样本检测的敏感度和特异性分别达到84.5%(202/239)和86.3%(76/88)。用该模型盲筛66例来自高发区的食管癌前病变样本，阳性预测值分别为：轻度不典型增生52.63%(10/19)，中度不典型增生57.89%(11/19)，重度不典型增生64.71%(11/17)，原位癌54.55%(6/11)。并建立了包括19个蛋白分子(MMP9、nm23、OPN、p16、p27、p53、p63、PCNA、PTEN、Survivin、TIMP1、TIMP2、VEGF和β-catenin等)的食管癌预后预测模型，初步实验结果显示预测的敏感性为87%，特异性为70%，总的预测准确率为82.6%。

研制了老年神经变性疾病基因诊断芯片。首都医科大学科研人员通过开展老年神经变性疾病的分子分型和个体化诊疗研究，绘制了中国人群PD和HGMD报道的*parkin*、*PINK*1、*DJ*-1基因的致病突变谱，已制作基因诊断芯片，并制作了诊断*parkin*、*PINK*1、*DJ*-1基因外显子重排突变的MPLA试剂盒；应用基因诊断芯片及MPLA试剂盒正对200余例EOP患者进行突变分析。

研制了PD和AD检测试剂盒。为了达到临床前期和早期PD和AD患者的临床试验诊断的目的，研究人员研发了检测血液中总的α-Syn的ELISA试剂盒。α-Syn寡聚体检测试剂盒以α-Syn在血浆中的寡聚体形成量作为PD诊断指标，在较大样本(95名PD患者和79名社区健康受试者)进行了双盲测试，对所获数据进行分析，其特异性、敏感性和总符合率分别为73.4%、75.8%和74.1%。

研发了鼻咽癌药敏相关基因的药敏芯片。中山大学研究人员通过开展鼻咽癌的分子分型和个体化诊疗研究，成功制备了用于筛选鼻咽癌药敏相关基因的药敏芯片，

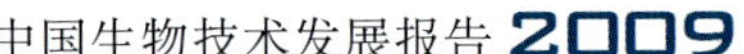

目前正处于临床样本验证阶段。

3. 建立了一批实验室研究阶段诊断和预测模型

建立肺癌预后的分子预测模型。中国医学科学院肿瘤研究所的研究人员已初步建立了一个针对疾病预后的分子预测模型，通过另外一组独立的肺癌样本对此模型进行了评估，发现该分子表达模型具有较好的预测原发性肺癌预后的能力。并成功研制了含有 67 个肿瘤睾丸抗原蛋白质芯片，在肺癌患者和正常人血清中进行了筛查。目前已完成 270 份血清（肺鳞癌、肺腺癌和正常血清各 90 份）的 CT 抗原芯片的筛查工作，数学模型正在构建中。

建立了食管癌诊断模型。中国医学科学院肿瘤研究所研究人员发现了可用 46 个 miRNA 有效区分食管癌组织与正常组织，并在此基础上建立了由 7 个 miRNA 组成的食管癌诊断模型。

（四）一批基于分子分型的治疗重大疾病的新药正在研发中

中山大学开展了索拉非尼联合顺铂及 5-氟尿嘧啶一线治疗复发或转移性鼻咽癌患者的Ⅱ期临床研究，已有部分患者入组，在已入组的患者中普遍观察到良好的疗效，并且已经取得索拉非尼在结合化疗治疗鼻咽癌时可能具有抗肿瘤血管生成的临床证据；另外还开展了鼻咽癌骨转移患者接受唑来膦酸（择泰）治疗的Ⅱ期临床试验。

上海交通大学附属瑞金医院的研究人员通过对急性白血病的分子分型和个体化诊疗研究，研制出冬凌草甲素前药，正在申请进行“治疗复发/难治 M2b 急性髓细胞白血病患者”的前期临床试验。

首都医科大学的研究人员通过开展老年神经变性疾病的分子分型和个体化诊疗研究，已完成 AD 早期诊断显像分子探针 18F-AV45（显示 Aβ 斑块）和 PD 的分子探针 18F-AV133（显示 VMAT2）的合成，完成猴大动物实验；已建立药物的标准并经检验符合国家药典的相关规定显像的评价标准，已申报专利。该单位研制的 Trodat-1 冻干品药盒及其 99mTc-trodat-1 注射液制剂是一种新型诊断药物，目前正处于临床前研究阶段。

（五）起草了疾病诊断相关的分子分型标准，研究和制定指导临床实践的规范化综合诊断及诊疗方案

1. 已应用于临床、指导临床实践的诊疗方案或分子分型标准

制订了急性白血病诊断和分型技术平台技术规范。上海交通大学附属瑞金医院

通过开展急性白血病的分子分型和个体化诊疗研究，在急性白血病分子分型标志的基础上，制订了《急性白血病诊断和分型技术平台技术规范手册》，是迄今为止国内急性白血病诊断、分型专项技术最全面的总结和规范手册，已在16家单位推广应用。并联合应用全反式维甲酸/三氧化二砷治疗85例初发急性早幼粒细胞白血病（APL），中位随访期为70个月。80例（94.1%）患者获得完全缓解（CR）。ATRA/ATO治疗初发APL患者具有长期的高效、低毒性，提示可作为初发APL的一线治疗方案。经过20年的努力，已经使得APL治疗的长期生存率达到94.7%。

制订了以高三尖衫酯碱为主的标准化综合化疗方案。中国医学科学院血液病研究所血液病医院以及浙江大学血液病研究所牵头开展以高三尖衫酯碱为主的标准化综合化疗方案治疗AML的研究，目前已有467例病人入组，其中HAA方案入组177例，HAD方案入组143例，DA方案入组137例。初步结显示以高三尖衫酯碱为主的标准化综合化疗方案治疗（HAA）的完全缓解率达到72.2%，高于HAD方案和DA方案的64.8%和54.1%。

达成了胃癌病理学分型与诊断标准的共识意见。北京肿瘤医院通过开展胃癌的分子分型和个体化诊疗研究，提出“胃癌病理学分型与诊断标准的共识意见”。该意见经过国内9家医疗机构的病理学和肿瘤学工作者广泛学术交流和讨论，重点讨论胃癌病理学分型与诊断标准，并按照WHO和Lauren's分型和“上海共识”标准重新分型了1272例胃癌样本，并已制备了拥有744例样本的组织芯片用于标志物的鉴定和评价。这一共识的提出对于统一和规范国内多数单位对胃癌的临床诊断和病理分型化，特别是提出适用于指导临床治疗与预测预后的胃癌分子分型方案具有重要的意义。

2. 完成起草尚处于临床前研究阶段的诊疗方案或分子分型标准

鼻咽癌放射治疗辅以同期化疗联合辅助化疗多中心前瞻性研究进展顺利。中山大学肿瘤防治中心、上海复旦大学附属肿瘤医院、香港大学玛丽医院、北京大学临床肿瘤学院、华中科技大学附属同济医院、浙江省肿瘤医院、中山大学第五附属医院等7家医院放射治疗科开展鼻咽癌放射治疗辅以同期化疗联合辅助化疗多中心前瞻性研究，目前已前瞻性收集了450例，预计很快可以完成全部506例的收集，并定期随访，中期总结报告发现同期放疗联合辅助化疗组急性毒副反应可以接受，患者顺应性尚

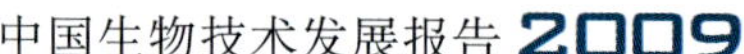

好，并提高了总生存率。索拉非尼联合顺铂及5-氟尿嘧啶一线治疗复发或转移性鼻咽癌患者的Ⅱ期临床研究已有部分患者入组，在已入组的患者中普遍观察到良好的疗效，并且已经取得索拉非尼在结合化疗治疗鼻咽癌时可能具有抗肿瘤血管生成的临床证据。

（六）肺癌的分子分型基础上的个体化治疗研究取得显著进展

同济大学附属上海市肺科医院的研究人员根据肿瘤组织 *ERCC*1、*RRM*1、*BRCA*1 mRNA 表达水平，选择化疗方案，共入组100多例患者，发现在药物基因组学指导下的个体化化疗，肿瘤缓解率和无进展生存期明显延长。无进展生存期由对照组的4个月左右延长到7个月，取得了显著性差异。他们开展了完全切除术后非小细胞肺癌辅助化疗的个体化研究，发现这些基因表达者预后差，采用辅助化疗受益明显；而这些基因高表达者往往不能从辅助化疗中获得生存受益。同样，我们研究也发现这些基因的表达水平也影响新辅助化疗的疗效。在此过程中，他们还分析了400多例15个药物基因组相关基因SNP与化疗疗效及其毒性之间的关系，发现不同药物基因组SNP与化疗疗效及其毒性相关，并且这些SNP与组织学类型、性别等因素相关，对不同化疗疗效产生不同的影响。

（七）HBV基因型及耐药突变检测取得重要进展

1. HBV基因型与临床之间存在紧密的关系

乙肝病毒株分为A～H 8种基因型。虽然目前HBV基因型还没有成为临床的常规检测指标，也没有相应的特异基因型药物，但越来越多的研究显示，不同HBV基因型在HBV的传播方式、临床疾病谱、预后判断、疫苗预防及抗病毒治疗选择等方面都存在明显的差异，并由此影响病毒致病过程、抗病毒治疗疗效及临床预后。

不同基因型HBV存在典型的地域分布差异。目前我国HBV以B型和C型最为常见（分别为41%和53%），B型主要分布于南方，而C型则多见于北方、中原和华东地区，兼有少量A型和D型。在香港、广州等南部地区也有少部分D型分布。另外，华北、新疆地区有A型存在。

不同基因型HBV的流行病学特征不一样，同时其临床感染特点和致病性也不完全相同。A型和D型相比，A型在慢性乙肝感染病人中更常见，而急性感

染病人中更普遍的基因型为D型，同时D型在慢性乙肝患者中很少引起肝损害。B型常表现出温和的肝纤维化，C型比B型更易引起浸润性的严重肝脏疾病，并发展成为肝硬化和肝癌，C型的携带者预后比B型的携带者的预后更差。在多因素分析中，C型感染与临床肝硬化、HCC的发生独立相关。不同基因型HBV与抗病毒治疗也有一定的关系。目前主要采用α-干扰素和核苷类似物治疗乙肝，不同基因型对干扰素的应答不一样，α-干扰素对A型的治疗效果比D型好，B型和C型相比，C型干扰素治疗效果差，对α-干扰素治疗敏感性降低，而B型对α-干扰素有更好的应答。而HBV基因型与拉米呋啶治疗的相关性资料不多，且存在一定差异。所以HBV基因分型对慢性肝病的诊断有重要的指导意义，可根据不同的基因型对疾病发展进行有效预测，对疾病良好的预防和控制，从而达到个体化治疗的目的。

目前用于检测HBV基因型和耐药突变检测的方法主要有：①测序序列分析法。虽然测序法是基因型和耐药检测的金标准，但其不易检测多种亚型的混合感染和低频率的耐药突变，并且技术专业性复杂，费时费力。②聚合酶链反应-限制性片段长度多态性（PCR-RFLP）法。此种方法一个反应只能鉴定一个位点，且所需时间长、步骤多，遇到混合感染或酶切不完全，就会出现复杂带型，影响结果的判断。③型特异性引物PCR基因分型法。因其完全依靠两次PCR过程，根据电泳结果判读，不可避免出现PCR假阳性高的问题。④基因芯片法。目前虽然出现基因芯片热，但可发现真正用于临床检测的基因芯片产品少之又少，主要原因是其所需设备和成本价格昂贵，使患者难以承受。⑤分子杂交法。一种可信、便利、快速的方法，能检测所有基因型，其最大优点是对混合基因型和低频率的耐药突变检测非常敏感（可检测到5%混合），可鉴别某些用直接测序不能区分的混合型感染和低频耐药位点。

国内外用于检测HBV基因型和耐药的产品，在国内主要应用于科研，批准用于临床检测的产品几乎没有，随着研究的深入和临床用药不断出现的问题，HBV基因型和耐药检测将体现越来越高的价值，将成为必要临床检测，这也为HBV基因型和耐药的产品提供广阔的市场前景。

2. HBV基因型检测试纸条研究取得重要进展

通过对GenBank报道的近千条HBV全长序列进行基因型分类，对各型全长序列进行型内保守性分析（95%以上为保守序列，小于95%为简并序列），根据各型型内序列分析结果，对所有型序列进行型间比较分析。根据型间分析结果，重庆医科大学的研究人员设计中国人主要的A、B、C、D四型特异的探针。将各型探针同时固定在同一张尼龙膜上，通过带地高辛标记的血清样本PCR产物与杂交膜上特异性探针杂交，依靠地高辛抗体带碱性磷酸酶（AP）标记，可通过化学发光ECL底物或直接显色（肉眼可见）底物NBT/BCIP进行显色，根据显色结果判断HBV样本的基因型，具体原理见图2-8。

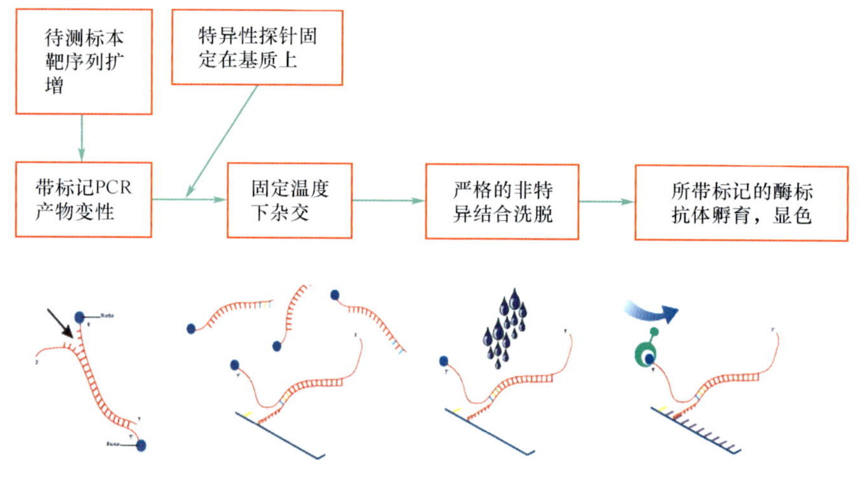

图2-8　HBV基因型检测试纸的检测原理

他们研制的试纸条针对中国地区发现的HBV所有4种基因型A、B、C、D，每个基因型设计的探针为3条，可大大避免由于病毒的变异而导致的误读和漏读，提高检测的准确性和检出率。两条质控探针起到对检测过程的两个步骤分别质控，显示反应控制探针起到对抗体反应和底物结合的质控，通用探针起到对PCR产物与探针杂交反应的质控，更方便对检测的过程进行监控，同时对于有问题的检测更容易查找其原因。

四、纳米生物技术

纳米技术是在1～100nm尺度上研究物质的结构和性质的跨学科交叉前沿技术。物质在纳米尺度下表现出的奇异现象和规律将改变相关理论的现有框架，使人们对物质世界的认识进入到崭新的阶段，孕育着新的技术革命，给材料、信息、绿色制造、生物和医学等领域带来极大的发展空

间。纳米技术与生物技术相结合便产生了纳米生物技术。

作为研究和应用前景极为广阔的新兴领域，纳米生物技术在我国得到了高度注视。“九五”期间，“863”计划启动了国家纳米振兴计划，其中纳米生物技术有关内容占据了相当比重；“十五”期间，“863”计划将纳米生物技术列为专题项目给予了重点支持，并且在“973”计划和国家自然科学基金中也对纳米生物技术进行了部署；“十一五”期间，在“863”计划中设置了“高靶向、缓释纳米医药制剂研发”、“纳米生物材料研发”和“纳米生物器件研发”三个重点项目，并且《国家中长期科学和技术发展规划纲要（2006～2020年）》也将纳米研究作为4个重大科学研究计划之一。

在国家长期稳定的支持下，我国纳米生物技术有关的研发工作得到了长足进步，在纳米药物载体、纳米生物材料、纳米生物传感器等的研究和应用方面取得了重要进展。仅2009年，在“863”计划的支持下，共发表学术论文263篇，申请发明专利86项，其中多项研究成果受到国内外广泛好评，部分在研产品已完成技术转让或即将取得生产批件，进入市场。

（一）多项高靶向、缓释纳米医药制剂进入临床研究

在“863”计划的资助下，2009年在高靶向、缓释纳米医药制剂方面共发表学术论文113篇，其中被EI、SCI、ISPT收录90篇，出版专著9部，申请发明专利40项，国际专利1项，授权发明专利10项。取得1项纳米药物制剂的临床研究批件，3项纳米药物制剂完成临床前研究，已经申报临床批件。以建立面向临床需求，产、学、研结合的技术创新体系为突破口，发展了一批具有完全自主知识产权、自主创新的智能纳米结构（长循环脂质体、夹心纳米球结构等）作为新型缓释药物载体。研究较为成熟的产品已经完成临床研究，即将获得生产批件，进入市场。

2009年纳米药物制剂方面取得以下一系列重要进展。

1. 1项纳米药物制剂取得临床研究批件

石药集团中奇制药技术（石家庄）有限公司研发的盐酸多柔比星脂质体注射液现已取得3.4和6类两个临床研究批件，成功实现规模生产，已完成临床试验，预期2010年取得生产批件。临床前采用小鼠S180实体肿瘤模型，小鼠白血病L1210腹

水瘤模型和 L1210 肝转移鼠类肿瘤模型评价药物的治疗效果，结果显示与被仿品楷莱等效。它具有抑制 DNA、RNA 和蛋白合成的细胞毒作用。这是由于这种蒽环类抗生素能嵌入 DNA 双螺旋的相邻碱基对之间，从而抑制其解链后再复制。

2. 3 项纳米药物制剂完成临床前研究，已经申报临床批件的纳米药物制剂

（1）石药集团中奇制药技术（石家庄）有限公司研发的盐酸米托蒽醌脂质体临床前研究工作已全部完成，成功实现了规模生产，产品的稳定性试验已达到 24 个月。临床前采用小鼠肿瘤 S180、H22、前列腺癌 RM-1 和人类移植瘤前列腺癌 PC-3 实体肿瘤模型，以及小鼠白血病 L1210 腹水瘤模型和 L1210 肝转移鼠类肿瘤模型评价药物的治疗效果。结果显示盐酸米托蒽醌脂质体在抑制肿瘤生长方面和有效治愈或延长荷瘤动物存活率方面均比相同剂量的盐酸米托蒽醌疗效更好。尤其是在实体肿瘤模型中，盐酸米托蒽醌脂质体治疗效果及疗效的维持时间均明显优于盐酸米托蒽醌，治疗指数提高约 20 倍。Plm60-HSPC 的毒理学实验研究由国家上海新药安全评价中心根据《药品非临床研究质量管理规范》进行试验。盐酸米托蒽醌脂质体在动物体内观察到的毒性与盐酸米托蒽醌毒性基本相似，但在毒性产生时间上稍滞后，严重程度较轻微。

（2）北京大学采用新型自乳化技术，将紫杉醇制成可供静脉滴注的微乳制剂，该产品在现有紫杉醇产品研发方面尚属空白。采用该技术，使聚氧乙烯蓖麻油用量大大降低，动物实验过敏性结果呈阴性反应，预计可避免过敏反应的发生，从而大幅度提高安全性和顺应性，降低使用复杂程度。配制预浓缩液，临用前经自乳化后使用，可较好地解决含药微乳长期放置过程中稳定性差的问题，同时使新配微乳的稳定性足以满足临床需要。该紫杉醇微乳制剂通过静脉注射给药，与原临床治疗给药方式一致，体内药动学行为基本一致，可保证其疗效。临床治疗适应证与市售紫杉醇注射剂一致，可用于适用于紫杉醇的所有治疗。本紫杉醇微乳注射剂安全性及顺应性好，在方便患者与医务工作人员的使用等方面也会带来极大帮助，带来显著的社会效益。已转让并申报临床（CXHL0600598），且完成两次资料发补修改，估计近期获得临床批件。

（3）北京大学研发的玻璃体内注射用环孢素 A 微球克服了血—眼屏障的限制，可使药物在玻璃体内保持较为恒定的水平，以较少的药物取得有效的眼内治疗水平，同时避免了全身大剂量给药引起的毒副作

用。对抑制高危角膜移植免疫排斥反应和治疗慢性葡萄膜炎、增殖性玻璃体视网膜病变等需长期用药的慢性疾病具有重要意义。该研究证实 CyA-PLGA 微球从疗效和毒副作用方面明显优于普通的滴眼剂。由于 CyA-PLGA 微球项目创新性、有效性和安全性均已达到了较高水平，因此，这一产品的问世将会给无数慢性葡萄膜炎的眼疾患者带来真正的福音，同时还蕴涵着较大的商业价值。

3. 多项纳米药物制剂关键技术取得突破

（1）石药集团中奇制药技术（石家庄）有限公司在借鉴国内外脂质体研究的基础上，调动制药企业的工艺力量，构建脂质体技术平台，为实现脂质体纳米药物工业化生产奠定基础。同时，长春瑞滨脂质体、拓扑替康脂质体和伊立替康脂质体等新型纳米药物制剂已经取得一系列技术突破，获得了有潜力的处方。这些脂质体抗肿瘤药物的国产化，有望大幅度降低肿瘤治疗费用，造福于我国的肿瘤患者。对促进我国药物制剂技术水平升级，提高我国人民用药水平具有非常显著的意义。

（2）高度靶向性是纳米药物制剂研究的一个重要目标。北京大学开发了以新生血管为靶标的新型抗肿瘤纳米给药系统，纳米药物制剂经 EPR 效应在肿瘤浓集，RGD 肽识别新生血管表面整合素，CA4 先释放封闭血管，DOX 后释放杀死肿瘤细胞。相关的研究成果发表在 *Journal of Controlled Release*（影响因子 5.69）。中国科学院理化技术研究所与首都医科大学宣武医院合作，首创提出“干细胞靶向”，采用干细胞携带药物缓控释纳米颗粒，利用干细胞对胶质瘤细胞的追踪、靶向特性，靶向治疗脑胶质瘤。这种靶向方式比目前使用的各种被动、物理和主动的靶向方法对肿瘤的跟踪能力更强，减少了纳米颗粒在体内的大量稀释和在正常组织的积累，对机体更安全。磁靶向技术是研究最为广泛的一类靶向技术，该项目创新性地使用天然纳米磁小体作为药物制剂的磁靶向载体。中国农业大学解决了趋磁细菌对营养和氧气要求苛刻、人工培养水平低、不易大量获得等问题，在 100L 和 1.5t 自动发酵罐培养 36h，OD565nm 超过 5.0。磁小体的产业化生产的突破性进展为高效、低毒的智能化纳米药物制剂、肿瘤的早期诊断和靶向治疗开拓了新的领域。这些新靶向新技术、新理论为肿瘤靶向性治疗提供了新的思路。

（3）载体是纳米药物制剂的核心与灵魂，研究人员自主创新，设计新型纳米药物载体和智能控释结构，发展多种具有自主知识产权的新型纳米药物载体，推动纳

米药物制剂研发的跨越式发展。中国科学院理化技术研究所实现了单分散特殊结构（夹心）二氧化硅纳米载体的可控生产，这一成果发表在 *Advanced Materials*（影响因子 8.19），审稿人评价该文章“为新型药物载体的制备提供了非常重要的信息”。

此外，四川大学建立了一种可控制备肽类树枝状大分子的技术平台；天津医科大学利用赖氨酸改性的具有双亲性特性的壳聚糖衍生物（OQLCS）代替磷脂同胆固醇合成双亲性高分子药物载体，分散性较好，载药率较高；湖南中医药大学已基本完成“矾冰纳米乳”的制剂处方与制备工艺的筛选研究，完成了矾冰纳米乳质量评价研究，形成矾冰纳米乳质量评价方法、标准及其内在质量的综合评价报告；中国人民解放军总医院制备抗骨肉瘤单克隆抗体 Fab 片段，构建的纳米 Fe_3O_4-DOX 在体外极易进入骨肉瘤细胞，而很少进入正常细胞，证实其对肿瘤细胞的亲和性；浙江省眼视光学重点实验室合成 PEG-PLGA 嵌段共聚物，装载长春新碱（vincristine），并以叶酸为肿瘤靶向配体，制备了载药微球；天津大学研发了检测肿瘤标志物纳米量子点液相生物芯片，基本完成多种肿瘤标志物的临床诊断试剂盒的研制工作；自主研发了量子点液相生物芯片检测系统，已完成工作路线设计、软件编辑和硬件组装；中国科技大学搭建纳米药物制剂载体光镊技术检测平台，分阶段对相关纳米药物制剂进行系统的生物效应研究。

（二）多个纳米生物材料展示出良好的应用前景

在“863”计划的推动和支持下，我国纳米生物材料研发进展顺利。2009 年度共发表学术论文 67 篇，其中被 EI、SCI、ISPT 收录 43 篇，申请发明专利 18 项，授权发明专利 4 项。2 个品种的纳米生物材料完成临床前研究，正在向国家食品药品监督管理局申请注册。通过先进的纳米生物技术原理和方法，融合集成相关学科的高新技术，在独特的设计理念和新型制备工艺的基础上，自主研发了多项纳米生物材料产品。主要包括胆道支架、骨修复用纳米生物材料、心血管修复用纳米生物材料等。这些产品一旦上市，将在医药卫生及健康产业领域发挥重大作用。

2009 年，纳米生物材料研发取得了以下一系列重要进展。

1. 两项纳米生物材料完成临床前研究，正向国家食品药品监督管理局申请注册

（1）四川大学与北京大清生物技术有限公司联合研制出同种异体骨修复材料，并制订质量标准，已申请产品注册。可以

修复、充填骨缺损，起到固定和支撑作用。由于其来源丰富，不受形态、大小限制，且具有生物活性。可以发展诱导、引导骨再生材料，组织工程骨修复材料，含生物活性因子骨修复材料，可注射及可塑形骨修复材料，生物性骨内固定材料等各个系列产品及其相关副产品，可形成具有国际竞争力的大型企业，临床应用前景巨大。

（2）四川大学与成都瑞康生物科技有限公司联合研发SIS（猪小肠黏膜下层）组织修复材料，已完成全部制备过程、体内外研究，其纺丝、制膜技术已成熟，且已制订了产品质量标准，并完成SFDA检验，SIS产品注册进展顺利。生物膜原料来源广阔，制作成本低廉，具有良好的经济效益。我国糖尿病患者人数众多，据统计约1亿，糖尿病溃疡发病率在5%～10%，因无有效治疗方法，其中1%患者（约500万）需截肢，因此，研制能有效治疗糖尿病溃疡的生物材料，能极大减轻糖尿病患者痛苦和提高生活质量，大幅避免截肢造成的伤残，具有良好的社会效益。

2. 多个纳米生物材料正在开展临床前研究

（1）四川大学开发出新型可注射水凝胶，可以广泛应用于骨等硬组织修复。目前已经实现公斤量级的生产，建立了相关企业标准。相关的研究工作在影响因子大于5的高水平科技刊物上发表SCI论文2篇。PECE水凝胶正在四川医疗器械生物材料和制品检验中心进行安全性评价。

（2）佛山特种医用导管有限责任公司设计出具有类骨表面结构的高生物响应即刻种植人工齿根，经表面处理技术，制备出具有功能梯度和纳米结构的生物活性牙根。经医院临床试用，该植入体具有很好的生物活性，初始固位效果好，并有望解决远期松动问题。该成果已进行产业化相关工作，建立了仿生型生物活性牙根生产线和类骨结构表面活性即刻种植牙生产线。

（3）清华大学课题组完成新型的纳米脂质材料及纳米给药系统的构建，并在构建这种系统的基础上对辅酶Q_{10}纳米制剂进行了制备，通过处方工艺筛选制备得到了稳定的辅酶Q_{10}纳米制剂，并针对这种制剂进行了相关研究工作，包括制剂稳定性、初步毒性以及与其作为心血管疾病治疗或辅助药物相关的抗氧化功能研究等。

（4）首都医科大学宣武医院通过异种生物组织光氧化处理技术定型，制备去细胞异体血管。并检测组织安全性、毒性、稳定性。建立企业产品生产标准，标准化材料采集、转运、消毒、保存等处理流程；成功制备系列PU人工血管，具有良好血液和细胞相容性，结合表面活性修饰技术品。

完成 Φ6mm、Φ4mm 系列人工血管制备检测，试制了 Φ2mm 系列人工血管。这种纳米材料人工血管具有更多的生物学优越性，具有良好的抗凝、抗破裂和血流动力学特性，实用性强。柔软、弹性的聚氨酯血管可有效传导血流搏动信号，利于血管结构和强度塑型。同时纳米粒携带一定量的抗凝剂等，降低人工材料临床使用时常见副反应。新型纳米材料动脉血管替代产品的进入临床将改变外周动脉疾病的治疗现状。

（5）中南大学研制高分子型光学镜片防雾剂，结合小分子表面活性剂与亲水性高分子的优点，在玻璃表面形成超亲水、防雾效果好、耐摩擦、无腐蚀性的透明薄膜，明显延长了防雾时间。

（6）中山大学在光催化空气净化组件技术的基础上，快速开发了一款能够对空气高效消毒的空气净化机，正在做“3C”认证和消毒器械认证，并进行应用示范推广；此外，中山大学开发了一种空气净化组件，应用于空调，制造了一种新型空气净化机，取得了良好效果，消毒效果葡萄球菌杀菌率 99.98%，自然菌杀菌率 94.28%，超越预期目标，除甲醛效果 86%，接近预期目标。

（7）广东博远投资管理有限公司与华南理工大学合作建立一条年产吨级以上的烟嘴用生物纳米材料中试生产线，研制的新型选择性复合滤嘴达到欧盟限量新规定，焦油 5.64mg、烟碱 0.61mg、CO 9.9mg。

（三）纳米生物器件研发取得突破

在“863”计划的支持下，我国在纳米生物器件研发方面共发表学术论文 83 篇，其中被 EI、SCI、ISPT 收录 75 篇，出版专著 1 部，申请发明专利 28 项，授权发明专利 6 项。利用纳米粒子的吸附、信号放大、催化以及特殊的荧光信号与增强光谱信号性能，提高标志物检测的灵敏度、特异性，实现标志物在局部组织定性定量可视化。纳米生物器件向着自动化、小型化、高通量方向发展，研发出多种拥有自主知识产权、有广泛市场前景的新型纳米生物器件。大幅度提升我国在纳米生物器件方面的创新能力、创新水平和核心竞争力，也是生物医药技术领域集成创新的技术源泉等。

2009 年，纳米生物器件研发取得了以下一系列重要进展。

1. 上海交通大学研制成功免疫层析芯片检测仪器

该仪器用于对生物免疫层析试纸条的显色图像进行分析，包括检测平台、分析主机、显示器、图像采集卡、紫外光源、紫外滤镜、镜头、扩倍镜和数字摄像机等。生物免疫层析检测仪可以自动检测分析样

品，并进行图像处理和结果保存，是一种操作简便、小体积的检测分析仪。生产出的样机稳定性、重复性非常好，并通过有关部门测试，正在报批。上海交通大学将碳纳米管与量子点自组装用于DNA与抗原的超敏感检测，可以用于HIV核酸的超敏感检测，灵敏度可达到0.1ng/mL。相关研究内容在*Analytical Chemistry*发表，并且得到了*Nature Nanotechnology*对该文主要内容的评论。

2. 广州医学院研制具有靶向功能的RNA干扰纳米药气雾治疗器

广州医学院以慢性呼吸系统及相关心血管等重大疾病临床治疗拟解决的关键问题为切入点，通过生物医学、纳米科学和药物化学等学科交叉研究，研制拥有自主知识产权和具有靶向功能的RNA干扰纳米药气雾治疗器。

3. 南京大学研制了一种快速检测心肌肌钙蛋白的生物传感器

该传感器的检测线性范围0.01～5ng/mL，检测限0.01ng/mL。建立了一种微流控芯片体系中检测双蛋白的新方法，心肌蛋白的线性范围为0.05～50ng/mL，C反应蛋白的线性范围为0.5～200ng/mL。南京大学研制了一种糖尿病多指标检测微流控芯片，实现了血清中葡萄糖、乙二醛、丙酮醛、乳酸、尿酸等物质的同时检测。

4. 上海交通大学附属人民医院发现新型结肠癌术后转移、复发的分子标记物——IMP3

开发整合前端侧向流分离器与下游细胞捕获芯片的一体化芯片，构建结肠癌、直肠癌预后监测纳米试剂盒。该试剂盒可以直接利用全血样本，在片实现血细胞分离与癌细胞捕获，通过对癌细胞的计数实现对患者预后的评估。

5. 东南大学研制纳米生物器件可快速进行细胞鉴定

东南大学通过纳米探针优化设计和功能化纳米界面优化构建，得到的纳米生物器件可快速灵敏地检测出肝癌、肺癌、白血病敏感和白细胞耐药等细胞，比常规检测技术的检测限低1～2个数量级，这一结果表明利用合适的纳米探针和功能化纳米界面有望实现癌症的早期诊断。相关研究成果正在按有关要求组织申报批文。东南大学提出了一种高灵敏多孔类碳糊电极和磁性多孔“类碳糊电极”的纳米模板直接诱导构建方法。传统的碳糊电极常用石蜡油作为粘接剂，但随着石蜡油的挥发干枯，电极的密实程度大受影响而致使导电性能

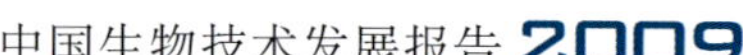

显著变差，因而不便保存和再生，而且重复性也不理想，难以实际应用。多孔“类碳糊电极”的特点是：采用导电高分子材料前躯体与纳米颗粒模板等电极制作原料（碳粉等）混合均匀，一次性聚合成型，再用溶剂抽提掉纳米模板，形成多孔状电极，由于不含有石蜡油类粘接剂，性能稳定而可长期保存。其多孔结构显著提高了电极表面积，可以显著提高检测灵敏度。结合金标银染技术，采用阳极溶出法将该种多孔电极构建的电化学生物传感器应用于核酸样本、药物残留和血吸虫抗原检测，检测 DNA 的极限为 0.008nmol/L，血吸虫卵抗原的检测限为 0.01μg/mL，优于普通碳糊电化学传感器。东南大学还研发了流动态 QCM 传感器，已完成全封闭的动态 QCM 传感器检测系统的设计和性能优化，并完成了流动池与流动系统的制作，在流动状态下对纳米金双层放大 DNA 杂交过程进行了动态实时检测。由于流动 QCM 频率检测曲线平稳，因而显著改善了 QCM 传感器性能，纳米金双层放大的 DNA 检测灵敏度达到了 fM 级。东南大学研发了高灵敏快速检测癌细胞多药耐药性的药物敏感体外诊断试剂盒，研制的试剂盒对耐药细胞（K562/ADM）和敏感细胞（K562/B. W.）存在电流和电位等性能的高灵敏、特异性分辨，有望实现单一界面上的多个表型的细胞鉴定，早期诊断多药耐药性。

6. 温州医学院研制了基于聚丁二炔纳米囊泡的生物传感器

该传感器通过调整特异性配体，可以快速诊断大肠杆菌、鼠伤寒沙门菌、金黄色葡萄球菌，完成了霍乱弧菌和志贺杆菌的诊断标记物筛选。

五、功能基因组和蛋白质组

该项目充分发挥我国基因组学、蛋白质组学与结构生物学的基础和优势，以国家战略需求为背景，以增强集成创新能力和形成战略产品原型或技术系统为目标，以提高我国生物技术产业的国际竞争能力为核心，设置癌症基因组学、人类重要功能基因的开发、肝脏及重大肝病蛋白质组学和重大疾病相关蛋白质的结构生物学4 个方面的研究。共立项 24 个课题，国拨经费总共 16 767 万元，匹配经费 155 万元，自筹经费 280.5 万元。其中大专院校承担 12 项课题，研究所承担 12 项课题。

“功能基因组和蛋白质组”重大项目自 2006 年年底启动实施以来，总体进展顺

利。项目在 *Nature* 杂志发表论文 3 篇，在 *Immunity* 杂志发表论文 2 篇，在 *Nature Cell Biology*、*Nature Immunology*、*Nature Protocols* 和 *Nature Structure Molecular Biology* 上各发表论文 1 篇，在 *Proceedings of the National Academy of Sciences* 上发表论文 3 篇，并开发了有自主知识产权的关键技术，实现了对企业的技术转让。截至 2009 年年底，该项目针对白血病、胃癌、大肠癌、肝癌、禽流感、肝炎等 20 余种疾病，开展了功能基因组、蛋白质组和结构生物学研究，建立和发展相关新技术新方法 36 种，鉴定功能基因 159 个，其中 45 个为新基因。建立了国际上最大规模的 1000 余种抗人体肝脏蛋白的单克隆抗体库，人肝转录组、ORF 组数据库，人肝脏蛋白质表达谱数据库以及蛋白质相互作用连锁图，获得了大量具有重要生理和病理意义的功能蛋白质；构建了国际上最大的、第一个系统化的健康人类肝脏蛋白质组信息数据库。解析蛋白质三维结构 205 个，发现潜在药物靶点和诊断标志物 200 余个。相关成果发表论文 365 篇，其中 SCI 论文 253 篇，申请发明专利 70 项，已获发明专利授权 30 项，获软件著作权 5 项，获国家医疗器械注册证书 11 项。实现技术转让和销售收入 5220 万元。共培养研究生 234 人，其中博士研究生 126 人。

（一）主要进展

1. 重大原始创新

（1）DNA 受损细胞自我清除的内在机理研究取得重要进展。厦门大学林圣彩课题组在研究 DNA 受损细胞自我清除的内在机理方面取得了重要进展，他们发现 Wnt 通路的重要抑制因子 Axin 通过形成不同的多蛋白复合体来控制 p53 的活性，即在致死剂量（强烈刺激）的基因损伤下，Axin 与 p53、HIPK2（p53 上游的一个激酶）、Tip60 结合成一种蛋白复合体，在这种复合体中 Axin 可以最大程度地激活 p53 诱导细胞凋亡的功能，导致细胞自我清除；在亚致死剂量（弱刺激）的基因损伤下，Axin 则与它们结合成另外一种蛋白复合体，在这种复合体中，p53 诱导细胞死亡的功能被抑制。同时，他们提出了 p53 活性阈值的概念：基于 Axin 的多蛋白复合体通过其组分的动态变化，能控制 p53 活性的阈值，从而实现 p53 选择性地决定细胞的命运。该发现有望为癌症的治疗提供新的途径。该研究成果于 2009 年 8 月 23 日在 *Nature Cell Biology* 上发表了题为“Axin determines cell fate by controlling the p53 activation threshold after DNA damage”的论文。该文被 UCSD-Nature Gateway 从 *Nature* 所用文章中选为该周的亮点文章（Featured Article）。

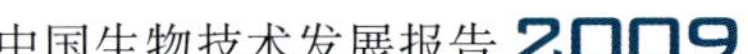

（2）泛素连接酶样新分子 Nrdp1 的作用机制研究获得进展。北京大学韩文玲课题组与第二军医大学研究发现，Nrdp1 在正常组织、细胞及肿瘤细胞系中广谱表达；在小鼠 RAW264.7 细胞系内，LPS 和 TNFα 均可以调节其表达；Nrdp1 是一个 TLR 诱导性的分子。Nrdp1 可以通过促进 MyD88 的泛素化和降解抑制 MyD88 依赖的 NFκB 的活化和炎性细胞因子的产生，通过促进 TBK1 的泛素化活化 IRF3 促进 I 型 IFN 的产生，在 TLR 的信号传导过程中发挥重要作用，并且在细菌感染和病毒感染中对机体起到保护性的效应。研究结果发表于 *Nature Immunology*（影响因子 25.113），该分子已经获得国家发明专利授权（专利号 ZL02136521.0），有关该分子的功能已经申请 2 项国家发明专利（200910052245.8 和 200910052244.3）。

（3）在抗病毒天然免疫信号转导分子机制领域取得重要原创性突破。机体的抗病毒免疫反应可以分为天然免疫和获得性免疫两种方式。病毒感染后诱导细胞表达 I 型干扰素是抗病毒免疫的一个关键环节，是过去 10 年中免疫学领域，特别是天然免疫领域的一个研究热点。武汉大学舒红兵课题组发现一个新的被命名为 MITA 的蛋白在其中起关键作用。病毒感染后，MITA 作为一个接头蛋白，将 TBK1 和 IRF3 招募到 VISA 复合物。在这个复合物中，IRF3 被 TBK1 磷酸化并活化。这项研究发表后 1 年内已被 SCI 引用 20 多次。同时，I 型干扰素表达的负调控也是该领域的重要研究内容。课题组研究发现 E3 泛素连接酶 RNF5 在病毒感染后，泛素化 MITA，引起 MITA 降解，从而抑制病毒感染诱导 I 型干扰素表达的信号转导；同时发现病毒感染后，诱导 ISG56 表达，它能够与 VISA 结合，从而阻断 VISA 与 MITA、TRAF6 等结合，因此抑制 VISA 的信号转导，从而抑制病毒感染诱导 I 型干扰素表达。

（4）在神经营养因子和受体复合物结构研究方面取得重要进展。2008 年 7 月，*Nature* 杂志在线发表了中国科学院生物物理研究所江涛课题组题为“Crystal structure of the neurotrophin-3 and p75NTR symmetrical complex”的研究论文。该论文报道了神经营养因子 3 与其受体 p75NTR 胞外区复合物的晶体结构，研究结果揭示了神经营养因子与其受体 p75NTR 相互作用的方式与结构基础。该研究工作利用 X 射线晶体学方法解析了 NT-3 与 p75NTR 胞外区复合物的 2.6 埃分辨率的三维结构，并开展了相关的生化研究。研究结果揭示了神经营养因子 3 与 p75NTR 的特异性结合方式，使人们得以更加深入地了解神经营养因子与受体相互作用的机制，同时也为以神经营

养因子为标靶的药物开发提供了重要的结构基础。

（5）高发及突发传染病重要病原微生物蛋白质三维结构研究取得重大突破。中国科学院生物物理研究所李雪梅课题组开展了SARS等冠状病毒非结构蛋白的结构与功能研究，并对其所形成的转录复制机器的分子机制以及抑制剂药物的研发进行探索。继成功解析出第一个SARS冠状病毒主蛋白酶的晶体结构后，先后完成了SARS Nsp4/Nsp3、IBV Nsp5/Nsp9、SARS-CoV/IBV nsp2、SARS、nsp7-nsp8、MHV Nsp4C以及MHV NP等近20个蛋白质（或复合物）的结构；在SARS冠状病毒主蛋白酶抑制剂的研制方面也取得了令人欣喜的成果与突破，设计和筛选出具有潜在临床意义的“广谱”冠状病毒抑制剂，为达到抑制病毒转录和复制以及对疾病的预防和治疗奠定了坚实的理论基础。同时，该课题组与刘迎芳研究组合作，率先揭示了禽流感病毒（H5N1）聚合酶关键部分PA亚基C端结构域与PB1多肽复合体的精细三维结构，对揭示禽流感病毒聚合酶作用机制以及开展针对流感病毒药物设计工作具有十分重要的意义。他们随后又解析出禽流感病毒（H5N1）聚合酶功能部分PA亚基N端结构域，首次清晰地揭示了PA参与病毒转录功能的一个重要分子机制。这两部分的研究工作分别于2008年和2009年先后发表在*Nature*杂志上。

2. 重大技术突破

（1）癌症基因组研究发现多个潜在药物靶点。上海交通大学附属瑞金医院赵维莅课题组通过对白血病、淋巴瘤、乳腺癌、胃癌4种重大疾病的研究，对于白血病/淋巴瘤（NUP98-PMX1、MLL-EEN、NUP98-NRG、ATF1-MAP4、NOTCH1、Hornerin、NUP98-IQCG、GATA2、NPM1、ATM、RGS2、EGR2、PRDM1、XRCC1、MGMT、BCL-XL、VEGF-A等）、乳腺癌（GPX3、ECRG4、EPAH5、SOX17、ATP2A2等）、胃癌（E2F4、MRE11、hMLH1、E-cadherin、GSTP1、FAT4等）等疾病，发现了多个潜在的药物靶点（PML-RARA、AML1-ETO、BCR-ABL、PRDM1、BCL-XL、VEGF-A），一方面为上述肿瘤发病、疗效、预后提供了相关的新的分子标志，另一方面为肿瘤的分子靶向治疗提供了特异的作用靶点。

（2）全基因组功能区DNA甲基化检测方法大幅度降低成本。中国科学院心理研究所孙中生课题组开发了高通量、低成本的功能区全基因组甲基化测序方法。3Gb的人类基因组，按Solexa测序有效数据60%计算，要达到30×覆盖率，需要50×测序量，3Gb基因组共需150Gb的数据，按目前最低价1Gb一万元计算，测一个甲

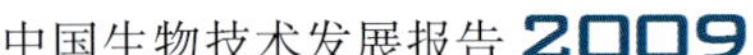

基化组需要 150 万元。其开发的功能区 DNA 甲基化分析技术，基于 MeDIP 富集及重复序列去除后得到的功能区序列约为原来的1/6，因此该技术测一个甲基化组只需要 150 × 1/6 = 25 万元。为了解 DNA 甲基化修饰在调控生理过程变化及疾病发生中的作用奠定了基础，为其他研究组研究 DNA 甲基化修饰提供了高效、经济的技术支撑。该技术已经转让给深圳华大基因研究院，该院将进一步运用该技术进行多个物种的 DNA 甲基化修饰的测序分析。另外课题组已经构建了高通量 bisulfite 测序数据分析流程的基本框架，能够解决 bisulfite 修饰后高通量短测序数据比对的挑战；p16 甲基化检测试剂盒开发将进入中试。

（3）开发出新一代磷酸化多肽高选择性富集技术。中国科学院大连化学物理研究所邹汉法课题组发展了以磷酸基团为螯合基团，以 Zr^{4+} 和 Ti^{4+} 为螯合离子的新一代固定技术——亲和色谱技术，极大地提高了磷酸肽的富集特异性。固定锆和钛离子的亲和色谱在申请中国专利的基础上还通过 PCT 申请了美国专利（前者2009 年已获得美国授权，专利号为 US7，560，030；后者美国专利档案号为：034316. 002）。将磷酸肽的富集技术与磷酸肽的分离技术、自动验证磷酸肽的鉴定的数据处理方法和软件相结合，形成了具有国际一流水平的蛋白质磷酸化分析平台。在人类肝组织蛋白质磷酸化的分析方面，通过与磷酸肽多维反相色谱分级和富集技术的集成，鉴定了人类肝脏中 3500 个磷酸化蛋白质和 9995 个磷酸化位点。该数据为国际上分析组织样品所得到的最大的数据集，这说明磷酸化分析平台性能优越。所发展的磷酸肽的富集方法有效提高了我国在磷酸化蛋白质组的研究水平，为疾病发生机制的研究提供了有力的技术支撑。

（4）蛋白质相互作用技术研究取得重要进展。军事医学科学院放射与辐射医学研究所王建课题组在肝脏蛋白质相互作用网络研究方面，发现了 3000 多对新的蛋白质相互作用，不仅为肝脏生物学基础研究提供了大量有价值的信息，而且对肝脏疾病的应用研究提供了有力的支持，成果一旦公开，必将对国内外的相关基础和应用研究产生重要的影响。网络中具有应用前景的重要功能蛋白的开发，发现对重要肝脏病理进程起关键调控作用的蛋白相互作用，为肝病的治疗提供新的思路和新药研发靶标，如 p28GANK 和 SIRPα 在肝癌的治疗中可能作为重要的靶点。同时，课题组开发多项具有自主知识产权的技术，包括规模化和通量化的基因并行克隆技术、大规模酵母双杂交阵列筛选技术、AACT 结

合定量的质谱鉴定技术、通量化的蛋白质相互作用验证技术等。这些技术可以用于产业化生产和科研领域技术合作，提升我国在蛋白质相互作用研究领域的速度和水平。

（5）建立了先进的时间分辨免疫学检测技术平台及抗体制备平台技术。南方医科大学李明课题组建立了先进的时间分辨免疫学检测技术平台及坚实的抗体制备平台技术，是目前国内3家掌握该平台技术的单位之一，该平台获得国家火炬计划项目及广州开发区科技创新奖二等奖和科技成果奖三等奖各1项。部分核心抗体原料已能实现自产，大大降低了产品成本并有效保障了产品的质量。依托建立的平台技术，课题组成功开发了与肝癌相关的肿瘤标志物系列以及肝炎系列的时间分辨免疫荧光检测试剂盒，获得国家新药证书2项、医疗器械注册证11项，另有2项进入注册流程，5项完成临床试验。产品在全国率先通过ISO13485认证，已在全国25个省（自治区、直辖市）共计83家医疗诊断和相关科研机构推广使用，累计销售额超过1300万元，实现利润400万元。发表相关专著1部，论文23篇，申请中国发明专利2项。

3. 重大预期产品

（1）冬凌草甲素对AML1-ETO阳性的急性髓细胞白血病具有明显作用。上海交通大学附属瑞金医院赵维莅课题组基于疾病特定基因重排异常的靶向治疗，以AML1-ETO阳性的急性髓细胞白血病为主要疾病，率先证实从药用植物冬凌草中提取的冬凌草甲素能特异性诱导致病融合蛋白AML1-ETO降解，诱导白血病细胞凋亡。在小鼠模型中证实冬凌草甲素单药或联合治疗能有效延长负瘤白血病小鼠的生存，并证实静脉冬凌草甲素治疗剂量的安全性。在2007年10月完成冬凌草甲素新药研究的技术转让协议（转让费1800万元），由江苏恒瑞医药股份有限公司参与进行药物的大规模生产和新药研发，下一步将进入临床试验。

（2）潜在的重组蛋白质药物PDCD5的开发。北京大学韩文玲课题组证明程序性细胞死亡分子PDCD5是一个新的抑癌基因，在多种肿瘤中表达下调，通过结合组蛋白乙酰转移酶Tip60发挥促进肿瘤细胞凋亡的作用。动物实验证明重组人PDCD5蛋白能明显增强白血病细胞系K562和软骨肉瘤细胞系SW1353对化疗的敏感性，其本身未发现毒副作用。2008年2月，北京大学医学部与海正药业集团签署了“合作开发用于促进肿瘤细胞凋亡治疗白血病的PDCD5重组蛋白药物”合同。另外，海正药业集团与北京大学医学部联合申请科技

重大专项“重大新药创制”的新药临床前研究，并获得资助。目前已经完成中试，进入临床前研究阶段。

（3）自动化蛋白晶体观测系统及配套结晶板的研发。北京大学苏晓东课题组开发了一整套自动化蛋白晶体观测系统以及配套的结晶板。到2009年，“863”计划资助的第二代自动化蛋白晶体观测系统已经完成，典型产品已经市场化，委托了相关厂家进行生产及代销，每台售价约98 000～140 000元人民币。国内现已有12台系统正在北京、上海、西安、合肥、深圳等不同的实验室中安装使用，还有5～6台正在洽谈中。相关软硬件系统升级及知识产权注册正在进行中。另有一台仪器已经送到英国测试，有望使该系统销往国外。目前第三代自动化蛋白晶体观测及点样系统一体样机也已经设计出来，正在搭建测试中。与此自动化观测系统配合，按照SBS国际标准设计的几种48孔、96孔及384孔蛋白结晶板的设计加工已经完成，并且开始有产品制造出来，目前正在多个实验室使用或测试。有望实现这些进口产品及耗材的国产替代。

（二）发展趋势

生物医药技术发展到21世纪，越来越呈现出以高通量生物技术为引领，生物医药技术研究与信息和计算机科学技术高度交叉、互相促进、协调快速发展的态势。前沿交叉生物技术作为生物技术中发展最为迅速，学科交叉最为显著和深入，创新性技术含量最高的部分，越来越受到各国政府的极大重视，从全社会的各个方面推动其发展，力求通过前沿交叉生物技术的发展，在生物医药与健康、生物能源、粮食保障与食品安全、环境保护、社会可持续发展等方面取得革命性的进步，确保国家的发展和战略安全。尤其是近一两年来新一代高通量生物芯片技术的发展，第二代高通量测序技术的出现、商业化以及更高通量测序技术的研制，新的定量的蛋白质组学技术发展，代谢组学技术的突破，合成生物学技术的应用，涉及大量人群、巨量样本的跨国界联合研究计划大量涌现和实施，一方面促使生物医药技术的研发在宏观层面上更加全球化，另一方面又促使生物医药技术研发在微观层面上通过对各类超高通量信息的有效获取而更加深入、细致和全面，从而使个性化、个体化的生物医药研究成为可能，并越来越突现其重要性。这样的发展趋势，使得前沿交叉生物技术的广度和内涵空前扩展，在生物医学、生物技术、医药学和临床科学研究中的地位越来越重要，成为生命科学研究中最为重要和关键的技术支撑。

1. 基因组学

测序能力的量变到基因组研究的质变：第二代测序技术（next generation sequencing）是对传统测序技术的革命性变革，可以一次完成数百万到数千万条DNA分子的序列测定，使得在极短时间内对人类转录组和基因组进行细致研究成为可能。目前市场上有4种高通量测序仪，分别是454 GS-FLX、Solexa、SOLiD和Polonator。它们共同的技术特点都是不需要大肠杆菌克隆系统进行DNA模板扩增，而是利用固相原位扩增单分子DNA并采用一定的方法进行依赖模板的特异序列延长及高精细的拍照检测技术，实现了高通量测序。在第二代测序技术不断完善和广泛应用的同时，第三代测序技术已经初现端倪。第三代测序技术的主要特点是能够对单个DNA分子进行测序。目前，第三代测序主要有3种技术平台。其中两种通过掺入并检测荧光标记的核苷酸，来实现单分子测序。第三代测序技术目标是实现人类基因组的3分钟测序或以5000美元的价格出售，这为个人全基因测序的普及奠定了基础，满足未来临床诊断与疾病治疗对个人基因组测序信息的要求。

20世纪90年代开始的人类基因组计划耗资数十亿美元，历时十余年，完成了30亿碱基规模的人类基因组测序工作；时至今日，在中国、美国、英国的一些大型基因组学研究机构，一天的序列数据产出量就足以完成一个人类个体基因组的测定任务，成本只需十万美元（当然随后的序列拼接及数据分析任务还需假以时日）。鲜明的对比反映了技术上的革命性进步的意义，而且这一进步仍在继续，处于领先地位的研究机构和厂商，正在朝着反应密度更高、单个反应读长更长、成本更低的目标前进，可以预计，“1000美元基因组”（即单个基因组测序耗资仅1000美元）时代即将到来。

与此同时，以测序为基石的相关技术也取得了蓬勃进展。基因组技术不能再狭隘地被人们理解为鉴定基因组序列或序列差异，而是综合解读和阐明基因组的结构和功能的必不可少的工具。基因组技术的应用已从突变检测（SNP鉴定）深入到染色体结构变异（CNV）研究、基因和其他非编码序列功能因子如microRNA的鉴定、数据化基因表达谱（转录组）的绘制、基因表达调控（“调控组”）网络的研究、甲基化组和组蛋白修饰等表观基因组学（epigenomics）研究、翻译组（蛋白质合成速率的定量研究）、系统生物学等“组学”和现代分子生物学的几乎所有领域。靶区域测序、RNA测序、meta基因组测序（不

需分离、培养、鉴定的微生物混合样品测序）、单细胞测序等又使测序技术的应用进一步拓展。总之，基因组测序技术上的重大突破已经带来了生命科学和生物技术的一场革命，有可能推动生物经济的新一轮加速发展。

基于国际人类基因组单体型图计划（HapMAP）所获得的超过100万个SNP信息，以人类疾病为主要关注点的全基因组关联研究已经开展起来，通过对比正常人群与患者或易感人群之间在全基因组范围的差异，建立起糖尿病、高血压等30多种人类常见重要疾病与人类基因组中某些基因的关联，基因组学帮助实现了人类疾病研究从“罕见”单基因遗传病到常见疾病的历史性转变。

正常细胞、癌细胞、干细胞在基因组水平上差异很小，但在生长、分化、形态等表观性状上差异极大。所以除了在基因组序列上分析不同细胞的差别外，还要从基因表达水平开展研究。现有的研究表明，少数几个基因的表达水平变化即可引起细胞功能的较大改变，而这些基因的表达又受到上游调控基因和众多细胞因子相关基因的影响，因而要完整地了解这些细胞的特性，有必要在全基因组范围内阐明基因之间的相互关系，需要对基因表达产物，如mRNA等进行测序和定量，通过表达数量性状位点（eQTL）和表观基因组学的研究手段确定基因组上影响基因表达水平的基因和位点，寻找癌症等相关疾病的致病因素和治疗靶点。把基因组和基因表达联系在一起的分析方法已经广泛应用于动植物与微生物的研究中。

同种微生物的不同个体在致病性等方面差异极大，如大肠杆菌是肠道的正常菌群，通常对人体无害，但致病性大肠杆菌O157: H7却会引起严重腹泻，甚至导致感染者死亡。因此把亲缘关系较近、属于同种或同属的细菌株或病毒株看作一个整体，将其共有的“核心”基因和一些个体特有的“可有可无”基因的全部集合定义为泛基因组（pangenome），通过比较基因组学和生物信息学的研究方法，以及进化分析等手段，可以发现泛基因组中与关键性状密切相关的基因，有望成为微生物利用或防治的新靶点。

基因组学已经成为生命科学发展重要和高效的研究工具。作为生命科学的分支之一，基因组学研究与其他分支学科是相辅相成的关系。以人类疾病相关基因研究为例，对于一个多基因决定的疾病，如果只考虑一个健康人和一个患者在基因组水平的差异，其数量可达几十万处，如果能够获得几百乃至上千个健康人和患者的基因组序列，通过比较，找到健康人群与患

者之间普遍存在的差异，经过实验验证，可望最终证实疾病相关的基因和位点。在这样一个理想化的研究过程中，基因组学发挥了上游的指导作用，把一项“不可能”的任务变为可能。

基因组学对医药生物领域发展的促进作用：人类疾病和生物的大多数重要经济性状都是多基因的复杂性状，其研究难度较大。测序技术的突破带来了复杂性状研究的重大突破。2007 年以来，基于国际 HapMap 计划所提供的 100 余万序列差异标记（SNP），“泛基因组相关研究（Genome Wide Association Study，GWAS）”的策略和技术得到了重要的发展。GWAS 能通过分析众多个体（3000 ~ 12 000 名患者和对照），从整个基因组的层次，建立基因型和表现型之间的联系而确定所有相关基因的位置。GWAS 已经应用到糖尿病、高血压等 30 多种人类常见重要疾病的基因组相关变异的鉴定，不仅实现了人类疾病研究从“罕见”单基因遗传病到常见疾病的历史性转变，也将带来植物、动物的重要复杂性状研究和生物产业新的发展。

2008 年“国际 1000 人基因组计划”启动并实现了快速的进展。这一计划的目标是测定覆盖人类主要群体的 1000 个以上的个体基因组全序列，从而为 GWAS 通用策略提供对重要疾病研究更为重要、出现频率更低的序列差异即 rareSNP。这一计划已递交了 4000 多 Gb（相当于 1300 多个人类基因组大小）的序列，3 天产出的序列数据相当于 DNA 序列数据库（GenBank）30 多年来积累的序列数据（约 240Gb）的总和。预计 3 年内将有 1 万人的基因组被测序，5 ~ 10 年里将有 100 万人被测序。更为重要的是，“国际 1000 人基因组计划”已经证明，人类几大群体之间的基因组差异要比原先估计的大得多。研究人类主要群体与疾病易感性和药物反应性密切相关的基因组差异，已得到了很多国家政府的重视。

人类复杂疾病和基因组多样性的研究，使人们期待和努力已久的“个体性基因组”和以其为基础的“个体医学”或“基因组医学”成为现实。2009 年 7 月，英国上院的科学技术委员会发表了《基因组医学》白皮书，认为“源于人类基因组序列的新近进展为医学健康的真正进展提供了独一无二的机遇”，建议英国政府和国家健康服务部必须采取措施，保证这些（目标）的实现。

基因组学的理论和技术带来了干细胞研究的新的重要转折。近几年人类对干细胞研究取得了重大突破。一方面，胚胎干细胞系建立及维持和诱导机理的研究不断进步，例如，2008 年复旦大学上海医学院

的科学家参与了大鼠胚胎干细胞系构建工作，成功建立符合严格生物学检测的多个品系大鼠胚胎干细胞，这项研究成果发表在当年 12 月的 *Cell* 杂志上。相对于小鼠，大鼠的生理生化更加接近于人类。而大鼠胚胎干细胞系的成功构建，使得基因敲除或转基因动物模型大鼠将像小鼠一样容易获得。这将大大推进人类疾病机理和药物机理的研究工作。另一方面，2006 年，日本京都大学 Yamanaka 实验室将 Oct4、Sox2、c-Myc 和 Klf4 导入小鼠胚胎成纤维细胞（embryonic fibroblast，MEF），成功获得了与小鼠胚胎干细胞在表现型、生长特性、基因表达和分化潜能等方面高度相似的小鼠诱导性多能干细胞（Induced Pluripotent Stem Cell，iPS）。最近，又报道了人类外周血细胞 iPS 的成功。

转录因子基因能将终末细胞转化为 iPS，解决了人类干细胞研究的第一个瓶颈——干细胞的来源问题和免疫排斥问题。这明显得益于"人类基因组计划"鉴定的转录因子。随着 iPS 的研究逐渐白热化，其在疾病模型的建立、药物筛选、细胞替代治疗，以至于组织、器官诱导等方面的应用前景也越发为世人所重视。可以预计的研究发展趋势是 iPS 如何分化成组织和器官的问题，而这同样将有赖于全基因组和 epi-基因组研究的结合。通过对不同阶段的胚胎干细胞和 iPS 的全基因组和表观基因组（包括甲基化组、组蛋白修饰组、ncRNA 等）的分析和比较，研究与全能性和组织、器官分化相关的转录因子的作用机制，特别是基因调控网络和表观基因组调控的研究，来深入了解它们在 iPS 产生过程和组织、器官分化过程中的作用。

癌干细胞是存在于癌组织中的"罪魁"，是为数很少的具有自我更新、分化特性的细胞，癌干细胞具有异常高的成瘤性、耐药性，与肿瘤临床化疗的失败、复发及转移密切相关，肿瘤研究中对癌干细胞的确定以及对其微环境（niche）对正常干细胞的调控的研究，是肿瘤制订防癌抗癌的新策略的前提，是用于开发新药、药靶筛选的手段和基础，靶向肿瘤干细胞的治疗，可获得"擒贼擒王"、有效防癌、治癌的效果。继 1994 年首先在急性髓细胞白血病患者中发现癌干细胞（cancer stem cell，CSC），尤其是 1997 年提出"癌干细胞假说"以来，各种实体瘤干细胞相继被报道，如乳腺癌、脑瘤、肝癌、结肠癌、前列腺癌、肺癌、视网膜母细胞瘤、胰腺癌、食管癌、胃癌等，目前肿瘤干细胞已成为医学基础和临床研究领域的热点。

生物基因组多样性的基因组水平研究：基因组的多样性（diversity）和基因的多态性（polymorphism）是生命多样性以及对环

境的适应和演化的主要特点之一。测序技术的突破使原先的测定一个物种的“代表性”基因组转变为测定多物种的多个体的基因组序列成为可能。因此，尚未测定基因组序列的物种，特别是在科学研究和生产应用方面有重要价值的物种，必将在短期内被测序，从而涌现出更多的参考基因组序列。有人预计，在3~5年内，将完成地球上具有科学、经济和生态意义的主要物种的代表性基因组测序。

对已经测定基因组序列，具有参考基因组序列的物种，为采用比较基因组手段研究基因组多样性与生物学性状功能关系，将不断有新的个体基因组序列发表，如已发表的12种果蝇基因组，和在*Nature*和*Science*上刚刚发表的8株假单胞菌、19株沙门氏菌和99株感冒病毒的基因组。此类基因组的综合比较研究，被命名为泛基因组（pangenome），其研究方法尚有巨大的发展余地，而由此带来的转化效益，也将是巨大的。

目前，为了解在一定生态环境下微生物菌群的基因组结构，元基因组（metagenome）和宏基因组（megagenome）的研究正在兴起。虽然这一研究依然面临巨大的技术挑战，但是，鉴于其重要的科学和应用意义，人们的研究兴趣和努力日益旺盛。近年来所兴起的代谢组的研究，更为元基因组的研究提供了有力的“表型支撑”。将元基因组基因型与代谢组表型进行相关分析，可以大大加快人们对微生物生态的结构与功能认识的进程，也必将对生物医药、农业和环境生态等领域的研究和开发作出重要的贡献。

“人造生命”（合成生物学）和基因组学：众多生物基因组，特别是几千个有“代表性”微生物基因组以及无数通过泛基因组和宏基因组测序阐明的生物代谢通路（circuit），“人造生命”（合成生物学）的时代已悄然到来。第一代“人造细菌”已经问世。其关键技术是多基因或基因组转移和基因组片段的化学合成和组装，而其核心技术则是基于诸多基因组序列和“三大系统”（代谢途径、讯号传导通路、基因表达调控网络）的“人造基因组”序列的设计和组合。2009年5月，英国皇家工程科学院发表了《合成生物学》的报告，展现了10年、25年后合成生物学的前景。2005年7月9~10日由美国科学院、美国工程院、英国皇家学会和OECD（The Organization for Economic Cooperation and Development）联合组织的合成生物学研讨会所传递的重要信息，是合成生物学将改变生命科学、生物产业（特别是农业、环境能源、材料和医药工业）甚至于整个世界。基因组学、合成生物学（基因

组学发展的最高阶段和应用成果）和 iPS（干细胞和基因组学的结合）被视为 21 世纪甚至 22 世纪生命科学的前沿和生物产业的基础。

2. 蛋白质组学

作为全景式研究蛋白质的组成和变化的科学和技术，蛋白质组学是揭示生命现象和规律的必由之路，已成为 21 世纪生命科学与生物技术的重要战略前沿和主要突破口。蛋白质组学的发展速度远远超过了很多新生学科。

美国、日本、韩国等许多国家和欧盟都将蛋白质组学作为优先发展支持的领域，相继启动各自的蛋白质组研究计划，大力推动本国蛋白质组学的发展，大规模地抢占这一重要而又有限的生物战略资源，力图在这场新世纪最激烈的科学竞争中取得先机，主动把握生物经济时代发展的命脉。作为世界科技头号强国，美国政府非常重视蛋白质组学的发展及其在疾病研究中的应用，出台了一系列大型蛋白质组研究计划。21 世纪初美国国立癌症研究院（NCI）启动了包括蛋白质组技术的早期检测研究网络计划（Early Detection Research Network，EDRN），投入专项资金研究早期检测肿瘤的标志物和新方法，同时 NCI 联合国家食品与药品监督管理局共同发起“临床蛋白质组研究计划”。随后 NCI 又投入 1.57 亿美元，启动一项致力于心血管、肺等的蛋白质组研究计划，资助全美 10 个中心。2003 年 9 月，美国国立健康研究院（NIH）提出未来 15 年的发展纲要——NIH 线路图（NIH Roadmap），在总共 28 个主题计划中，蛋白质组方面的计划就有两个，而间接涉及蛋白质组研究的计划则接近一半。美国能源部（DOE）于 2003 年年底发布的《美国未来二十年大型科学设施展望》则明确把蛋白组学大型设施作为其发展重点之一。2004 年，美国 NIH 过敏和传染病研究所投入近千万美元，资助重大传染病相关的蛋白质组学研究及其数据管理。2006 年，NCI 又启动了一项为期五年、总预算为 1.04 亿美元的癌症蛋白质组计划，致力于发展蛋白质组学技术并用于寻找癌症中的生物标记物，提高相关疾病的早期诊断和治疗水平。

鉴于蛋白质组研究的战略重要性，欧盟也先后在其“第六框架计划”和“第七框架计划”中将蛋白质组学研究列为优先资助的重要领域，2004 年投入 1200 万欧元，资助一项由 5 个国家的 11 个实验室联合实施的“蛋白质组相互作用研究”合作计划，并在 2009 年财政预算中追加 1200 万欧元的资助。2002 年加拿大投资 1600 万美元，开始建立以艾伯塔大学为核心的蛋

白质组创新研究网络，2003 年，又投入 6500 万美元，发展蛋白质组学技术，并用于筛选新的药物分子。韩国政府将蛋白质组研究列入了“21 世纪前沿研发计划”，同时于 2002 年专门启动一项为期 8 年、由 15 个大学和医院参加的蛋白质组研究计划，针对多种疾病开展蛋白质组研究。最近，韩国政府正酝酿划拨高达 5 亿美元的专项资金，以支持韩国科学家申请承担的“国际人类蛋白质组计划”中的部分任务。日本通商产业省在本世纪初即投入 2000 万美元，资助蛋白质组学研究。澳大利亚早在 1995 年就利用国家大科学研究基础设施项目经费，建立了世界上第一个蛋白质组研究中心，构建了覆盖全国的蛋白质组研究协作和服务网络，同时还为大洋洲、亚洲、欧洲和北美洲的蛋白质组研究提供了巨大支持。

2001 年，22 位国际知名科学家发起成立国际人类蛋白质组组织，并倡导启动“人类蛋白质组计划”，以全面解读人类基因组，造福人类。该计划针对人体血浆、肝脏、脑、心血管等重要系统，先后启动 11 项分计划，都取得了相当的进展。其中我国科学家牵头组织实施了第一个人类组织/器官的蛋白质组计划——“人类肝脏蛋白质组计划”，分别系统研究了中国人胎肝组织、法国人肝脏组织和中国成人肝脏组织的蛋白质组，并对肝脏生理功能进行了系统解读。由美国牵头的“人类血浆蛋白质组计划”鉴定了 3020 个血浆蛋白质并提供了免费的信息库。由德国科学家牵头的“人类脑蛋白质组计划”除鉴定了部分脑蛋白质外，还进行了预实验以建立对所用技术、方法等的比较与评估。由日本科学家牵头的“人类肾脏及尿液蛋白质组计划”鉴定了 3679 个人肾小球蛋白质。“国际人类蛋白质组计划”作为一项大科学工程具有突出的战略性、广泛的基础性、强大的带动性和巨大的应用性，其实施的规模化、复杂性、艰巨性均将超过“人类基因组计划”，对科技经济社会的推动作用也难以估量。随着该计划的逐步推进和全面实施，新的国际科技格局将逐渐形成。在即将于 2009 年 9 月召开的国际蛋白质组组织（HUPO）第八届国际大会上，已将启动和实施人类蛋白质组国际合作项目作为主要议题。

我国在 2006 年初发布的《国家中长期科技发展规划纲要》中，也明确提出要将蛋白质组研究作为重点发展方向。蛋白质组研究已成为 21 世纪各国争夺最激烈、最重要的战略制高点。“十五”期间，国家“973”计划项目“人类重大疾病相关的蛋白质组学研究”、国家科技攻关重大专项“人类重大疾病与重要生理功能相关的蛋白

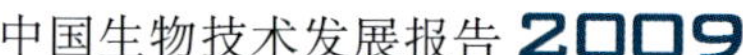

质组学研究”和“中国人类肝脏蛋白质组计划”重大专项等先后启动。这些项目集中了国内数十家优势单位，针对严重影响我国人民健康的重大疾病和重要生命科学问题开展蛋白质组研究。“十一五”以来，2006年“蛋白质研究计划”被正式列入国家中长期科技发展规划纲要，展开更大规模、更深层次和更加持续稳定的部署，启动一批重大、重点蛋白质组项目。2008年，国家蛋白质科学基础设施被国家发改委批准建设，将为我国蛋白质组研究发展提供重要支撑。

在蛋白质组学的推广和研究基础上，我国与发达国家差别不大，在国际上逐渐形成自己的优势和特色，并积极参与了多项大型国际蛋白质组合作研究计划，如“国际癌症生物标志物联盟”、“国际人类血浆蛋白质组计划”、“国际人类脑蛋白质组计划”、“国际蛋白质组标准化计划”和“人类抗体计划”等，在立足本国蛋白质组学发展的同时，也推动了国际蛋白质组计划的快速发展和顺利实施。尤其值得一提的是“国际人类肝脏蛋白质组计划”，该计划由我国科学家于2002年在国际上率先提出并获得国际同行的广泛认同和响应，是“国际人类蛋白质组计划”各分计划中启动最早、规模最大、科研进展最突出的核心计划。在酝酿和启动阶段，我国科学家提出和完善了该计划的总体战略目标和科学内涵，即“两谱、两图、三库”，在实施过程中逐渐被国际蛋白质组学研究领域接受和公认，并进一步成为整个人类蛋白质组计划的科学内涵与主体框架。该计划的一系列技术和数据标准逐渐被国际同行所采用，产出的高质量、大规模蛋白质组数据引起国际同行广泛关注，成为“国际人类蛋白质组计划”全面实施之际最为国际同行所重视的数据。在国际上多家实验室的共同努力下，该计划构建了最大的人类健康肝脏蛋白质组数据库。*Nature*、*Science* 等国际顶级学术期刊分别对该计划给予了高度评价。

我国蛋白质组研究的重心从最初的以建立技术平台、开展技术方法研究为主，逐步向以高通量的蛋白质组研究技术平台为基础，向关系到我国人民健康的重大疾病问题和重要生命科学问题深入。一批与重大疾病和重要生理功能相关的蛋白质组研究已经取得明显进展，如人类肝脏蛋白质分离和鉴定数量，是目前国际上人类组织样品中鉴定最多的，一大批重要的功能蛋白质和潜在生物标志物不断被发现和验证，一批高质量的研究论文在国际蛋白质科学领域的重要刊物上发表。与国际上蓬勃开展的蛋白质组研究相比，我国的蛋白

质组研究经历了从最初仅国内少数几个单位参与，到逐步发展、壮大，最后走向世界，在国际上占有一席之地的发展历程，已成为我国在生命科学领域与世界主要发达国家基本保持同步的不可多得的阵地之一，其学术理念和技术方法广泛应用于生命科学各个领域。

六、生物芯片仪器和试剂

“生物芯片仪器和试剂”重点项目瞄准生物芯片的发展前沿和我国生物芯片仪器与试剂技术研发的需求，目标是建立起具有国际竞争力的生物芯片仪器、试剂技术体系和品牌，在“十五”的研发基础上进一步发展多项具有自主知识产权的专利技术与产品，抢占行业发展的制高点。重点支持具有核心技术的高端产品项目，包括研究型生物芯片、诊断型生物芯片和生物芯片配套仪器。共立项 8 个课题，国拨经费总数为 7781 万元，匹配经费 2600 万元，自筹经费 6900 万元。其中大专院校承担 1 个课题，研究所承担 2 个课题，企业承担 5 个课题。

截至 2009 年年底，项目共获得 2 项医疗器械证书，申报 4 项医疗器械证书，申请 93 项发明专利，授权 9 项。

（一）主要进展

1. 晶芯®九项遗传性耳聋基因检测试剂盒

晶芯®九项遗传性耳聋基因检测试剂盒（微阵列芯片法）已顺利通过国家食品药品监督管理局（SFDA）的注册审核，获得医疗器械注册证书（证书编号：国食药监械（准）字 2009 第 3400725）。这是世界上首款获得国家监管部门批准的用于临床诊断的遗传性耳聋基因检测芯片产品，也是我国在生物芯片临床应用领域的重大突破。该产品填补了国内外临床上尚无遗传性耳聋基因的诊断产品的空白，为千千万万的耳聋患者带来了福音，该产品将应用于孕前筛查、产前筛查、新生儿筛查以及临床辅助诊断等领域，从而提高我国遗传性耳聋的诊疗水平，为实现我国政府提出的“提高人口素质，降低出生缺陷”的目标提供强大的科技支撑。目前此产品已在博奥生物有限公司实现量产。

2. 食源性致病微生物基因检测芯片系统

针对解决食品安全问题而研发的食源性致病微生物基因检测芯片系统，目前可进行 12 种食源性致病微生物、5 种食源性

病毒和9种兽药残留含量的检测。整个检测过程只需18h，比传统方法节省4～5天，在博奥生物有限公司已实现量产，目前已在北京、四川、重庆、新疆、黑龙江、内江、绵阳、南充等检验检疫局推广。

3. DNA甲基化分析芯片

在整合国际先进的标记技术和自身芯片优势的基础上，建立了高通量、低成本的DNA甲基化分析平台。构建了不少于10 000个基因的高通量DNA甲基化分析芯片，开发高通量DNA甲基化分析的DMH（Differential Methylation Hybridization）技术和MeDIP（Methylated DNA Immuno Precipitation）技术。目前，在该平台构建成功后，博奥生物有限公司已开始应用此芯片进行对外技术服务，实现了课题成果的商业转化。

4. 基于生物芯片的高通量低成本DNA测序技术

东南大学陆祖宏课题组以发展一种基于生物芯片的高通量低成本DNA测序技术为研究目标，最终研制出相应的DNA测序芯片、试剂，以及自动化DNA测序的原型样机和相关的分析软件，实现人类全基因组DNA测序成本在10 000元人民币以下，单个双倍体基因组的再测序时间少于一周，拥有自主核心知识产权的“新二代DNA测序技术”。

5. 高覆盖率病原微生物检测芯片

由天津生物芯片技术有限责任公司张春秀承担的“高覆盖率病原微生物检测芯片”课题，共研制基因芯片诊断试剂盒9套、抗血清诊断试剂盒9套、免疫磁珠试剂盒4套，均达到国际或国内领先水平。已初步形成了符合不同检测要求、适用于不同现场、应用于不同使用单位的病源微生物检测系列产品，其中部分系列产品已经通过上海疾病预防控制中心的现场试验验证及批量试用，将全面应用于2010年上海世博会期间致病微生物的检测和防控，为上海世博会的顺利举办提供安全保障。部分产品已在疾病预防控制系统、出入境检验检疫系统及其他企事业单位广泛地试用和使用，检测结果准确稳定，灵敏性和特异性高，得到使用单位的肯定。全部产品已累计实现销售收入1200万元。

（二）发展趋势

生物芯片是一类快速、高效、高通量的生物分析器件或集成化分析系统，包括微阵列芯片、微流控芯片、芯片实验室以及相关的仪器和设备。随着技术的快速发展，最近又出现了具有编码功能的液相微珠芯片和基于微孔板的微阵列芯片等形式。

总的来说，生物芯片通过微加工和微制备技术在固体表面构建微型生物单元，实现对生命体系中组织、细胞、蛋白质、核酸、糖类、代谢产物以及相关生物大分子化学修饰信息进行准确、快速、大信息量的检测。生物芯片被认为是当今十分重要且具有战略意义的前沿高新生物技术产品。它们不仅在功能基因组学、蛋白质组学、代谢组学和毒理组学等领域研究中发挥了重要的作用，而且在疾病诊断和治疗、新药研究和开发、食品安全等领域中已经显示出了非常广阔的应用前景和巨大的商业市场。据不完全统计，共有 20 000 多篇生物芯片相关论文发表，其中，2006～2008 年发表论文近 7000 篇。从论文质量看，约 1300 多篇发表在 *Cell*、*Nature*（及姊妹刊）、*Science* 等国际顶级学术期刊。

目前，在学术科研领域，生物芯片已成为标准的实验方法。2006 年美国食品药品监督管理局（FDA）组织全球数十家公司和科研单位参加微阵列芯片质量控制（MAQC）项目对生物芯片数据质量做出了肯定的评价。此后，生物芯片继续向高通量、高密度方向发展，相应的配套仪器和软件则向高分辨率、自动化方向发展。人类基因组完成之后，其他物种基因组数据快速增长，为基因表达谱芯片的发展提供了源源不断的动力。继表达谱之后，随着 microRNA 在基因表达调控方面的重要作用被发现，microRNA 芯片得以快速发展。对基因组数据的挖掘分析导致单核苷酸多态性（SNP）位点的大量发现，而与寻找 SNP 及拷贝数变化（CNV）与人类疾病之间关系的热潮相呼应，SNP 基因分型芯片成为近年生物芯片最大的增长点。蛋白质芯片在揭示肿瘤的发病规律、寻找肿瘤标志物、早期诊断及肿瘤药物的研发等方面具有积极的推动作用，受到国内外学者的广泛重视。抗体芯片成为对蛋白质丰度和磷酸化修饰进行广泛的定量分析的理想平台。近年来，细胞芯片在免疫细胞化学、原位分子杂交等技术的基础上，尤其在芯片实验室技术突飞猛进的基础上，已经在基因检测、基因表达、组分多态性分析、药物开发筛选和疾病诊断等诸多领域发挥重要作用。组织芯片则在病理学研究，尤其是肿瘤的临床研究中发挥着不可替代的作用，成为肿瘤标志物和与预后有关的标志分子的发现与验证的重要工具。

以生物芯片为核心的相关产业正在全球崛起。欧美已有 15 家上市公司经营生物芯片及其相关业务，其中有 4 家公司在近两年上市，还有两家正在积极准备上市。根据 Fuji-Keizai USA 市场调研公司的研究，2007 年全球生物芯片的产值大约 27.8 亿美元，预计 2012 年全球生物芯片市场产值约

为48.8亿美元，年均复合增长率约为12.3%。

七、生物医学关键仪器

“生物医学关键仪器”重点项目瞄准生物医学关键仪器的发展前沿和我国生物医学关键仪器技术研发的需求，目标是建立起具有国际竞争力的生物医学关键仪器技术体系和品牌，发展多项具有自主知识产权的专利技术与产品，抢占行业发展的制高点。重点支持具有核心技术的高端产品项目，包括生物医学研究新仪器、疾病诊断和治疗新仪器等。共立项6个课题，国拨经费总数为2000万元，匹配经费450万元，自筹经费1420万元。其中大专院校承担4个课题，企业承担2个课题。

截至2009年年底，项目共生产7台样机，申请46项发明专利，授权12项，获得4项软件著作权。

（一）主要进展

1. 小动物活体光学分子成像装置

由华中科技大学骆清铭课题组设计并研制的微型CT与FMT多模式成像系统原理样机，实现了系统连续旋转扫描成像，解决了多模式系统图像融合的问题。制造了第一台微型CT与FMT多模式成像系统产品样机。可以实现对小动物结构、功能和分子信息的在体三维层析成像，实现对荧光分子浓度、位置的准确测量。满足基因表达、药效评价等方面研究的需要，为医学、生物、制药等相关领域的研究提供一个功能强大的研究平台。

2. 部分K空间数据成像技术研究

由上海交通大学骆建华承担的“部分K空间数据成像技术”课题，从直角网格轨道部分扫描数据成像向非直角网格轨道扫描的部分K数据成像发展，实现了磁共振K空间放射状轨道部分扫描成像技术。此项技术有望大幅度减少扫描时间，大大提高成像速度。在二维复奇异谱分析部分K数据成像技术的基础上，着手研究了有限角投影部分数据成像问题。将投影数据空间按投影定理转换傅里叶空间，然后运用二维奇异谱分析理论进行有限角傅里叶数据（K空间）成像。应用此方法几乎可以全部重构缺失数据，并且可以看到奇异谱分析方法比TV方法有更高的精度。从设备产出的部分K数据成像的医学图像中直接提取部分K空间数据，使用开发的部分K空间成像技术重构缺损的部分K空间数据，实现高精度成像，达到快速成像的

目的。

3. 动物 MRI 及 PET/SPECT/CT 成像设备

清华大学设计并研制了微型 CT 与 FMT 多模式成像系统原理样机，实现了系统连续旋转扫描成像，解决了多模式系统图像融合的问题。制造了第一台微型 CT 与 FMT 多模式成像系统产品样机。可以实现对小动物结构、功能和分子信息的在体三维层析成像，实现对荧光分子浓度、位置的准确测量。满足基因表达、药效评价等方面研究的需要，为医学、生物、制药等相关领域的研究提供一个功能强大的研究平台。

4. 全自动化学发光免疫分析仪

博奥生物有限公司王宪华课题组完成了流体操作、光学检测、固相分离、试剂储存以及过程自动化等关键环节的技术开发与原理实验，主要参数达到或超过了预期目标。课题组完成了原理样机的开发。通过原理样机的研发，项目组在总结相关问题以及用户需求的基础上，改进了整体结构设计，提高了仪器运行通量和稳定性，大幅度优化了温育、清洗、密光、控制系统等关键技术环节。完成产品样机的设计、加工、组装和调试、整体功能测试、文档整理等工作，正在进行试生产。已经产生了 2 项新的专利技术，结合前期积累的 6 ~ 7 项相关技术，该项目将采用 4 ~ 5 项自主知识产权的核心专利技术，专利的利用率达 60% 。

（二）发展趋势

当今全球科学仪器技术最引人注目的发展大多集中在生物、医学、材料、航天、环保、国防等直接关系到人类生存和发展的领域之中。在生物医学等生命科学领域，研究的对象和过程已从静态转入动态。国际上正在大力发展集采样、样品处理、自动检测分析和结果输出于一体的全分析系统，并让这样的系统能用于现场和临床检测。生命科学等复杂体系研究的瓶颈一直是缺乏灵敏、有效、快速的现场或实时研究手段，解决这一问题的突破口在于发展新的检测原理和新的检测仪器。目前，国际上生物医学研究仪器在组成及发展方向上集中体现了以下特点和趋势：越来越重视关键技术的研究，产品结构模块化，产品类型系列化，产品功能多元化，产品越来越强调通过网络与应用服务和支持协同等；产品的研制和生产趋向智能化、微型化、集成化、芯片化和系统工程化，综合利用现代微制造技术（光、机、电）、纳米技术、计算机技术、仿生学原理、新材料、软件工程等高新技术发展新式的科学仪器

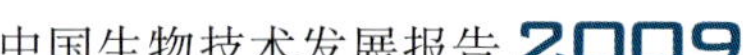

已成为主流，如微型全分析系统或芯片实验室系统等。

生物医学研究仪器领域这些新的发展现状和趋势使得产品不仅具有检测功能，而且还能执行分离、反应等操作。例如，现在用于基因及基因组研究的微流量分配装置、微电泳仪、微聚合酶链式反应器等分离分析元器件可做在玻璃、熔石英或塑料上，大小犹如芯片，但已具备某些“传统”分离和分析仪器的复合功能。在微型元器件、微处理器高度发展的基础上，研究和开发小型、便携、价廉而又准确可靠的个人、家庭和军队野外使用的“军民两用”分析仪器已成为国内外生物医学研究仪器领域的重点方向和趋势之一。随着互联网、虚拟仪器和三维多媒体等技术及其应用的迅猛发展，加之由于仪器本身自动化、智能化水平的提高，多台仪器联网已在国内外推广应用。通过互联网，仪器用户之间可异地交换信息和浏览，厂商能直接与异地用户交流，能及时完成如仪器故障诊断、指导用户维修或交换新仪器改进的数据、软件升级和功能升级等工作，网络化同样也是今后生物医学研究仪器技术发展的必然趋势。

此外，随着生命科学基础研究的不断深入和临床疾病诊疗需要的日益提高，生物医学成像仪器设备正逐渐成为生物医学仪器中的核心关键角色。用于活细胞层次研究的显微成像新方法与新设备正趋向活体、快速、高分辨、高通量、高内涵、自动化、定量化发展。用于活体小动物结构、功能与分子信息获取的在体层析成像新方法和新装备则不断向高分辨、高灵敏、高特异性、高对比度、多功能、多参数、多模式方向发展。用于介入治疗和精确外科手术的无创、微创实时术中成像新技术也引起了越来越多的关注。

八、生物医学关键试剂

“生物医学关键试剂”重点项目瞄准生物医学关键试剂的发展前沿和我国生物医学关键试剂技术研发的需求，目标是建立起具有国际竞争力的生物医学关键试剂技术体系和品牌，发展多项具有自主知识产权的专利技术与产品，抢占行业发展的制高点。重点支持具有核心技术的高端产品项目。包括生物研究或诊断试剂的关键原料、临床诊断试剂的标准物质或参考品，研究拥有发明专利或其他证据表明为原创的项目。共立项 9 个课题，国拨经费总数为 3597 万元，匹配经费 480 万元，自筹经费 5000 万元。其中大专院校承担 2 个课题，临床医院承担 1 个课题，企业承担 6

个课题。

截至2009年年底，共有35个诊断试剂盒获得医疗器械证书，12个正在申报医疗器械证书，申请25项发明专利，授权25项，实现累计销售收入约9670万元。

（一）主要进展

1. HIV抗原抗体诊断试剂盒（第四代）

由厦门大学李少伟承担的“某些重要疾病诊断试剂生产用抗原、抗体及质控参考品的研制”课题，研制出国内第一个商业化的HIV抗原抗体诊断试剂盒（第四代），该试剂盒可同时检测病人血清中的病毒抗原和抗体，大大缩短了检测的窗口期，并提高了检测的灵敏度和特异性，为我国的艾滋病防控工作做出重要的贡献，具有明显的经济效益和社会效益。

2. 小儿骨质生长评价测试试剂盒

本试剂盒可同时检测血清钙和骨源性碱性磷酸酶两个指标。血清钙可反映小儿近期的钙营养状况，骨源性碱性磷酸酶可评价小儿骨发育、早期诊断佝偻病以及评价治疗效果。骨源性碱性磷酸酶的测定过程是将全血样品经反应装置的血浆分离器分离出血浆，到达反应膜，与膜上固相的结合蛋白发生亲和反应，被特异地亲和在膜上，用洗涤液洗涤除去其他组分，加入显色液后，在线性范围内，催化活性与色斑深度呈正比，对照比色板半定量判读结果。血清钙测定过程是将全血样品经血浆分离器分离出血浆，到达反应膜，用Ca洗涤液洗涤除去其他组分，加入Ca显色液后，在碱性条件下，血清钙与偶氮胂Ⅲ结合生成蓝色络合物，在线性范围内，血清钙浓度与蓝色络合物颜色深浅呈正比，对照比色板半定量判读结果。本试剂在同一试剂卡上完成对小儿骨质生长评价的两项指标，使用方便，准确，已产生了良好的社会及经济效益，从2007年上市以来，已完成402万元的销售额。

3. 膀胱癌多色荧光PCR检测试剂盒

中山大学达安基因股份有限公司何蕴韶课题组建立了新型PCR体系——多色荧光PCR体系，并初步进行了实验室的优化工作，目前已能够在一管PCR体系中进行三色的实时荧光PCR检测。通过检索国内外文献筛选了*cdc* 6、*survinin*等多个肿瘤相关基因作为膀胱癌早期诊断候选基因，并通过大量试验从多个特异性分子标志物中筛选到了4个肿瘤靶标。目前用nest-PCR方法检测临床病例100例以上，灵敏度和特异性都达到了90%以上。课题组建立并优化尿液脱落细胞的收集和保存方法，研

究了具有自主知识产权的高灵敏度核酸制备体系，并对该体系进行了初步的优化。荧光PCR试剂盒体系设计已基本完成，对所用引物、探针以及PCR条件已进行了初步的优化，实验室性能良好。课题组同时建立了膀胱癌相关基因的体外转录体系，为试剂盒生产过程中质控品的生产做好了准备，目前已联系多家临床医院，并初步制定临床考核方案。

4. 丙肝抗原抗体联合检测试剂盒

完成了双抗原夹心抗体检测试剂盒的研制，完成了三批试生产，获得中国药品生物制品检定所检验合格报告，获得新药证书（国药准字：S20080007）。在丙肝抗原抗体联合检测试剂盒的研制方面：已经获得N端抗原（N-Ag），C端单克隆抗体C1、C2。实验数据表明：C1、C2与N-Ag均无明显特异性结合。HCV抗原的C端改构、嵌合抗原的表达、纯化工作已经完成，正在摸索丙肝抗原抗体联合检测试的剂盒生产工艺；建立了化学发光酶免疫方法（CLIA）检测外周血中的丙肝病毒核心抗原的新方法，目前已经完成试剂盒的调试工作，其灵敏度达到20pg/mL。

5. 五色荧光检测试剂盒

AGCU 17+1 STR完成了产品开发和用户测试，并于2008年7月21日举行了“17+1 STR荧光检测试剂盒”新产品鉴定会，鉴定会委员一致认为该产品技术达到国际先进水平，同意通过新产品（含热启动*Taq*酶）鉴定。产品已建立了企业标准（Q/320206CMNY01-2008）。同时进入市场推广阶段。经无锡市公安局、江西省公安厅、北京市公安局、广东省公安厅、深圳市公安局等多家单位试用，效果良好，用户反映该产品性能达到市场同类产品水平，并进一步商谈产品购买相关事宜。

（二）发展趋势

1. 国际发展趋势

进入新世纪以来，生命科学研究不断取得重大突破，以DNA、RNA为代表的基因组学、以蛋白质为代表的蛋白质组学及相关生物技术领域得到了飞速的发展。当今世界已经步入知识经济时代，市场的竞争归根结底就是具有自主知识产权的核心技术的竞争。为了在未来的市场竞争中占据优势地位，各发达国家的著名研究机构、跨国公司、新兴生物技术企业争相投入巨资进行生物技术领域的基础及应用的研究开发，使生物技术领域的研发竞争达到空前激烈的程度，也极大促进了这些领域的技术更新和产品升级。

目前，全球体外诊断市场的规模在250亿~300亿美元（包括器械、试剂和其他消耗品）。据预测，未来5年全球体外诊断试剂的增长在5%~7%。在体外诊断行业，发达国家的检测技术一直处于世界领先地位，近年来在本行业的发展速度之快更是举世瞩目，产生了许多新型的检测设备和相关诊断试剂。例如，日立公司新近推出的全自动生化分析仪LST008封闭系统，使得生化诊断检测更趋封闭化；均相酶免疫测定技术使小分子的检测在全自动生化仪上得以完成，可能使全自动生化仪能检测的产品更加丰富；磁微粒技术不仅在免疫检测上得到了大量的使用，而且也应用到核酸检测上；近年雅培（Abbott）、强生（Johnson）、西门子（Siemens）等公司相继推出了多种型号的基于化学发光免疫学检测的全自动免仪分析仪；分子诊断的方法从定性诊断发展到半定量和定量诊断，核酸标记技术，特别是荧光标记技术的发展，使荧光定量PCR技术等方法日益成熟。除了进行大规模的自主研发之外，一些国际知名的大公司还每每凭借雄厚的实力，采用收购兼并的方式，获得疾病诊断领域的核心技术，直接进入诊断技术市场，迅速扩张其业务规模和范围。2000年，罗氏诊断（Roche Diagnostics）与AVL公司的仪器部门进行了成功的合并，使得罗氏诊断继续保持其作为全球最大的诊断技术及产品提供商的地位，其应用科学部每年都有100多种供医学科学研究和商业使用的新产品、科研试剂和系统上市。2006年，西门子公司在短短两个月内，先后以19亿欧元和42亿欧元的价格收购了美国领先的免疫诊断试剂供应商DPC（Diagnostic Products Corp）和另一著名跨国公司拜耳（Bayer）公司的医药保健集团诊断部，从而使西门子医疗系统集团一举成为全球免疫诊断试剂领域仅次于罗氏诊断的第二大公司。

特别值得注意的是，一些国际知名的大公司已经把收购的目标对准了中国某些领先的生物技术企业，有的甚至直接在中国设立研发中心，说明大型的跨国公司因为看好中国诊断试剂市场的良好发展前景，已经开始在中国市场布局并发力。例如，继Invitrogen收购了上海博亚之后，QIAGEN也不甘落后，在中国已经先后全资收购了北京天为时代［并购后改名TianGen（天根生化）］和深圳匹基两家国内生物试剂和分子诊断领域的领先企业；法国巴斯德研究所2004年在上海成立研发中心，明确公布其目标之一就是建立生物技术部，开展分子诊断和培育其产业能力。

在体外诊断行业，欧美发达国家凭借其持续而强大的科研投入，无论是政府支持的基础和基础应用研究，还是企业自身的产品

研发，都处于领先地位。这些国家的政府及专业人士通过成立相关的学术机构，在体外诊断行业许多标准的制定上，已取得了许多指导性的结果，如美国的 NCCLS 制订了一系列的临床检测评价文件（EP 文件），检验医学溯源委员会（JCTLM）发布的参考物质、参考方法，欧盟的体外诊断器械指令等。在如下方面，发达国家有着明显的优势。

（1）参考品的研制：体外诊断检测结果的准确性是其通用的科学基础，在操作上是通过相应的校准品、质控品来控制和维护的。目前国际上大约有 400 ~ 600 个临床检验项目，能溯源至 SI 单位的有 25 ~ 30 个，在我国，临床检验量值溯源处于起步阶段，近些年已有了一定的基础。

（2）临床正常值或参考值的确定：发达国家在临床检验上有很好的数据积累，在测定准确的基础上形成了自身人群的正常值范围，正常值范围的确定为临床医生的判断提供了准确的判定依据。我国长期以来没有中国人群的临床检验正常值，完全依靠国外的数据作诊断，直接威胁着我国医疗的质量甚至影响到广大消费者的健康保障。

（3）新产品的研制：发达国家企业在产品开发上，充分利用自身的技术优势建立平台或依托资本优势兼并、收购从而快速推出新产品，新上市的免疫产品较多，用于科研的分子诊断产品也为数不少，并有大量的专利作为保护。

（4）检测的系统化：国际化的大企业逐渐重视检测体系的系统化，从重复性、准确性、稳定性、垄断性上考虑，将仪器和试剂（包括参考品）构建成一个系统，使得诊断试剂的使用产生了排他性。检测体系的系统化已经从免疫诊断系统向生化诊断系统扩展。

（5）诊断试剂的原料制备：全球诊断用原料酶的生产主要集中于罗氏诊断、旭化成、东洋坊等企业。这些企业通过重组表达和生化提取等手段形成了成熟的具有垄断性的产品。国内的免疫诊断试剂所用原料抗体也主要依赖于进口。

（6）科研及工具试剂：科研试剂的诞生是为了满足活跃的生命科学研究及产生的新技术应用的需要，新产品是为新技术服务的。目前，科研及工具试剂产品主要集中于美国的生物试剂公司，如：Sigma、GE Healthcare、Bio-Rad 及 Invitrogen 等，约占全球产品总量的 80% 以上。

2. 国内研究现状

目前国内临床诊断试剂市场规模已经发展到每年 30 亿 ~ 40 亿元人民币的销售额，其中临床生化产品占 30%，免疫产品

25%，血液产品8%～10%，尿液分析产品3%～5%，微生物产品2%~3%。根据专家估计，未来5年国内临床诊断市场的年增长率高达15%～20%。

我国的诊断技术企业经过近些年来的不懈努力，虽然已经取得了长足的发展，并且涌现出中生北控、科华生物、达安基因等一批在局部领域掌握核心技术的领先企业，但是由于我国临床诊断试剂的产业发展长期远远落后于世界先进水平，新兴的高新技术诊断企业的起步晚、起点低，因而与竞争对手，特别是大型跨国公司相比，在资金、技术、人才等各个方面都存在巨大差距。从企业规模看，国际领先的几家大公司年销售收入都在10亿美元以上；而国内销售额超过1亿元人民币的诊断试剂生产企业屈指可数。从研发投入看，国外大公司往往把销售收入的10%甚至更多的资金投入研发部门，使其有能力开展从基础到应用的综合配套的研究开发工作；而国内企业可用于研发的资金尚不及国外大公司的一个零头，基本上无力进行系统的研究开发工作。从研发能力看，国外大公司往往在多个领域掌握关键的核心技术，产品多样，覆盖面广；而国内诊断技术企业则大都技术和产品单一化，在局部领域掌握核心技术的企业已属凤毛麟角。从盈利水平看，国外大公司凭借领先的技术优势和持续的创新能力，使其诊断产品在市场上往往可以维持很高的利润率，如其分子诊断产品的净利润率在20%～30%，与制药业相当；而国内的诊断技术企业，由于技术及产品同质化现象严重，往往陷于恶性竞争，各企业的平均盈利水平不断降低，部分企业难以为继。

为了加大体外诊断试剂的自主创新，强化以企业为主体，以市场为导向，产、学、研相结合的技术创新体系建设，大幅度提升我国生物医学试剂产业的国产能力和国际竞争能力，近年来，国内诊断试剂行业在政府的大力支持和产、学、研体系建设的推动下，已有了长足的发展。国内诊断试剂相关的研制单位已掌握了参考品溯源的概念和赋值技术、检测系统化概念和关键技术、新型免疫学检测技术（如化学发光、时间分辨免疫荧光、金标免疫层析）、荧光PCR、规模化原料制备等技术，并开发了一系列相关产品。特别是“十一五”期间，国家“863”计划首次支持了《生物医学关键试剂》重点项目，在以企业为主导，产、学、研相结合的组织方式上开展了“新型生物科研试剂”、“诊断试剂关键原料”、“诊断试剂标准物质和参考品”、“生化诊断试剂”、“分子诊断试剂”、“免疫诊断试剂”、“某些重要疾病诊断试剂生产用抗原、抗体及质控参考品的研

制”、“丙肝抗原抗体联合检测”、“在聚丙烯酰胺凝胶上，快速、灵敏的蛋白质双重染色技术”9个课题的研究，已取得了良好的阶段性成果。此项目启动了40个以上产品的研发工作，目前申报国家专利11项，国际专利2项，发表学术论文28篇，25项产品完成临床验证，18项产品获得注册证，诊断试剂标准物质和参考品获得了2个国家一级标准证书、18个国家二级标准证书，科研成果转让2项。目前部分产品已经开始销售或试销售，累计销售收入/成果转让收入达5000万元。本项目的实施已为国产体外诊断试剂市场带来了新的活力，同时也带动了常规诊断试剂质量的全面提升。

第二章 医药生物技术

医药生物技术的突破和发展，正在使人类疾病的预防、诊断、治疗等产生革命性的变化，同时，这一领域也已经成为制药业中发展最快、活力最强和技术含量最高的领域，对促进生物产业发展和生物经济形成提供了重要的技术支撑。

目前世界生物产业发展迅速，2009 年 FDA 批准的 25 个治疗性新药中治疗性生物制剂为 6 个，占总数的近 1/4。与此相对应的，为应对快速发展的市场，各大生物制药企业纷纷投入更多巨额资金。根据美国 PharmaLive 网站的一份特别报告分析显示，超过半数的全球前二十强的生物制药公司在 2009 年创下各自研发花费历史的最高记录。同时，为加强创新能力，国际制药巨头频繁进行重组和兼并。2009 年内先后发生了全球制药行业排名第一的辉瑞对惠氏的并购、罗氏对基因泰克的并购、默沙东对先灵葆雅的并购等重量级整合并购。辉瑞对惠氏的并购更被称为“制药行业十年来最大的并购”。全球生物医药行业的整合与集中度进一步提升的趋势更加明显。

我国生物医药产业也正处于快速发展中。2009 年，我国生物医药进出口额为 8.87 亿美元，同比增长 44.35%。其中，出口额为 8717.5 万美元，同比增长 53.16%；进口额为 8 亿美元，同比增长 43.35%，进出口均呈现大幅增长的态势，发展后劲十足。同时，国家在医药生物技术研究方面的持续重点投入和生物医药产业良好的发展前景也吸引了众多优秀企业积极加强生物医药领域的研发工作，并逐步成为生物技术药物研究开发的主体。

iPS 细胞全能性的证实、重大疾病的干细胞治疗技术与产品研发、具有自主知识产权的组织工程产品及组织器官代用品的开发、新型疫苗获得新药证书、抗体工程药物的研发、新型生物标志诊断试剂盒的开发、多项重要功能基因及一批具有药理学活性的物质被发现、多项细胞和免疫治

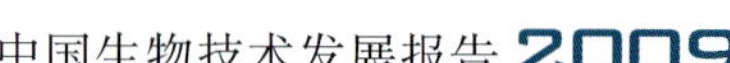

疗制品的成功开发、基因治疗发展关键技术的突破等重大进展提升了我国在医药生物产品研发领域的综合实力。

我国借助多项关键技术突破的契机，加速平台建设。目前已经建立了核酸和多肽药物、蛋白质药物大规模合成与生产技术平台、蛋白质和多肽药物修饰与新剂型制备高效化技术平台、基因操作技术平台，同时逐步在完善相关质量标准和评价体系技术平台。这些技术的突破和平台的建立，为生物治疗关键技术的全面提升和生物治疗重点产品的研发打下了良好的基础，也有助于提升我国生物药物的产业化整体水平。

一、干细胞与组织工程

（一）干细胞

我国干细胞研究于2009年在iPS细胞研究、重大疾病的干细胞治疗技术与产品研发等领域取得了多项学术界广泛认可的重大成果，逐步形成我国干细胞研究开发技术体系，建立、完善和细化了相应的技术标准、准入规范和相关伦理学指导原则。目前已经有两个产品进行临床Ⅱ期实验，一个产品进入临床Ⅰ期实验，获得国家科技进步二等奖1项，国家发明二等奖1项。这些成果对于加快我国干细胞研究成果产业化具有重要意义。

1. iPS细胞研究取得重大突破

iPS细胞全称为诱导性多能干细胞，是由体细胞诱导而成的干细胞，具有和胚胎干细胞类似的发育多潜能性。尽管iPS细胞在生物和医学领域具有广阔的应用前景，有望成为实施再生医学和细胞治疗的重要细胞来源。但是iPS细胞是否真正拥有与胚胎干细胞一样的全能性，在此前一直未被证实。

中国科学院动物研究所首次利用iPS细胞通过四倍体囊胚注射得到存活并具有繁殖能力的小鼠，从而在世界上第一次证明了iPS细胞的全能性，成果发表在国际权威科学杂志*Nature*在线版上，这项工作为进一步研究iPS技术在干细胞、发育生物学和再生医学领域的应用提供了技术平台，这也证明了iPS细胞具有潜在的治疗应用价值（图2-9，图2-10）。基于小鼠成熟的iPS技术体系，他们又进行了相关的人iPS研究，特别是针对来源于患者的体细胞进行了研究，建立了地中海贫血病人的iPS细胞系，为今后帕金森或卢迦雷氏病iPS细胞系的建立提供了可靠的技术体系。

同期，中国科学院广州生物医药与健康研究院建立了高效、稳定的产生人诱导性多潜能干细胞的方法，将产生人iPS的效率从0.05%提高到1%，该方法已申请

专利。该方法的推广势必将极大促进干细胞技术的基础研究和临床应用。

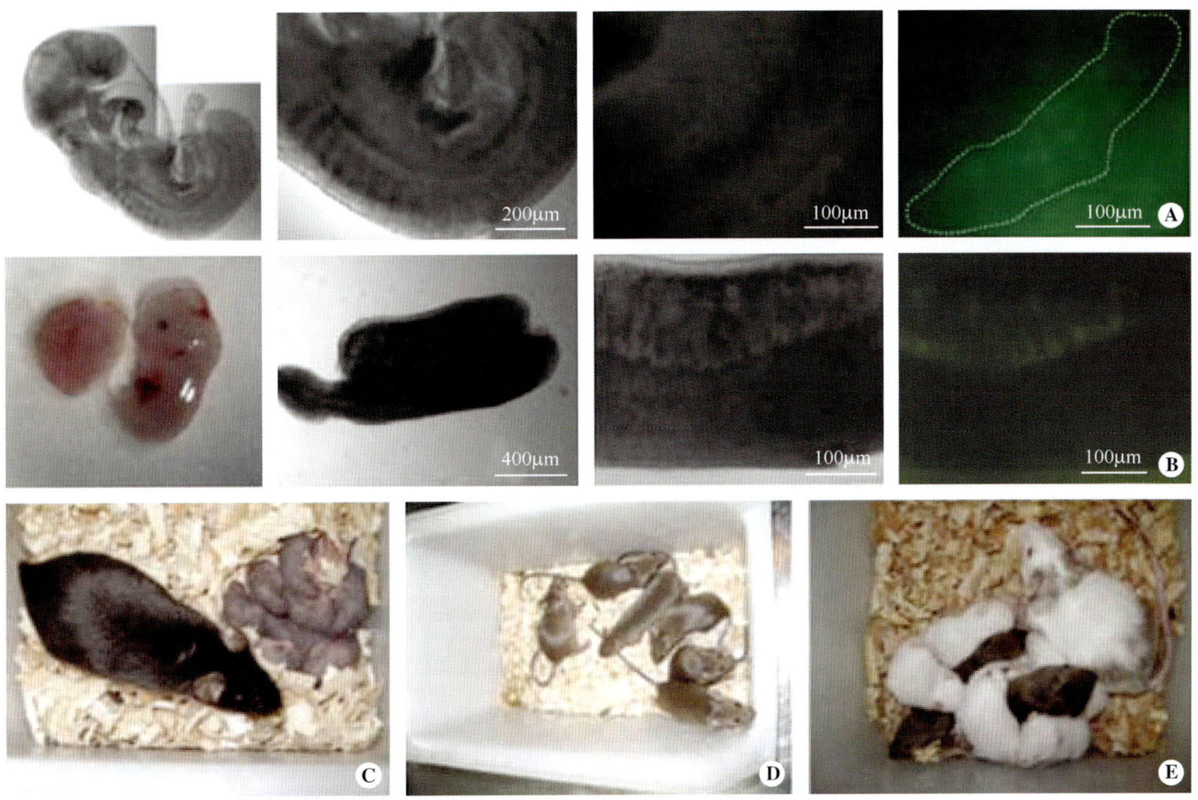

图 2-9　利用 4 倍体补偿技术获得 iPS 成年嵌合小鼠

A. iPS 四倍体补偿小鼠 E9.5；B. iPS 四倍体补偿小鼠 E13.5；C. 15 周的 iPS 四倍体补偿小鼠及其子代；D. iPS 四倍体补偿小鼠及其子代；E. iPS 二倍体嵌合小鼠及其子代

图 2-10　我国科学家首次利用 iPS 细胞通过四倍体囊胚注射得到存活并具有繁殖能力的小鼠“小小”

2. 血液系统疾病干细胞治疗技术进入临床Ⅱ期阶段

干细胞与克隆技术已经逐渐成为现代医学一类全新的治疗手段和新型“药物”，被广泛尝试运用于心血管疾病、血液系统疾病等多种重大疾病的治疗。以恶性血液病为例，唯一可能治愈的手段就是采用骨髓移植，但骨髓移植需具备 HLA 六位点相合的供者才能进行，然而要找到 HLA 六位

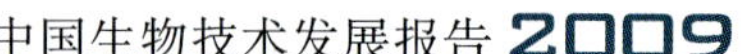

点相合的供者的可能性小，且志愿献髓者少，致使大部分患者失去了治愈的机会。

从成体骨髓中分离出来的骨髓原始间充质干细胞，具有免疫调节作用，可大幅下调骨髓移植时致命的急、慢性移植物抗宿主病（GVHD）的发病率和严重程度。同时，骨髓原始间充质干细胞具有的造血支持作用，可促进移植后造血恢复，显著提高干细胞移植成功率。为广大受骨髓配型困扰而无法改变死亡命运的患者带来了生命的希望。

中国医学科学院基础医学研究所在完成Ⅰ期临床试验研究后，已经启动并开展了“骨髓原始间充质干细胞”Ⅱ期临床试验研究，初步结果表明其在预防和治疗造血干细胞移植（尤以HLA配型不完全相合情况为典型）引起的急性移植物抗宿主病（GVHD）方面具有良好治疗效果，并进一步验证了其临床应用的安全性与可靠性。

3. 国际标准化灵长类动物模型技术平台通过AAALAC认证

灵长类动物是人类的近亲，其进化程度高，在组织结构、免疫、生理和代谢等方面与人类具有高度的近似性，是极珍贵的实验动物，应用价值远超过其他种属的动物。长期以来，它们一直是建立病毒等传染性疾病模型、精神神经性疾病模型、心血管疾病模型、肿瘤模型和生殖生理研究的最佳实验动物，已经成为联系基础研究与临床应用的不可或缺的桥梁，即所谓的演绎研究（translational research）或基础研究到临床应用（bench to bedside）的重要手段，同时灵长类实验动物模型是评价生物医学中疾病预防与治疗效果的最有力的工具。灵长类动物模型技术平台对于各种疾病的发病机制及治疗手段评估至关重要，建立国际标准化的实验平台是未来进军国际市场的关键所在（图2-11）。

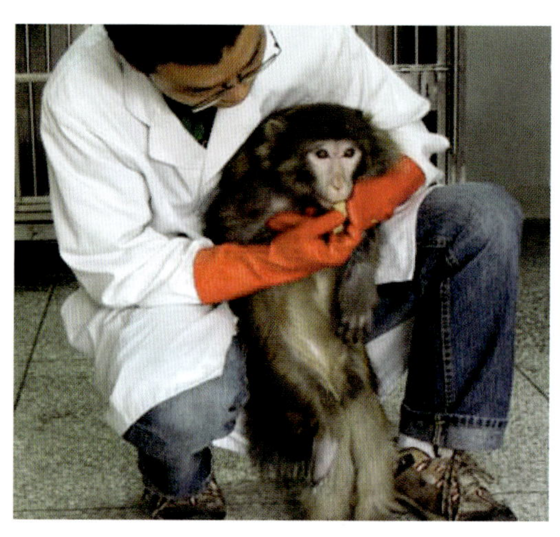

图2-11　帕金森病模型猴

广西南宁灵康赛诺科生物科技有限公司已经建立稳定的糖尿病模型、帕金森病模型、老年痴呆病模型，并得到广泛应用，目前正在进行有关食蟹猴青光眼、多发硬化、脑卒中等模型的研发；四川大学研究人员成功建立了恒河猴帕金森病、糖尿病、脑梗塞、视网膜变性、急性癫痫发作、颞

叶癫痫点燃、心衰、吗啡依赖、脉络膜新生血管生成、辐射损伤、促生殖、去势、环磷酰胺所致猴白细胞及中性粒细胞减少症等10余种疾病动物模型。该公司和其合作单位中国科学院昆明动物研究所、四川大学都通过了AAALAC认证，这表明我国实验动物管理和使用开始达到国际标准与规范，对我国建立全面符合国际标准的技术服务平台、提高动物实验管理水平等都具有重大意义。

（二）组织工程

组织工程（tissue engineering）的概念最早是1987年由美国麻省理工学院的化学工程师Robert Langer和美国马萨诸塞州立大学医院临床医师Joseph P. Vacanti提出的。同年，这一概念得到了美国国家科学基金会（NSF）的认可。并将其定义为应用生命科学和工程学的原理与技术，在正确认识哺乳动物的正常及病理两种状态下结构与功能关系的基础上，研究、开发用于修复、维护、促进人体各种组织或器官损伤后的功能和形态生物替代物的科学。

大面积的组织、器官缺损或严重功能障碍通常都需要采用器官移植进行修复。通过组织工程学技术，能够将少量种子细胞经体外扩增后与生物材料复合，构建出新的组织或器官，用于替代和修复病变、缺损的组织器官，重建生理功能，潜在市场巨大。近年来，其3个基本要素即种子细胞、生物材料、组织构建有了多方面突破，为组织工程技术的发展创造了条件。2009年，在国家高度重视和大力资助下，我国组织工程领域取得了显著进展，多个产品已经初步具备产业化基础。

1. 组织工程皮肤获得产品注册证书

皮肤作为人体最大的组织，是与外界环境接触的屏障。当由于外界损伤或疾病等原因造成皮肤缺损时，其危害可以是轻微的，也可以是致命的。传统修复方法有自体植皮、同种异体植皮、异种植皮和人工合成代用品的应用。但由于供区不足、免疫排斥及传播疾病等缺点，寻找一种理想的皮肤替代物一直是临床上一个亟待解决的难题。组织工程技术通过在天然或生物合成材料上接种皮肤干细胞，在生物支架逐步降解吸收的过程中，种植的细胞继续增生繁殖，形成新的组织工程化皮肤，达到修复创伤和重建自身组织功能的目的。组织工程皮肤在国外一直是研究热点，美国、德国等发达国家率先研制成功组织工程皮肤，取得了巨大效益。据统计，2001年全球组织工程皮肤产品的市场即超过6.25亿美元。

我国第四军医大学研制的“基于成体

干细胞的组织工程皮肤产品”，已获得产品注册证书，成为国内首个进入市场的组织工程产品，目前已经开始了组织工程皮肤的产业化生产，西安和深圳的组织工程产业化基地正在建设当中（图 2-12）。

中华人民共和国
PEOPLE'S REPUBLIC OF CHINA
医疗器械注册证
REGISTRATION CERTIFICATE FOR MEDICAL DEVICE

注册号：国食药监械(准)字 2007 第 3461110 号（更）

陕西艾尔肤组织工程有限公司：

你单位生产的组织工程皮肤(商品名：安体肤)，经审查，符合医疗器械产品市场准入规定，准许注册。自批准之日起有效期至二零一一年十一月十三日。

特此证明。

国家食品药品监督管理局
State Food and Drug Administration
[illegible]

附件：医疗器械产品生产制造认可表

No. 0709863

A

图 2-12　国内首个组织工程皮肤产品的产品注册证书（A）及产业化基地设计图（B）

与此同时，第三军医大学研究人员已经完成了辐照猪皮产品的临床试验，正在申请产品注册证书，其猪无细胞真皮产品的临床试验也接近完成。

2. 防钙化生物瓣膜获得国家生产批号

自 1960 年 Harken 和 Starr 第一次成功将人工瓣膜植入人体心脏以来，人工瓣膜在几十年内经历了几代的发展，出现了多种材料与实施方法。目前临床上常用的机械人工瓣膜历经 50 年的发展，在材料、血流动力学特性及外形设计上都已日趋成熟，并在临床上都得到了广泛的应用。但由于其机械瓣膜置换术后需终生抗凝，可能发生与抗凝有关的出血并发症，还不是最理想的心脏瓣膜移植物。

目前已有的化学改性异种生物瓣虽然没有机械人工瓣膜的缺点但由于缺乏生命活性，容易发生钙化，使用 10 年左右后会因组织退行性变导致瓣膜衰坏、功能障碍。

第四军医大学研制的新型防钙化生物瓣膜（图 2-13），对戊二醛处理的猪瓣进行有效的抗钙化处理，缩短了热缺血时间，采用无张力固定，增加了耐疲劳性。获得国家正式生产批号后建立了生产基地、标准化车间和一条生产线，即将开始产业化生产。

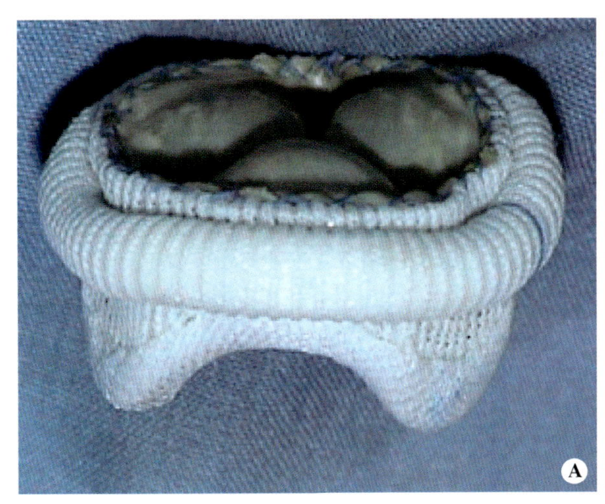

中华人民共和国

PEOPLE'S REPUBLIC OF CHINA

医疗器械注册证

REGISTRATION CERTIFICATE FOR MEDICAL DEVICE

注册号：国食药监械(试)字 2003 第 3050161 号

北京佰仁思生物工程有限责任公司：

你单位生产的人工生物心脏瓣膜，经审查，符合医疗器械产品市场准入规定，准许注册，自批准之日起有效期两年。

特此证明。

国家食品药品监督管理局

State Food and Drug Administration

图 2-13　新型防钙化生物心脏瓣膜（A）和产业注册证书（B）

（三）发展趋势

干细胞和组织工程技术近年来一直是生命科学最热门的研究领域之一。我国科学家证实诱导多能干细胞具有全能性必将大大推动干细胞治疗疾病相关领域的研究。2009 年初，美国奥巴马政府日前宣布为胚胎干细胞研究松绑以及美国 FDA 批准全球首例人类胚胎干细胞治疗临床试验都表明干细胞研究的竞争已呈白热化。组织工程涉及人体所有组织器官的再生与修复，是心血管疾病、糖尿病、帕金森病、癌症等疑难疾病治疗的新希望，将带动新型生物医药技术和产品的发展与产业化。这一领域具有巨大的社会和经济效益，国际竞争十分激烈，对我国干细胞研究而言，将面临空前的机遇和挑战。

我国政府高度重视干细胞与组织工程技术领域的发展，《国家中长期科学和技术发展规划纲要（2006～2020 年）》将“基于干细胞的人体组织工程技术”列入生物技术领域的五大创新前沿技术之一；“十一五”期间国家“973”计划及“863”计划都在“干细胞和组织工程”领域进行了重点布局。

未来研究仍然将是关注诱导多能干细胞、胚胎干细胞、成体干细胞、核移植胚胎干细胞、肿瘤干细胞等多方面；干细胞库的构建、干细胞系的建成与鉴定、细胞干性维持的机制、干细胞诱定向导分化、组织工程、重大疾病的干细胞治疗等从基础到应用研究将全面发展；干细胞治疗关键技术标准和相关政策法规也应逐步建成并完善。治疗性克隆与体细胞重编程技术、重要疾病干细胞再生修复治疗技术与产品的研究和应用、重要结构类组织和复杂结构组织的组织工程构建研究与应用、新型重要组织器官代用品的研发与应用、灵长类动物疾病模型及其标准化关键技术和临床前评价平台、关键技术标准和伦理准则的完善等重点领域需要进一步的研发、整合与应用，并有望在“十二五”取得新的、更大的突破，造福人类。

二、疫苗与抗体

（一）疫苗

目前，我国疫苗的研究和使用已经从单纯预防传染病拓展至治疗急慢性传染病和肿瘤、自身免疫病，甚至消化系统疾病和心血管疾病等领域。2009 年我国科学家在原创性疫苗研究的科技攻关取得重大突破，获得 2 个新药证书，另有数个疫苗品种临床试验执行情况良好。

1. 重组口服幽门螺杆菌（Hp）疫苗获得新药证书

第三军医大学研制的重组口服幽门螺杆菌（Hp）疫苗在临床研究中表现出了良好的有效性和安全性，于 2009 年 3 月获得了新药证书（图 2-14）。该疫苗可以预防幽门螺杆菌感染，降低胃溃疡等胃病发生率，这是世界上第一个获得新药证书的同类疫苗，至少领先国内其他同类产品 5 年以上，需求量可以达到超过 1000 万人份/年。

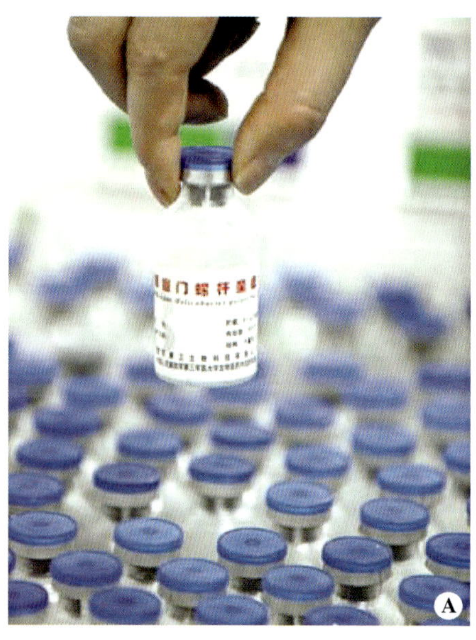

新药证书

原始编号：CSL20020084　　证书编号：国药证字S20090002

根据《中华人民共和国药品管理法》，经审查，下述药品符合新药的有关规定，特发此证。

药品名称：口服重组幽门螺杆菌疫苗

主要成份：重组幽门螺杆菌

持 有 者：重庆康卫生物科技有限公司

中国人民解放军第三军医大学

国家食品药品监督管理局

2009 年 3 月 23 日

NO.0800122

图 2-14　重组口服幽门螺杆菌（Hp）疫苗（A）于 2009 年 3 月获得了新药证书（B）

研制当中，课题组突破了多个关键性技术难题：一是建立了分子内黏膜佐剂疫苗学说，采用独特的基因工程疫苗分子构建模式，在黏膜表面产生免疫力，避免了以往因幽门螺杆菌在黏膜表面感染而难以预防治疗的情况；二是解决了这一研究领域的重大难题，成功建立了长期稳定的动物感染模型；三是克服了胃酸和胃蛋白酶对疫苗的破坏作用，提高了疫苗的有效性和稳定性。Hp 疫苗的成功研制与开发，有望解决胃病预防难的问题，大大降低 Hp 感染率及相关疾病的发病率，从而产生巨大的经济效益与社会效益。

2. 无细胞百白破 b 型流感嗜血杆菌（DTaP/Hib）联合疫苗获得新药证书

北京民海生物科技有限公司研制的无细胞百白破 b 型流感嗜血杆菌（DTaP/Hib）联合疫苗于 2009 年 3 月获得新药证书，这是我国第一个获得同类证书的疫苗产品。

DTaP/Hib 疫苗的研制中克服了许多技术难题。与国外研发的同类疫苗相比，国产 DTaP/Hib 疫苗中各活性抗原的配比、产品剂型、生产工艺等方面都具有自己的技术特点，具有完全自主知识产权。该疫苗的研制成功可以为我国开发联合疫苗和联合免疫技术提供更多的技术参考和经验积累。

DTaP/Hib 疫苗实现了一个产品可同时预防百日咳、白喉、破伤风和由 b 型流感嗜血杆菌引起的脑膜炎、肺炎、上呼吸道感染、败血症、会厌炎等侵袭性疾病。应用该疫苗可减少儿童多次注射免疫所带来的痛苦，极大地方便医生、家长和儿童，降低接种和管理上的费用，可望产生良好的社会效益。

3. 重组戊型肝炎疫苗完成Ⅲ期临床研究

我国是病毒性肝炎的重灾区，据卫生部统计，2008 年我国病毒性肝炎的患病率达到 106.46/100 000，肝炎防治性疫苗的研制工作受到国家高度重视，相关产品临床应用前景巨大。

由戊肝病毒引起的戊型肝炎是一种急性传染性肝炎，约占临床散发型肝炎的 15%～20%。戊肝病毒（HEV）为单股正链 RNA 病毒，经粪口途径传播，其临床症状与甲肝相似，但是其病死率在病毒性肝炎中最高，特别是对孕妇和胎儿的危害很大。厦门大学苗季课题组负责研制的重组戊型肝炎疫苗在 2009 年 10 月已经完成了Ⅲ期临床研究，这是国际上研究进展最快的戊肝疫苗，预计可以在课题执行期内申报新药证书。

4. O139 霍乱疫苗完成Ⅱ+Ⅲ期临床试验

霍乱（cholera）是发展中国家常见的急性腹泻病之一，其发病急、传播快、波及面广且危害严重，属 3 大国际检疫传染病之一，也是我国法定管理的甲类传染病。自 1817 年以来，人类历史上先后出现了 7 次霍乱大流行。其中发生于 1961 年以前的 6 次霍乱大流行由 O1 群古典生物型霍乱弧菌所引起。1992 年印度次大陆又出现了由 1 种新型霍乱即非 O1 群 O139 型霍乱弧菌引发的霍乱暴发大流行，由于人群对该菌株缺乏免疫力，故而在短短的半年时间内它就迅速蔓延至其他许多国家和地区，其致病性之强，传播速度之快，完全不亚于第 7 次 El-Tor 霍乱大流行，因而也被称为第 8 次霍乱大流行。

据报道，全球每年大约有 220 000 人患霍乱，有 85 000 人死于霍乱。目前，最有效的控制霍乱的手段仍是疫苗，由于 O139 型霍乱的巨大危害，其疫苗的研制已经成为公共卫生事业的迫切需求。

军事医学科学院曹诚研制的 O139 霍乱疫苗目前已经完成Ⅱ/Ⅲ期临床试验。研究结果表明，O139 霍乱 rBS-WC 疫苗具有良好的安全性，并能有效诱导抗毒抗体和抗菌抗体，目前正在申报新药证书。

（二）抗体

抗体类药物以其安全有效、特异性高的特点，成为生物医药研发的热点。目前已经上市的抗体类药物中已经出现了多个销售额过亿美金的“重磅炸弹”药物。2009 年，我国抗体类药物的研究也取得了重要突破，多个针对恶性肿瘤和自身免疫病的抗体类药物临床试验进行良好或有望获得新药批件。

1. 重组抗人 CD25 人源化单克隆抗体

移植后急性排斥反应起因于 T 淋巴细胞被激活并大量增殖。T 淋巴细胞激活需要 3 个条件：①有利于激活的外部条件：包括移植脏器的冷、热缺血、缺血/再灌注损伤、手术操作损伤等。②激活所需的 3 个信号。第一信号：抗原递呈细胞（APC's）将移植脏器上的异体 MHC（主要组织相容性抗原，人类 MHC 称 HLA）提呈给受体体内的 T 淋巴细胞，T 淋巴细胞识别外来抗原；第二信号：又称为共刺激信号，它是在第一信号刺激下，APC's 分泌诸如 B7/BB1 等共刺激分子与 Tc 表面的共受体结合，进行双向的信息传递；第三信号：受到刺激的 Tc 分泌大量 IL-2，与自身及周围的 Tc 表面的 IL-2R 结合，完成第三信号，细胞开始进入增殖期。③嘌呤合成：

细胞增殖必须依靠大量的 RNA、DNA 合成才能完成。只有满足了以上 3 个条件，Tc 才能从休止状态进入激活状态，发生几何级的增殖，导致 AR 发生。如果在以上的一系列免疫激活过程中，阻断某一或数个环节就可导致 Tc 的无反应性或不激活，从而防止急性排斥的发生。

IL-2R 由 α、β、γ 三个多肽链组成，α 链又称为 CD25。IL-2 必须和 IL-2R 结合，才能激发 Tc 从静止期进入分裂期。如果应用抗 CD25 单抗封闭 IL-2R 中的 α 链，使 IL-2 和 IL-2R 的结合受阻，将会抑制激活的 Tc 进入细胞增殖循环，从而明显的降低器官移植术后的急性排斥发生率。该方法极少具有毒副作用、并且不增加感染和恶性肿瘤发生率。

上海张江生物技术有限公司研制的重组抗人 CD25 人源化单克隆抗体注射液，是预防肾移植术后急性排斥的特效药，同时对多发性脊柱硬化症具有良好疗效。2009 年 3 月，该品种已经通过了国家食品药品监督管理局药品审评中心审评会，并于 2009 年 6 月将补充资料报送药审中心。目前正在药审中心审评，预计执行期内可以获得新药证书，并有望同时获得生产批件。

该公司研制的用于如强直性脊柱炎等治疗自身免疫性疾病的抗 TNF-α 单克隆抗体注射液，目前也进入Ⅱ/Ⅲ期临床研究。

2. 抗 Her2 人源化单克隆抗体

乳腺癌是威胁妇女健康的主要恶性肿瘤之一，是 45 ~ 55 岁年龄段妇女的主要死亡原因。研究表明，人表皮生长因子受体蛋白 HER2 的过度表达或增殖与乳腺癌患者的临床状况的不良呈正相关。据统计，25% ~ 30% 的乳腺癌患者存在着 HER2 的过度表达，动物试验表明 HER2 的过度表达增加了癌细胞的转移能力。

第二军医大学研制的新型抗肿瘤抗体药物，治疗 Her2 高表达乳腺癌（中晚期转移癌）的抗 Her2 人源化单克隆抗体注射液已启动Ⅲ期临床，有望尽快获得新药证书。

3. 抗肿瘤血管生成融合蛋白 KH903 获得临床批件

20 世纪 70 年代，Folkman 在 *The New England Journal of Medicine* 中首次提出了肿瘤生长依赖于新血管生成的理论假说。之后，随着毛细血管内皮细胞培养技术建立，血管生成抑制剂发现，血管生成活性蛋白的纯化等发现，这一观点为越来越多的证据所支持，并逐渐成为抗肿瘤治疗研究的热点。

肿瘤的生长有两个明显不同的阶段，即从无血管的缓慢生长阶段转变为有血管的快速增殖阶段。如果没有血管生成，原

发肿瘤的生长不会超过 $2mm^3$，但在生成血管后，肿瘤将获得足够的营养物质，支撑其快速生长。

肿瘤侵袭转移是当前肿瘤治疗失败的主要原因之一，而在肿瘤发生侵袭转移的多步骤过程中，血管生成均发挥着重要作用。与传统的抗癌治疗相比，抗血管生成治疗具有如下优点：①正常成年人的血管形成基本停止，内皮细胞常处于不分裂状态，只有在妊娠、月经周期、炎症、外伤和肿瘤等特殊情况，血管形成才被启动，因此，抗血管生成治疗对正常内皮细胞影响不大，具有良好的特异性；②血管内皮细胞暴露在血液中，药物能够直接发挥作用，所用药物剂量小、疗效高；③血管内皮细胞基因表达相对稳定，不易产生耐药；④抗肿瘤作用具有放大效应，因为一个内皮细胞支持 50 ~ 100 个肿瘤细胞生长。因此，在过去的 30 多年中，人们一直在努力寻找合适的靶点以阻断和破坏肿瘤血管生成，研制有效的抗肿瘤血管生成药物。

中国科学院生物物理研究所阎锡蕴负责的“肿瘤抗体药物”课题，研制的抗肿瘤血管生成融合蛋白 KH903 于 2009 年 1 月 22 日获得了国家食品药品监督管理局的临床试验批件。

2009 年 7 月 5 日，KH903 Ⅰ期临床试验方案讨论会在广州召开。2009 年 8 月 25 日，KH903 项目通过伦理审评，取得伦理委员会批件稿。2009 年 9 月 19 日，在成都顺利召开 KH903 Ⅰ期临床试验启动会。2009 年 10 月，已有 3 例病人入组进行Ⅰ期临床研究，预期 2010 年完成Ⅰ期临床研究所需的 27 例病人的入组与治疗，并启动与化疗药物的配伍研究。

（三）发展趋势

疫苗和抗体类药物近年来一直保持高复合增长率。疫苗领域各国研发机构都在不断改进现有疫苗的同时，逐步把研发重点倾向于一些尚无可用疫苗的疾病上，以寻找新的利润增长点。抗体工程药物及其关键技术在治疗肿瘤、自身免疫病、心血管疾病、感染性疾病等多方面也获得了举世瞩目的成就。

开拓新领域，类似于开发 Hp 疫苗等新型疫苗，市场前景巨大。利用现代生物学技术进行疫苗构建策略研究、筛选有效抗原、优化免疫途径及程序、改善传统疫苗的品质、革新疫苗研发、联合疫苗、新型疫苗、满足中国特殊国情需要的疫苗、针对重大非传染性疾病如肿瘤等的防治和治疗性疫苗、治疗性疫苗、新型佐剂等方面均需要积极推进。同时需要大力推进疫苗研发的关键技术，包括新型细胞培养基质、疫苗大规模制备技术、新型疫苗输送系统、

疫苗综合研发平台的建设等方面，同时要重视病原体致病机制以及人体免疫应答机制的基础研究等方面，组建产学研技术创新战略联盟，加强技术创新和体制创新，以保障疫苗产业的可持续发展的重要保障。

未来抗体药物的重点仍将是肿瘤、自身免疫性疾病、心血管、感染性疾病等重大疾病的诊断、分子分型、治疗等产品的研发。人源化和全人抗体是抗体药物发展的主流方向。一些关键性技术，如抗体高通量、大规模、功能化制备技术，动物细胞表达抗体产品大规模培养技术，蛋白质大规模纯化技术，人源化及全人抗体的构建及优化技术，抗体工程药物标联及增效技术等方面亟待突破性的进展。

三、重大疾病的生物治疗

（一）基因治疗

2009 年度我国在重大疾病的基因治疗方面取得重大进展，有 5 个基因治疗产品进行临床试验，有 2 个产品完成了全部的临床前研究，并已经向国家 SFDA 递交了新药临床试验申请材料，即将进入临床试验阶段；还有 10 多个创新的基因治疗产品正在进行临床前研究。已经建立重组腺病毒、重组腺相关病毒、重组质粒 DNA、重组单纯疱疹病毒、阳离子脂质体等的中试生产工艺和质量控制标准，为所开发的基因治疗药物的临床试验、临床前研究奠定了基础。

1. 5 个产品进入临床试验阶段，具有良好的临床应用和产业化前景

（1）华中科技大学同济医学院研制的“重组腺病毒载体介导的单纯疱疹病毒胸苷激酶基因制剂（ADV-TK）”属于肿瘤自杀基因治疗的范畴。该产品于 2007 年 7 月获得国家食品药品监督管理局（SFDA）批准进行 ADV-TK Ⅱ期临床试验研究，选用肝癌和难治复发性头颈癌为临床试验病种，观察 ADV-TK 单药的客观疗效。目前Ⅱ期临床试验已经完成，结果表明该基因治疗产品病人的耐受性较好，主要的不良反应程度较轻微，并显示了令人鼓舞的临床客观疗效。课题承担单位正在进一步选择新的研究病种，开展了“ADV-TK 治疗脑胶质瘤”的Ⅲ期临床预试验研究，初步观察结果良好。目前该病种已经正式通过临床研究伦理委员会批准，相关研究正在进行中。

（2）华中科技大学同济医学院研制的“特异性溶瘤重组腺病毒注射液（KH901）”是一种特异性的肿瘤基因治疗产品，于

2007 年 9 月全面启动了Ⅱ期临床试验研究，目前已经完成，结果显示 KH901 安全性、耐受性良好，没有出现严重的毒副作用，接受 KH901 治疗的病人表现出了较好的治疗效果，部分病人经 KH901 治疗后不但肿瘤消失，而且表现出在疾病无进展时间（PFS）上给药组比对照组显著延长的趋势（图 2-15）。

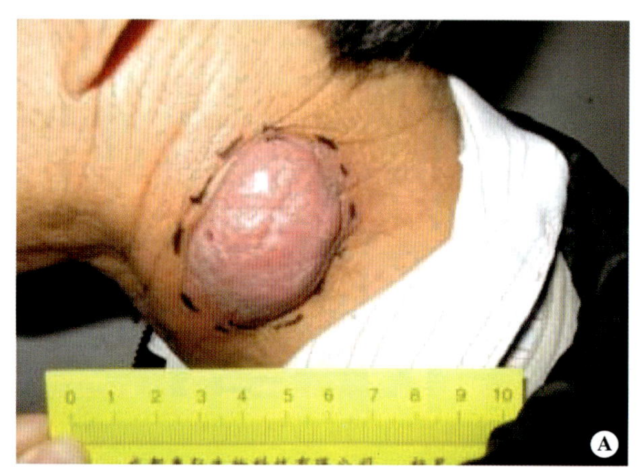

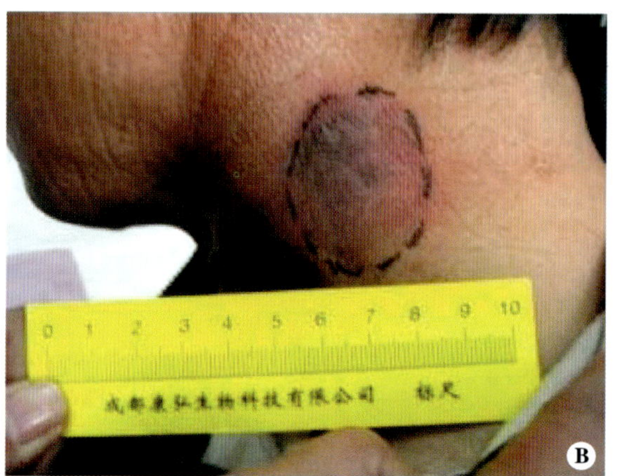

图 2-15　特异性溶瘤重组腺病毒注射液（KH901）临床试验

A. 治疗前；B. 治疗两周期后

（3）四川大学研制的“重组人内皮抑素腺病毒（EDS01）”，主要适应证为局部注射治疗头、颈部肿瘤，已经完成了Ⅰ期临床试验研究，结果显示该产品对肿瘤治疗具有疗效。参试人员除出现少数出现发热等轻微反应外，无严重不良事件发生，显示该基因治疗产品总体是安全的。

（4）军事医学科学院放射与辐射医学研究所研制的“重组腺病毒-肝细胞生长因子注射液（Ad-HGF）”，主要适应证为缺血性心脏病，Ⅰ期临床试验研究结果显示该产品对肢体缺血病人局部使用和冠心病心肌缺血病人心肌内注射都是安全的，治疗后肢体缺血和心肌缺血明显改善，显示出了明显的临床疗效。目前正准备开展Ⅱ期临床试验研究。

（5）复旦大学研制的“AAV-hFIX 肌肉注射液”主要适应证为 B 型血友病等难治性遗传病，目前已经进行Ⅰ期临床试验，低剂量试验已经证明了安全性。

2. 2 个产品已完成全部临床前实验，结果良好

（1）第四军医大学研制的“基因溶瘤腺病毒注射液（SG600-P53）”，主要适应证为晚期非小细胞肺癌，已通过中国药品生物制品检定所的质量鉴定，临床前实验已完成，申请Ⅰ期临床试验的资料已报 SFDA 待审批。

（2）首都儿科研究所研制的“OrienX010-重组人 GMCSF 单纯疱疹病毒注射液”主要适应证为多种恶性肿瘤，已经完成了所有临床前的研究，完成了新药临床试验所有的答辩程序，正在等待国家 SFDA 批准进入Ⅰ期临床试验，所申请的 4 项国家发明专利已经进入了实审阶段。

3. 发展趋势

未来基因治疗的发展将继续以恶性肿瘤及遗传性疾病为核心逐步向心血管疾病、退行性疾病等领域拓展，重点将围绕载体改良、新的基因治疗标靶、新的导入策略、新的基因干扰策略以及更好的靶向性等方面进行，开展新型基因治疗载体的研制和应用、基因定点整合和原位修复技术、治疗基因可控性表达、小 RNA 和 RNA 干扰技术等研究。经体外基因修饰后的干细胞基因治疗也将成为基因治疗的重要方面。

（二）细胞和免疫治疗

2009 年我国在重大疾病的细胞免疫治疗领域，在肿瘤治疗性疫苗、非特异性细胞治疗、肿瘤免疫基因治疗及肿瘤免疫治疗新技术新方法等四个方面取得了良好的进展。截至 2009 年年底，已经有 4 个细胞或免疫治疗制品/技术已经获得国家食品药品监督管理局（SFDA）或国家卫生部的批准进入临床研究；有 5 个细胞和免疫治疗制品完成或基本完成了临床前研究，正在总结相关资料，完善相关工艺和进行安全性评价，进入申请进入临床研究阶段。多项细胞和免疫治疗制品及相关技术在体内外药效学等研究中的显示出良好的前景。

1. 多个产品进入临床试验阶段，具有良好的应用前景

（1）第二军医大学研制的“抗原致敏的人树突状细胞（APDC）”主要适应证为转移性大肠癌，是我国第一个 SFDA 正式批准进入临床的树突状细胞治疗性疫苗。该产品已经完成Ⅱ期临床研究，对序惯性化疗/树突状细胞疫苗治疗转移性大肠癌的临床客观疗效和安全性进行了评价，取得了良好的疗效，目前正在补充申报资料，力争尽快获得Ⅲ期临床研究批文。

（2）百泰生物药业有限公司研制的“重组人 EGF-P64K/Mont 肿瘤治疗性疫苗”主要适应证为非小细胞肺癌。目前已经完成了重组人 EGF-P64K/Mont 肿瘤治疗性疫苗（EGF 疫苗）的临床前试验和质量标准研究，建立了产品鉴定标准，质量标准及其产品规范。2009 年获得临床研究批件，制定了Ⅰ期临床试验方案，并完成了产品的规模化生产工艺优化。

（3）中国科学技术大学研制的“γδT

细胞制品"，属于肿瘤的非特异性免疫治疗，目前已经完成了全部临床前研究，获得国家卫生部批准，进入临床试验。

2. 多个产品基本完成临床前研究，结果良好

（1）浙江大学研制的"HER2/neu mRNA致敏 DC"，主要适应证为 HER2/neu 阳性肿瘤，已经完成全部临床前研究，目前已经经过国家药品审评中心的项目评审，正在等待Ⅰ期临床批文。

（2）北京工业大学研制的"鼻咽癌细胞免疫治疗疫苗（Ad-LMP2）"主要适应证为鼻咽癌，目前已经基本完成临床前研究。

（3）中国科学技术大学田志刚研制的"NKG-IL15 细胞"，利用基因工程技术，制备了 CDR3δ 移植型 γδT 细胞，进行了 γδT 细胞体外培养和制剂研究，进行了对淋巴瘤细胞体外杀伤作用的研究和生物学功能研究。目前已经完成了用于肿瘤治疗的有效性评价及安全性评价等临床前研究。

（4）浙江理工大学研制的"重组腺病毒 Ad-RTX"主要适应证为肿瘤，目前已经建立系统的重组腺病毒 Ad-RTX 的中试生产、纯化工艺与质量控制体系，并完成了 Ad-RTX 的体外体内疗效实验，显示出良好的抗肿瘤疗效。

（5）四川大学研制的"水泡口炎病毒 M 蛋白质粒 DNA"主要适应证为肿瘤，已经完成生产工艺和检定工艺，稳定并完善了大规模制备各种质控指标合格的阳离子脂质体，确定了脂质体与质粒 DNA 的复合和冻干工艺，确定了冻干制剂的复溶方案，并研究了复溶后的稳定性，即将开展制品的安全性评价。

3. 发展趋势

未来细胞治疗的目标仍将以肿瘤、艾滋病等重大疾病为主，坚持有特色的研究方向，立足于解决临床重大疾病治疗的关键问题。其中修饰的树突状细胞治疗肿瘤有可能最先通过临床实验。与组织过程一样，随着干细胞研究的深入和技术手段的突破，细胞治疗有望进入一个高速发展的阶段。

针对重大疾病的主动免疫治疗性疫苗研发正成为国内外的热点。肿瘤的主动免疫治疗性疫苗治疗是一种有着广阔应用前景的肿瘤免疫治疗方法，将为肿瘤的治疗带来了新的希望。乙肝、艾滋病主动免疫治疗性疫苗将成为本世纪感染性疾病治疗研究领域的热点。

（三）生物治疗关键技术与相关产品的规模化制备

围绕严重威胁我国人民健康的重大疾病，研发我国生物治疗关键技术与相关产

品的规模制备，通过关键技术的突破，增强我国重大疾病生物治疗制品研发的创新能力和国际竞争能力，加速生物治疗科技成果的产业化步伐，在此方面已取得重要进展。2009 年，建立具有自主知识产权的腺病毒、腺相关病毒生产技术平台一套，突破腺相关病毒的生产瓶颈；建立具有自主知识产权的质粒 DNA 生产技术平台一套；建立一套生产阳离子脂质体、壳聚糖/DNA 复合物纳米粒生产技术平台，与之相应的病毒载体、非病毒载体、脂质体的质控标准也已建立；技术的突破带动了质粒 DNA 基因产品的开发，阳离子脂质体携带治疗基因的规模化制备已实现，6 个产品已开展临床前安全性评价。截至 2009 年底，申请专利 30 项，获得专利授权 4 项，已在国际杂志上发表高水平的研究论文 50 篇，其中影响因子 5 以上文章 5 篇。已培养基因治疗学术带头人 20 人，培养研究生 50 人，培养从事基因治疗技术平台应用的专门人才 25～35 名。这些人才队伍，技术平台的建设和所取得的科研成果，为今后生物治疗关键技术的全面提升和生物治疗重点产品的研发打下了良好的基础。

1. 建立了阳离子脂质体规模化生产平台，为基因治疗产品的开发提供了有力支撑

四川大学研制的阳离子脂质体稳定的生产工艺，以阳离子脂质体包裹质粒 DNA 形成冻干粉针剂为临床给药方式，解决了脂质体与质粒 DNA 复合物不稳定，运输、储存不方便的重大技术问题，并建立了阳离子规模生产的质量控制标准。截至目前已建立了一个生产量达到 25g 规模的阳离子脂质体生产平台，建立了符合 GMP 标准的阳离子脂质体携带治疗基因的中试生产车间 3000m^2（图 2-16）。该平台已经带动多个阳离子脂质体包裹不同基因治疗肿瘤的产品开展临床前研究，包括水泡口炎病毒基质蛋白重组质粒（VSV）脂质体冻干粉针剂治疗老鼠结肠癌，人 FAK/EGFR 受体重组干扰质粒脂质体冻干粉针剂治疗人肺癌，FUS1/IL-2 双基因质粒脂质体冻干粉针剂治疗人肺癌，FAK/PLK1 双基因重组干扰质粒脂质体冻干粉针剂治疗肝癌。

2. 建立了多种基因治疗产品的质量控制标准和方法，促进了产品的开发

中国药品生物制品检定所建立了重组人 γ-干扰素腺病毒注射液鉴别、理化特性、纯度及杂质测定等方法。对第一个基因治疗产品 P53 基因溶瘤腺病毒注射液（简称 SG600-P53）建立了质量控制标准。建立了肝细胞生长因子（HGF）重组质粒注射液的鉴别、理化特性、纯度及杂质测定等方

法，以及重组 SeV-hFGF2 基因治疗产品细胞库的检定方法。此外，还建立了重组 SeV-hFGF2 注射液的鉴别、理化特性、纯度及杂质测定等方法。

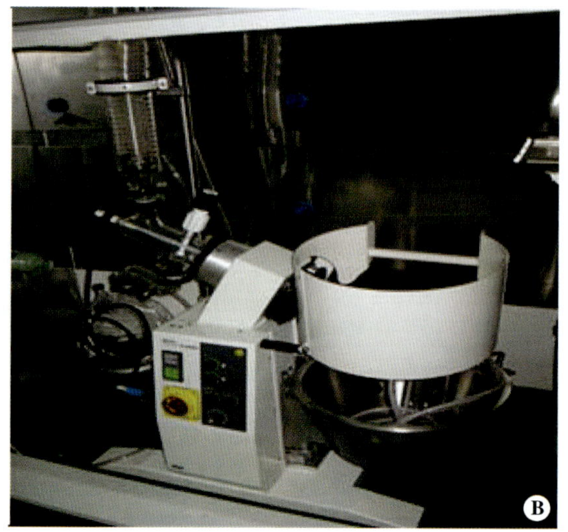

图 2-16 脂质体生产中试生产车间

A. 50L 配液罐；B. 20L 防爆型旋转蒸发仪

3. 发展趋势

生物治疗为恶性肿瘤、心血管疾病、遗传性疾病等重大疾病带来了新的希望，其中基因治疗仍将占据重要地位，干细胞治疗技术发展迅速，基于基因修饰后的干细胞治疗使得基因治疗与细胞治疗有汇合之势。今后生物治疗的关键问题将是基因治疗的基因定点整合技术、载体的规模化制备技术、非病毒载体介导的基因治疗技术、靶向基因治疗技术、干细胞分离扩增和定向诱导分化、整合后筛选扩增技术、重大疾病动物模型、生物治疗产品的评价标准等。

生物治疗关键技术与相关产品规模制备的研发应与重点产品开发紧密结合，加强科研机构与企业合作开发，加强课题组之间的交流、合作与共享，加强“产、学、研、医、审”联办互动的创新机制，从而促使研究人员更了解相关的药品审评程序和有关政策，也便于在产品研发前期早发现、早解决问题，避免不必要的弯路。

四、生物药物规模化制备

（一）核酸和多肽药物的规模化制备技术

针对国内外对于核酸类药物和多肽药

物日益扩大的需求以及该类药物成本过高的瓶颈问题，科技部支持了多项多肽和核酸类药物规模化合成、修饰技术研究，旨在通过突破限制我国核酸和多肽药物规模化合成与纯化的关键技术，以及多肽和蛋白药物修饰与剂型的关键技术，逐步建立和完善核酸和多肽药物大规模合成与纯化技术平台、蛋白质和多肽药物修饰与新剂型制备高效化技术平台以及相关质量标准和评价体系技术平台。2009 年度该领域成绩显著，获得发明专利授权为 3 项，其中国外专利 1 项（PCT）；新申请发明专利 19 项，其中国外专利（PCT）1 项；获得新产品证书 2 项。

1. 核酸和多肽药物的规模化生产取得突出进展，达到国际先进水平

军事医学科学院放射与辐射医学研究所完成了国内第一个核酸药物百克级中试实验室的建设和中试工艺的优化，解决了核酸药物的临床前研究的关键瓶颈问题。目前正拟建核酸药物 GMP 生产车间以及公斤级合成车间；已经完成 siRNA、miRNA oligo 克级中试实验室的建设，正在筹建 300kg RNA 单体生产车间、5 万条 siRNA 合成生产基地以及 1 个符合国际 cGMP 标准的 RNAi 药物原料药生产车间。

北京北大未名生物工程集团有限公司在集成创新的基础上建立了年产达到百公斤级的多肽药物大规模制备通用技术平台，多肽药物年产量达到 50kg。

2. 核酸和多肽药物技术平台基本成型，为该类药物的开发和制备提供有力支撑

中国科学院过程工程研究所建立了核酸和多肽药物修饰和新剂型制备高效化技术平台，现已完成 3 种产物的 PEG 化反应器制备，规模达到了克级，活性达到了国际同行最好水平。采用国际领先的膜乳化技术制备了不同粒径的聚乳酸类纳微球，并对乙肝表面抗原进行了吸附，通过动物实验进行了评价和免疫机制研究。

另外，中国药品生物制品检定所建立的核酸和多肽药物质量标准和评价体系技术平台，现已研究建立核酸和多肽药物理化、纯度、含量测定方法 9 个，建立并验证生物学活性测定方法 15 个，完成 16 个产品质量标准研究及质量评价工作，完成 10 余种标准物质的建立。

3. 多个产品完成或正在进行临床研究

北京北大未名生物工程集团有限公司研制的乙肝治疗性多肽疫苗、中国科学院过程工程研究所研制的鼻用鲑降钙素粉雾剂以及干扰素 α1b 粉雾剂均已完成临床试

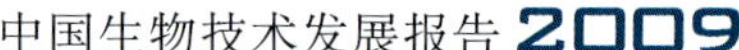

验，正在申报新药证书，其研制的环孢素A眼用微乳制剂也已获得临床批件。北京北大未名生物工程集团有限公司研制的镇痛药物虎纹镇痛肽正在开展Ⅰ期临床试验。

4. 发展趋势

核酸和多肽药物国际竞争十分激烈，其主要问题是生产成本高、产率低、纯度不够、稳定性差。规模化制备技术将着眼于增加产能、提高效率，研发核酸和多肽的合成工艺，改进定点修饰、产品纯化工艺，研制药物新剂型和新的给药系统将是未来发展的重点。分离和鉴定新的具有重要功能的多肽、核酸分子也孕育着巨大的机会。

另外，我国核酸和多肽药物化学合成关键仪器设备仍依赖于进口，如大型合成仪、纯化仪等，有些仪器虽然性能很好，但往往无法在国内得到最好调试和最佳生产状态，从而导致多肽药物合成和纯化过程中难以提高产率，因此为了从根源上解决限制我国核酸和多肽药物发展的关键，需要相关研究单位与国内相关仪器制造企业建立密切联系，制造多肽药物制备的相关设备，突破限制屏障。

（二）蛋白质药物的规模化制备技术

针对我国目前蛋白质药物规模化制备水平还远落后于发达国家的局面，我国开展了蛋白质药物，尤其是抗体药物大规模高效生产技术平台的研究，在表达体系、工程细胞株和分离纯化技术体系等方面实现升级换代，整体提升我国生物药物的产业化水平。截至2009年年底，在蛋白质药物的规模化生产已经取得突出进展，抗体药物生产达到千克级水平，有望在近期内建成3个蛋白质药物表达和生产技术平台。2009年，已有4个产品获得国家颁发的新药证书，4个产品完成或进入Ⅲ期临床试验，1个品种进入Ⅱ期临床试验，2个品种进入Ⅰ期临床试验，2个产品正在进行临床前研究有望获得临床研究批件。申请发明专利29项，获得专利授权11项。

1. 蛋白质药物规模化生产取得突出进展，达到国际先进水平

第二军医大学建设了抗体药物千克级产业化技术平台，带动重组人TNFR-抗体融合蛋白（益赛普）、重组抗EGFR人源化单抗、抗CD147单克隆抗体、重组CTLA4-抗体融合蛋白、重组CD11a人源化单抗和重组CD25嵌合抗体等6种抗体药物平均批产量达公斤级，其中前3个产品已经上市，预计年销售额可达4.5亿。对TNFR-Ig融合蛋白建立了两条3000L生产线并完成试生产，平均批产量达1.41kg（图2-17）。

图 2-17　抗体药物千克级产业化技术平台，TNFR-Ig 融合蛋白 3000L 规模生产线

2. 蛋白质药物技术平台基本成形，为该类药物的开发和制备提供有力支撑

华南理工大学建立的蛋白质药物超高表达技术平台，包括载体、工程细胞、转染方法、克隆方案、筛选方式、流加步骤、温度控制、培养基优化、添加物等工艺过程，目前已经承接并完成了 7 个项目的高表达细胞系的构建，均达到国际抗体药物生产的技术水平。

第二军医大学建立的抗体药物千克级产业化技术平台，对研发的 6 种抗体药物生产工艺进行进一步优化，平均批产量达公斤级，并自主设计了两条 3000L 生产线并完成试生产，使我国抗体药物的生产水平上升至新的台阶。另外，还开发新技术用于大规模生产工艺的优化，如开发出 3 种适合不同 CHO 工程细胞培养的无血清培养基配方，以及纯化介质——重组蛋白 A 等。

（三）发展趋势

目前绝大多数蛋白质药物是真核细胞生产的，其中哺乳动物细胞大规模发酵的产品近 70%。未来应着力于构建合适的表达体系，哺乳动物细胞大规模培养系统，抗体和疫苗的高通量、大规模、功能化筛选和制备技术，蛋白质大规模纯化关键技术等方面。同时也应积极推进家蚕反应器、乳房反应器、植物反应器等具有巨大发展潜力的技术的研发。

蛋白质药物的规模化制备是我国生物制药产业发展的一个瓶颈，而基因工程蛋白质药物在生物制药产业所占比例最高，要充分利用多肽、蛋白质药物产业化的机遇，以解决重大疾病、疫情的需求为导向，

加强协作与整合，提高整体产业水平。

五、基因操作和蛋白质工程技术

基因操作是现代分子生物学的核心内容之一，也是 5 大现代生物技术的基石，一直是生物技术领域国际竞争的热点领域。经过不懈努力，目前我国基因操作技术研究能力明显提高，陆续发现了一批重要的功能基因，研制成功一批试剂盒，发现了一批具有药理学活性的物质，建立和完善了一批技术平台，取得了多项重要成果。2009 年共计发表 SCI 论文 230 篇，包括 *Cell*、*Science*、*Nature*、*Nature Genentics* 各 1 篇；本年度新申请了 93 项专利（国际专利 8 项），有 22 项专利获得授权；获得国家技术发明二等奖 1 项，省部级科技奖励 3 项。

1. 基因操作技术研究能力明显提高，发现了一批重要的功能基因

（1）常见精神性疾病全基因关联分析取得重要进展。北京大学的研究人员通过采用病例对照和核心家系遗传关联研究方法，采用全基因组 SNP 芯片技术，在全基因组范围内，对精神分裂症和儿童孤独症进行易感基因研究。他们发现了一些新的易感基因，并发现了一些易感基因间的相互影响的关系，对深入开展有关研究打下了坚实基础。目前，他们的相关研究即将在 2009 年启动的“863”计划重点项目“常见重大疾病全基因组关联分析和药物基因组学研究”支持下开展工作，为该重点项目的实施打下坚实基础。

他们从全基因组水平筛查中国汉族人群中两种精神疾病的易感基因，是将高通量基因分型技术应用于多基因疾病的遗传学研究，具有先进性，其特色在于短时间内高效获得大量信息，更全面地筛选易感基因，为遗传学研究提供有价值的结果，而且有利于对疾病发病机制的探讨。

（2）银屑病全基因关联分析取得重大突破。安徽医科大学紧随国际同领域研究前沿，完成汉族人银屑病定位区域内的关联分析，并扩展到对整个基因组内的关联分析全基因组关联分析（genome wide association study，GWAS）。他们完成了汉族人银屑病易感基因鉴定的初筛和验证实验及相关实验数据分析，发现的汉族人银屑病非免疫相关易感基因 *LCE* 及免疫相关易感基因 *IL12B* 和 *MHC*，在 *Nature Genetics* 上发表论文 2 篇。该结果极具科研及临床实用价值，将为银屑病的发病机制研究带来质的飞跃，对疾病的遗传咨询、基因诊断及维护国家基因资源安全也具有重大意义。

(3) 转录体复合物重要亚基 Med23 的纯化与功能研究取得突破。中国科学院上海生命科学研究院利用昆虫病毒表达系统以及加双可溶标签（His，Flag 双标签）的方法，在世界上首次表达纯化出可溶的 Med23 亚基，并验证了其功能活性。用该系统得到的 Med23 可溶蛋白可应用于药物的筛选、与其他蛋白相互作用位点的鉴定，以及对 Med23 亚基的结构生物学分析。该系统可推广应用于其他用常规大肠杆菌系统表达不溶的大蛋白的表达纯化，并且该系统结合亲和柱层析和质谱等手段能发现新的与靶蛋白相互作用的蛋白质。

(4) Her2 单链片段抗体导向的 RNA 干扰治疗乳腺癌研究引人瞩目。中山大学研究发现一种成功富集乳腺癌干细胞的方法，筛选出一批乳腺癌干细胞与非癌干细胞差异表达的 microRNA，并将相关研究成果发表在国际著名杂志 *Cell* 和 *Clinical Cancer Research* 等刊物上。通过使用单链片段抗体——多肽融合蛋白，研究者成功地将小分子 RNA 定向地输送到肿瘤细胞，而非肿瘤细胞则基本检测不到。使用特异性靶向乳腺癌干细胞的厌氧菌载体以及特异性靶向 $CD44^+$ 乳腺癌干细胞的载体也成功地将小分子 RNA 导入乳腺癌干细胞。研究者使用多种导入小分子 RNA 的手段抑制肿瘤细胞的生长，造成肿瘤细胞的凋亡，从而达到治疗肿瘤的目的。

(5) 小分子 RNA 功能研究取得进展。北京生命科学研究所对模式植物拟南芥、水稻和衣藻中非编码 RNA（主要是 miRNA 和 siRNA）的作用机制进行深入研究，首次发现不同的 Ago 复合体对小分子 RNA 的 5’端核苷酸具有偏好性；在水稻中发现一类非经典的长 miRNA，并找到相应的 Ago 蛋白，阐述了其体内途径；首次报道一种介导自身 DNA 甲基化的 miRNA（miR1873），发现一种导致靶基因 DNA 甲基化的 miRNA（miR820.2）；首次报道了单细胞植物中的 siRNA，并进行系统研究。课题实施至今，在 *Cell* 杂志上发表论文 1 篇，在 *The Plant Cell* 等杂志上发表高水平论文 6 篇。

(6) 果蝇成体干细胞调控小生境的阐释。北京生命科学研究所承担的“果蝇成体干细胞调控机制的研究”课题，对果蝇生殖干细胞的衰老机制以及肠上皮干细胞的维持等进行深入研究，发现果蝇生殖干细胞衰老的重要机制是小生境的变化；肌肉层构成果蝇肠上皮干细胞的小生境，Wnt 信号是肠上皮干细胞自我更新的重要机制，JAK-STAT 通路与 Wg 信号协同调控肠上皮干细胞的自我更新。相关工作发表在 *Nature* 等刊物上。

（7）水稻高产基因发掘与鉴定和高产新种质创制设计。中国科学院上海生命科学研究院通过筛选突变体库，得到一个影响水稻灌浆和千粒重的突变体（*gif*1）。该突变体的灌浆在3～15d时明显受到抑制。通过图位克隆和互补试验表明，*GIF*1编码一个细胞壁蔗糖转化酶（OsCIN2），*GIF*1是控制水稻蔗糖运输卸载、最终影响灌浆的关键基因。检测一系列栽培稻和野生稻*GIF*1基因启动子区域的DNA多态性，发现*GIF*1基因区域有明显受驯化的痕迹。为了更好地研究*GIF*1基因的功能和应用前景，把栽培稻*GIF*1基因利用其自身的启动子启动并转化到TP309中，转基因植株能够显著促进籽粒灌浆和千粒重，首次证明了一个驯化的作物基因通过一定的基因表达调控，仍然可以提高作物的经济性状。这为水稻高产分子设计育种提供了一种新的选择。该论文已经发表于*Nature Genetics*。

2. 研制成功一批试剂盒，发现了一批具有药理学活性的物质

（1）研制成功了聋病易感基因检测试剂盒。中国人民解放军总医院在聋病遗传资源的收集保存、基因鉴定和防治方面取得了很好的进展，建立了国内首个规模最大、临床资料最齐全的中国聋病遗传资源库，遍及全国20多个省（自治区、直辖市），包括各种耳聋家系及病例8990例。其在国内率先启动了新生儿聋病易感基因筛查项目，开发了临床听力学信息化平台数据库系统软件（MCCA301-Version1.0），成功定位第一个X连锁隐性遗传听神经病*AUNX*1基因座和常染色体显性遗传*DFNC*1、*DFNA*55、*DFNA*56等一批新遗传性耳聋基因座，命名了Y染色体*DFNC*1新基因座，首次在国际上阐明了导致耳聋发生的新分子遗传学机制。

（2）植物抗病杀菌蛋白Hcm1已经进行大面积示范应用，并申报农药登记。南京农业大学分离和发掘到水稻黄单胞菌激发水稻产生抗（感）性的功能基因23个和水稻中对应功能基因3个，表达激发水稻产生抗病性的功能蛋白2个、分子组合药物学设计植物抗病免疫和杀菌功能蛋白质药物1个，建立植物抗病免疫和杀菌功能蛋白应用技术体系1套，获得国家发明专利1项，申报国家发明专利2项，发表SCI论文9篇、中国核心期刊论文7篇。Hcm1相关技术已获5项国家发明专利保护。植物抗病蛋白研发的生物农药产品和转基因作物品系显示了具有广泛的应用前景，并将产生巨大的经济、生态和社会效益。

（3）基因工程多杀菌素的研究取得良

好进展。湖南师范大学在已获得多杀菌素基因簇、*cry*1 基因和 *tc* 基因的基础上，利用 Red/ET 同源重组技术完成了对含多杀菌素基因簇质粒 pSpnBAC 的改造与修饰，获得含有多杀菌素完整基因簇的 pBAC-Spn-Tps-BSD-neo 重组质粒，并在土壤黏菌（*Myxococcus xanthus*）、苏云金芽孢杆菌、荧光假单孢菌（*Pseudomonas fluorescence*）、天蓝链霉菌（*Streptomyces coelicolor*）和变铅青霉菌（*Streptomyces lividans*）中进行异源表达。同时构建了一套多杀菌素分段表达系统，将其整合到异源放线菌中进行诱导表达；对多杀菌素合成调控 *S*-腺苷甲硫氨酸基因（SAM）及刺糖多孢菌生长代谢重要基因 *ssgA* 分别进行了克隆表达；完成了多杀菌素组分鼠李糖基因（*gtt*、*epi*、*gdh*、*kre*）的克隆；利用双向电泳技术及质谱鉴定，研究多杀菌素胃毒作用方面的机理并寻找其受体蛋白；对多杀菌素菌株进行原生质体优化和紫外、60Cor 辐射诱变，并对多杀菌素的制备工艺进行改良，建立了 HPLC（high performance liquid chrom atography）分离纯化与检测技术和高通量筛选方法，筛选的多杀菌素菌株现已进入中试发酵研究和扩大性试生产发酵试验，发酵液效价超过原计划指标。获得了高产多杀菌素乙基多杀菌素、正丁基多杀菌素菌株 8 株（发明专利菌株保藏号：CCTCCM 208218、208219、208220、208221、208222、208223、208224、208225）。中试多杀菌素制剂经农业部农药检定所生测点检测，发酵液效价可达 18 000～20 300IU/mg。制成的 38% 多杀菌粉可湿性粉剂，药剂浓度为 0.38mg/L，在 24h 和 48h 对棉铃虫（3 龄幼虫）的致死率分别高达 70% 和 83.3%，对小菜蛾（2 龄幼虫）的致死率分别高达 83% 和 87%，对甜菜夜蛾（4 龄幼虫）的致死率分别高达 66.67% 和 80%。对照药品毒死蜱以 40mg/L 浓度在 48h 内，对甜菜夜蛾的致死率为 57.5%；以 40mg/L 浓度，对小菜蛾致死率为 62.5%；以 800mg/L 浓度，对棉铃虫的致死率为 62.5%，表明多杀菌素比毒死蜱的效价更高，对害虫的毒杀效果更加的显著。试制的多杀菌素制剂已由长沙市植物保护工作站在大田示范试验应用，并在申请国家新农药效果试验，同时与衡阳莱德生化药业有限公司和隆平高科亚华种业股份有限公司生物药厂合作签订协议，进行开发生产。

（4）辣椒疫霉菌分子检测试剂盒及快速诊断技术可以显著降低化学农药的使用次数和剂量。山东农业大学的研究人员解读了辣椒疫霉菌的 PG、PME 和 PEL 三个基因簇大小、组成及亚组划分，分别构建了各基因簇成员间的进化关系。共分离鉴定了 29 个细胞壁降解酶基因，界定了每个

基因簇成员中的1~2个靶标基因。并阐释了靶标基因的致病分子机制。申报了3个重要靶标基因发明专利，均已获得专利受理号。他们创制了辣椒疫霉菌分子检测试剂盒及快速诊断技术，2007年在山东、辽宁、安徽、湖南等省进行了定点示范应用，表明该技术能对辣椒疫霉菌消长动态进行定性、定量检测，准确预测疫情发生发展趋势，指导菜农适时采取防控措施，减少2~3次的化学药剂防治次数，用药量平均减少1.5~2kg/亩（1亩≈667m^2），药剂防治资金投入平均减少30元/亩，病害发生率由原来的25%~30%降至8%~10%，累计平均增值为300元/亩。2008年在四个省共推广144万亩，直接经济效益为1.08亿元/省，累计创造经济效益为4.32亿元。

（5）重组人内皮抑素在Ⅱ期临床研究中表现出较理想的疗效。江苏吴中实业股份有限公司通过研究人内皮抑素基因进行结构和片段作用机理、N端加His和多聚Arg与不加的内源性内皮抑素比较作用机理，对不同的临床适应证进行了动物模型的探索研究，并通过比较PEG-PE和DOPS包裹的内皮抑素胶束的作用途径和作用效果，对不同化疗药物的联合使用及不同表达方法的联合使用进行了探索研究。他们研制的重组人内皮抑素不同于美国的类似产品，也不同于国内已经上市的恩度。目前该药已经完成Ⅰ期和Ⅱ期临床研究，针对非小细胞肺癌，该药表现出了较理想的治疗效果和安全性。

（6）发现一些抗菌肽分子具有显著的抗菌/抗病毒效果。中国科学院昆明动物研究所研究人员通过对臭蛙、棕点湍蛙、滇蛙、黑带蛙、大树蛙5种两栖类动物皮肤分泌物进行非损伤性提取和分离纯化，得到了32种抗菌肽纯品，对它们的氨基酸序列进行测定。并全面检测了它们的抗菌（大肠杆菌、金黄色葡萄球菌、白色念球菌、枯草芽孢杆菌、绿脓杆菌等120株标准菌株和耐药菌株）活性和抗病毒（HIV病毒）活性，采用国际通用实验方法对样品的体外抑制HIV-1重组蛋白酶活性进行检测，筛选出1种对HIV-1重组蛋白酶有抑制活性的抗菌肽，EC50为16.40μg/mL。通过测定这32种抗菌肽的最小抑菌浓度（MIC），表明它们的MIC普遍介于75~0.65μg/mL之间，对120种细菌（标准菌株和耐药菌株）的作用呈现出分子多样性及功能多样性。研究结果表明一些抗菌肽分子具有显著的抗菌/抗病毒效果，该研究为进一步发掘适合于药物开发的抗菌肽先导分子奠定了良好的基础。

（7）新一代埃博霉素BGB44研究开发取得明显进展。北京华昊中天生物技

术有限公司研发的新一代埃博霉素BGB44是具有自主知识产权（已获得物质专利的授权）的抗肿瘤新药，具有结构单一明确、靶标和机制明确、由黏细菌发酵生产、来源丰富、绿色环保、成本低廉、安全高效、抗耐药性强和可产业化等优异性能。

3. 建立和完善了一批技术平台

（1）构建的多糖结构与构象研究技术平台为多糖药物研发提供了重要技术手段。中国科学院上海药物研究所建立了4种针对各种多糖和蛋白聚糖结构和多糖链构象分析的新方法和新技术：①建立了示差扫描微量热法确定多糖链构象转变的新技术；②建立了圆二色谱、动态光散射研究多糖分子作用的新方法；③建立了流变、变温红外、新技术研究多糖链构象；④建立运用链构象溶液理论和分子模型技术研究高支化多糖链构象的新方法。运用这些方法分析了有抗肿瘤血管生成活性多糖肝素的构象以10多种多糖的结构与构象。

利用该技术平台，研究人员发现4种（WSS25、WSS45、AS25、AS45）具有明显抗肿瘤活性的多糖先导化合物，其中多糖WSS25已被确定为抗肝癌候选药物研究，获得国家“重大新药创制”重大科技专项的支持，进一步研究其抗肝癌活性。

（2）建立了基于新型荧光探针的单核苷酸多态性（SNP）分析技术平台，为SNP研究提供了新手段。中国科学院化学研究所建立了基于新型荧光探针的单核苷酸多态性（SNP）分析技术平台，为SNP研究提供了新手段。该课题组利用新型荧光探针——共轭聚合物的荧光信号放大效应，通过荧光共振能量转移手段实现了高灵敏度基因SNP检测。相比于荧光有机小分子，利用发光共轭共轭聚合物的荧光信号放大效应能够使检测灵敏度成倍提高。该技术具有创新性，具有自己的知识产权，有较好的市场前景。

（3）miRNA检测技术的建立促进了国内外相关研究的发展。军事医学科学院首次建立了miRNA靶基因反向筛选技术，采用RNAi技术抑制miRNA加工过程中重要的核酸酶——Drosha，筛选获得Drosha表达下调的肝癌细胞株，通过基因芯片在全基因组范围分析由于Drosha表达抑制引起miRNA表达水平下降所导致的差异表达的mRNA，获得了一系列受miRNA调控的候选靶mRNA基因。这为非编码RNA以及RNA组学研究提供重要研究经验。他们建立的miRNA检测方法为国内外几十家单位提供了技术支持。

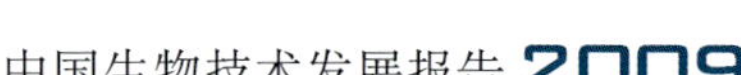

（4）蛋白质定位修饰与区域结构分析技术平台的建立，为开展蛋白质区域研究提供了新方法。中国科学院化学研究所通过研究分析一些重要蛋白质分子的区域结构，合成得到了一些重要的荧光分子，发展出几种对微区环境变化敏感的新型探针分子，在研究蛋白质微区结构变化方面取得了重要进展。他们发展出3种蛋白质与多肽的定位标记技术，可分别用于蛋白质与多肽中色氨酸、精氨酸和半胱氨酸残基的高选择性标记。通过有关研究，他们首次测定出肌酸激酶活性位点区域的介电常数约为44，并再次以新证据验证了我国科学家提出的酶的活性部位柔性学说。

（5）核糖体展示—抗原芯片耦联技术可以大大提高抗体筛选效率。中国医药集团总公司四川抗菌素工业研究所发明的核糖体展示—抗原芯片耦联技术属于国际首创，已经可以实现同时筛选20种抗体，未来有望可以实现数百乃至上千种抗体的同时筛选，可大大提高抗体筛选的工作效率，对我国抗体药物的发展意义十分重大。该技术未见国内外报道，可望为蛋白质、抗体的高通量筛选和进化提供一个有效的途径。

（6）建立了世界上第二大的黏细菌资源菌库，并在埃博霉素的筛选和发酵中发挥了重要作用。山东大学发展和显著简化了黏细菌分离培养技术，在此基础上建立我国最大的黏细菌资源菌库，在国际上仅次于德国的国家菌种保藏中心。这为黏细菌研究和应用奠定了厚实的基础，并为国内和国际黏细菌合作研究提供丰富的材料和技术平台。他们通过大量的筛选，在国际上首次发现能够核外自主复制的质粒，并以此成功构建大肠杆菌-黏球菌的穿梭质粒。黏细菌自有质粒的发现对黏细菌的遗传学研究具有重要的价值，获得国际同行的高度评价。论文提前在线发表的两个月内，该质粒及穿梭质粒已被国际上30多个黏细菌研究室索取。利用此资源库，通过合成酶基因工程改造，他们获得多种不同的埃博霉素结构基因的突变株，埃博霉素的发酵产量高达324mg/L，是目前国际上报道的最高水平。他们还发现了具有完全自主知识产权的埃博霉素苷类新化合物及新菌株。埃博霉素类化合物及其相关高效培养和遗传改造技术已经引起国内外相关领域学者和公司关注，发酵合成相关技术已经和国内外公司达成共同开发协议或技术转让。

4. 发展趋势

基因操作和蛋白质工程作为医药生物技术的重要组成部分，是21世纪新科技竞

争的核心技术之一。许多发达国家及著名生物医药公司都纷纷制订计划或投入大量资金进行研发，抢占生命科学领域竞争制高点。基因操作技术是基因资源利用的关键技术，蛋白质工程是高效利用基因产物的重要途径。对重要基因及蛋白质功能的深入研究竞争日益激烈。

要充分发挥我国遗传资源丰富的特点，侧重于与人类重要生理功能或重大疾病相关的基因的发掘与鉴定、重要微生物基因的鉴定与功能研究；侧重于主要作物的高产、抗虫、抗病、抗逆等优良性状相关基因的克隆鉴定等方面，科学开发利用，在作物品质改造以及分子育种等工作中争取获得更大的突破。

第三章 农业生物技术

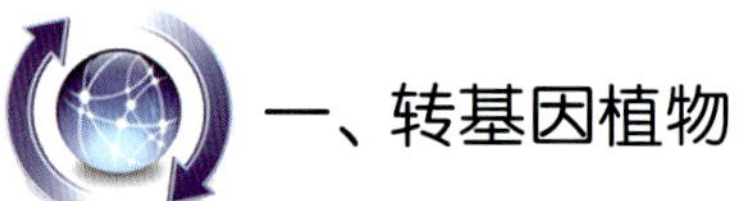

一、转基因植物

转基因技术是将人工分离和修饰过的基因导入到生物体基因组中，通过导入基因的表达，引起生物体的性状发生可遗传的变异。该技术可实现跨物种间基因的定向改造和转移，扩大了基因的利用范围，将为解决未来粮食安全问题提供最具潜力的技术途径。实践表明，转基因技术在作物抗病虫、抗逆性、品质和产量改良提高等方面的明显优势，已成为现代作物育种技术的核心。转基因技术应用以来发展迅速，并带来巨大的经济和社会价值，成为国际农业高技术竞争的焦点。我国政府一直高度重视农业转基因技术的发展。在国家相关科技计划的支持下，我国植物转基因研发与产业化得到持续发展，在基因转化体系构建、转基因植物新品种（系）培育和新材料创制、转基因棉花新品种推广和产业化等方面取得了显著进展。

（一）2009 年国际植物转基因发展现状

自 1996 年转基因作物进入商业化生产以来，全球转基因作物种植面积都以年增 10% 以上的速度迅猛发展。据农业生物技术应用服务国际组织（ISAAA）统计，2009 年全球已有 25 个国家种植转基因作物（全球一半以上人口生活在这 25 个国家中），转基因作物种植面积从 1996 年的 2550 万亩增至 2009 年的 20.1 亿亩，14 年间增幅高达 80 倍。2009 年全球 4 大转基因作物的种植面积分别为，转基因大豆 10.4 亿亩，占大豆种植总面积的 77%；转基因棉花 2.42 亿亩，占棉花总面积的 49%；转基因玉米 6.26 亿亩，占玉米总面积的 26%；转基因油菜 9600 万亩，占油菜总面积的 21%。目前，全球转基因作物市场主

要由美国的孟山都、杜邦，德国的安万特、巴斯夫和瑞士先正达等跨国公司控制，根据ETC Group的报告，孟山都、杜邦、先正达三大种子公司控制全球种子市场份额的47%，转基因产品的市场竞争正在深刻改变着全球农产品贸易格局。

随着研发的不断深入，转基因作物产品正向多样化发展，新型抗除草剂、抗虫，以及两种或两种以上的抗性基因叠加，或抗虫/抗除草剂复合性状等转基因产品的应用明显增加。同时，研发的重点也逐渐从抗虫、抗病、抗除草剂，转向产量性状和非生物逆境（如耐旱、寒、盐碱等），以及品质和营养改良等新型转基因产品的开发。据了解，孟山都公司的新型大豆SDA omega-3以及耐旱转基因玉米和大豆也将在3～5年内陆续进入商业化种植。

（二）我国植物转基因研发与产业化进展

1. 关键技术突破

我国建立了水稻高效规模化的转基因技术体系，形成年转化5000个基因的技术能力，并已经对上千个基因进行了转化和功能分析，构建了面向全国开放共享平台。在转基因新技术新方法研究方面，建立并完善了无选择标记、选择标记基因删除、多基因共转化等核心技术。例如，华南农业大学研发的水稻多基因转化系统（Multi-gene-Stacking II）可以将5～8个基因插入同一个载体进行转化，该系统已获得发明专利，我国拥有独立的知识产权。

2. 转基因水稻新品种培育

我国转基因水稻研究涉及抗病、抗虫、抗逆、品质、养分高效利用和高产等，培育了一大批转基因水稻新品系，其中，抗虫转基因水稻获得“安全生产应用证书”，抗病、抗除草剂、功能型转基因水稻进入生产性试验。

我国在抗虫转基因水稻研究方面起步较早，部分研究成果处于国际先进水平。水稻鳞翅目害虫如二化螟、三化螟和稻纵卷叶螟等是我国水稻生产中的主要害虫，由于在水稻中尚未发现有效的抗虫基因，常规育种很难奏效。目前，施用杀虫剂是控制虫害的主要途径，全国每年的防治费用高达135亿元以上。以华中农业大学为主的研究团队，研制的抗虫转基因水稻“华恢1号”和“Bt汕优63”高抗多种虫害，在整个水稻种植季节中可以基本不打农药，而且较非抗虫水稻增产6%～12%，2009年获得“生产应用安全证书”。中国科学院遗传与发育研究所利用修饰豌豆胰蛋白酶抑制剂基因*SCK*，研制出的抗虫水

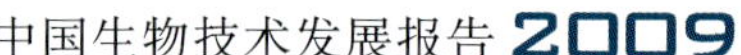

稻经过多年的田间试验表明，该品系及其配制的杂交稻组合Ⅱ优科丰6号等对二化螟、三化螟和稻纵卷叶螟等鳞翅目害虫的抗虫效率不低于95%，并表现出明显的增产效果。2008～2009年度有8项抗虫转基因水稻获准进行生产性试验。

水稻抗病转基因研究重点针对水稻稻瘟病、条纹叶枯病、纹枯病和白叶枯病等主要病害。最近几年，我国科学家先后从水稻中克隆了10个抗稻瘟病主效基因（*Pib*、*Pi5*、*Pikm*、*Pita*、*Pi2*、*Pizt*、*Pi9*、*Pid2*、*Pi36*、*Pi37*），将广谱抗稻瘟病*Pi9*基因转入水稻，获得稳定遗传高抗稻瘟病的转基因水稻，为培育抗病水稻新品种提供了新的有效途径，受到广泛关注。抗白叶枯病转基因育种利用较多的是来自野生稻的主效抗病基因*Xa21*，该基因高抗生理小种P1-P9，通过转化*Xa21*基因，已经获得一批抗病转基因新品系，其中有的已经进入生产性试验。最近，发现来自野生稻的主效抗病基因*Xa23*和*Xa27*具有更广谱的抗性，可能是未来培育高抗白叶枯病的重要候选基因。此外，利用条纹叶枯病抗性基因*qSTV-11b*（*Stvb-i*）的候选基因获得了抗病性明显提高的转基因水稻（未发表资料）；利用哈茨木霉P1菌株的内切几丁质酶基因*En*获得了明显抗水稻纹枯病转基因植株。

近年来，我国新型转基因水稻的研发也取得可喜的进展，鉴定出一批有重要育种利用价值的新基因，特别是在抗逆、品质改良和产量相关性状基因鉴定方面取得重大进展，相继在*Nature Genetics*、*PNAS*等国际顶级学术刊物上发表数篇有重要价值的科学论文，引起了国际上的广泛关注。例如，鉴定出抗旱、耐盐相关的转录因子SNAC1、OsSKIPa等，在干旱胁迫条件下转基因水稻的抗旱、耐盐能力比对照显著提高；鉴定出控制水稻粒重的数量性状基因*GW2*，同时控制水稻的株高、抽穗期和穗粒数的主效基因*Ghd7*，控制穗形态基因*DEP1*和籽粒灌浆充实度基因*GIF1*等一批控制水稻产量的重要功能基因，这些基因的发现对改良水稻和其他禾谷作物的产量性状具有非常重要的利用价值。在改良水稻稻米品质转基因研究方面，转高赖氨酸基因（*DHPS*、*AK*、*LKR-RNAi*）水稻已进入环境释放阶段；转*HAS*基因的功能性水稻已进入生产性试验阶段。新型功能型转基因水稻，如适合肾脏病人食用的低谷蛋白水稻、适合糖尿病患者食用的高含量抗性淀粉水稻、适合缺铁性贫血病人食用的富含生物有效铁的水稻、适合高血压病人食用的富含γ氨基丁酸水稻等已进入中间实验阶段。

3. 转基因玉米新品种培育

我国的转基因玉米研究明显加快。2009年，我国自主研发的转植酸酶基因玉米通过了国家转基因生物安全管理委员会的安全性评价，获得农业部颁发的转基因生物生产应用的安全证书，成为我国第一例获得生产应用许可的转基因玉米。该安全证书的获得对我国转基因玉米育种有重要的里程碑意义。该项研究是从曲霉属的一种真菌中分离出了能产生植酸酶的基因，并把它插入玉米基因组中。玉米中总磷的50%～80%以植酸形式存在，但这种形式的磷不能被猪等单胃动物消化利用。转植酸酶基因玉米中的植酸酶可以降解饲料中含量丰富的植酸，不但释放出有利于动物生长发育的无机磷，每年还可减少饲料中磷酸氢钙的添加量80万～120万t，减少动物粪、尿中磷排泄的30%～40%，减轻环境污染。目前该转基因品种已经进入了生产前的大田试验和新品种鉴定阶段。

除转植酸酶基因玉米外，2009年我国还获得了新的抗虫、抗除草剂基因专利(200910082840.6)。培育的部分优良抗虫、抗除草剂、耐旱、营养高效利用转基因玉米已被国家转基因生物安全管理办公室批准进入中间试验或环境释放阶段。

4. 我国转基因棉花研究和产业化取得长足发展

我国自20世纪90年代启动抗虫转基因棉花的战略研究以来，就已经开创了生物技术在农业产业化应用上的一个全新时代，尤其是转基因技术在棉花生产上的应用，使我国不光在这一高新技术领域的研究居于世界前列，而且在产业化应用上也得以反超美国，夺回被美国抢占的市场，为国家创造了巨大的经济、社会和环境效益。

我国转基因棉花的研究和产业化经过将近20年的发展，不仅积累了丰富的基因和种质资源，而且摸索出一条成功的转基因作物产业化路子，2009年我国转基因棉花的研究和产业化进展主要体现在以下几个方面。

(1) 国产抗虫棉产业化成绩斐然。2009年全年共有52个转基因抗虫棉材料通过了农业部的转基因作物安全性评价，累计达到612个；全年共有23个转基因抗虫棉材料通过了国家品种审定，累计达到109个；全年共有超过30个转基因抗虫棉材料通过了各省的品种审定，累计超过190个。2009年的最新统计结果表明，国产转基因抗虫棉10年累计推广3.15亿亩，市场占有率超过93%，产生直接经济效益约490

多亿元，棉农增收250多亿元，每年减少使用化学农药1万~1.5万t，相当于我国化学杀虫剂年生产总量的7.5%左右；棉农的劳动强度和防治成本显著下降，棉农中毒事件降低了70%~80%，棉田生态环境得到明显改善。中国农业科学院植物保护研究所在我国的转基因抗虫棉获得商业化应用后，对其进行了10年的跟踪研究，发现转基因抗虫棉的大规模商业化种植破坏了棉铃虫在华北地区季节性多寄主转换的食物链，压缩了棉铃虫的生态位，不仅有效控制了棉铃虫对棉花的危害，而且高度抑制了棉铃虫在玉米、大豆、花生和蔬菜等其他作物田的发生与危害，其结果发表在美国权威杂志 *Science* 上并被选为封面，引起了全世界对中国转基因抗虫棉应用成果的高度重视。

（2）三系抗虫棉产业化进展迅速。2005年我国成功建立了转基因抗虫三系杂交棉分子育种技术体系。利用该体系培育的三系抗虫棉品种比常规抗虫棉品种增产25%以上，而其制种成本比人工去雄杂交制种减少约50%，制种产量比后者增加约20%，因此，三系抗虫棉是棉花育种和生产发展的必然趋势，也是我国在棉花种植面积下滑的情况下，仍能保证总产基本稳定的重要战略手段。“良种杂交化，杂交三系化”是我国棉花生产再上新台阶的重要途径。快速推进三系抗虫棉的育种和大规模产业化，对于提高我国土地资源利用率、降低人工投入、增加棉花产量以及促进棉花产业稳步发展具有重要的意义。在各相关部门的支持和配合下，截止2009年已育成4个通过国家审定的三系抗虫棉新品种，通过国内有关单位的共同努力，累计推广面积超过350万亩，增产3500万kg，产生经济效益17.5亿元，使我国在三系杂交棉的大面积产业化上走在了世界前列。中国农业科学院生物技术研究所2009年在河北廊坊召开了转基因抗虫三系杂交棉成果展示会，向全国六十多家棉花育种单位免费发放了转基因抗虫三系杂交棉的相关材料，以加速三系杂交棉育种技术的推广和应用，大幅增加棉花产量，减少制种成本，缓解棉粮争地的矛盾。

（3）新型转基因棉花蓄势待发。国产转基因抗虫棉的成功产业化，推动了对新功能基因的研究和新种质资源的储备。转 *Bt + CpTI* 双价抗虫基因棉已经获得市场的认可和广泛应用，各种不同农艺生理特点的双价抗虫棉获得了品种审定和推广，如石杂101、豫宝杂9号、中棉所66等，结果表明抗虫性良好；新型抗虫基因苋菜凝集素基因 *AC*、融合抗虫基因 *Bt + CpTI*、双价抗虫基因 *Bt + Sck* 和三价抗虫基因 *Bt + CpTI + SGNA* 也在进行抗虫性和遗传特性研

究并取得了良好的进展；对抗棉花黄萎病基因 *GO*、*Chi-e/G1u-e* 的抗性和耐受性研究也在顺利进行，抗棉花黄萎病 *BS*2 基因不仅抗性显著，而且已经获得了国家发明专利；此外，还在尝试采用转基因技术将雄性不育基因 *BN* 导入棉花创建新的棉花雄性不育系，为创建新的棉花种质资源提供条件。

国产转基因抗虫棉的产业化发展得到了国家的高度重视和大力支持，中国政府 2008 年启动了转基因生物新品种培育重大专项。项目从转基因棉花新品种培育、功能基因克隆验证与规模化、转基因操作技术、转基因生物安全技术、转基因生物新品种推广及产业化和条件能力建设 5 大领域对转基因棉花的发展提供了专项支持，此后 2009 年又启动了一批转基因生物新品种培育重大专项课题。预计在中国政府的高度重视和大力支持下，在广大科研单位和科研工作者的共同努力下，中国的转基因抗虫棉将取得更大的发展，为中国带来更多的社会效益、经济效益和环境效益。

2009 年我国在转基因棉花的研究和产业化领域取得了长足的发展，产生的经济、社会和环境效益进一步扩大，同时进一步确保了我国在该领域的国际领先地位，为我国今后转基因棉花的战略发展打下了坚实的基础。

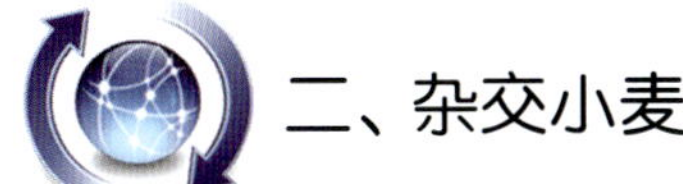

二、杂交小麦

杂种优势利用已在玉米、水稻、油菜等作物被证实是进一步提高作物单产的重要途径。小麦是唯一未大规模实现杂种优势利用的主要粮食作物。小麦与水稻一样，均属小花器自花授粉作物，其杂种优势利用，目前只能通过利用雄性不育系（包括遗传和化学杀雄）的途径，主要有化学杀雄法、三系法和二系法 3 种杂交小麦种子生产技术。实践证明，由于化杀法和三系法存在一系列难以克服的技术与环境问题，世界上主要研发大国或跨国公司已陆续终止了这两种方法的研究与应用。基于温光敏核不育系的二系法是我国首创的小麦杂种优势利用新途径，具有完全自主知识产权。近年来取得一系列重大进展，2000 年以来，先后培育出绵阳 32 号、云杂 3 号、京麦 6 号、云杂 5 号、云杂 6 号、绵杂麦 168 等 6 个杂交小麦品种。温光型二系法已成为我国乃至国际上小麦杂种优势利用的主要途径。

（一）关键技术突破

随着近年来我国首创的二系法杂交小麦应用技术体系的飞速发展，我国杂交小

麦的整体研究与应用水平已居国际领先地位。主要取得了以下几方面的重大进展。

1. 育成了一批具有完全自主知识产权的温光型新不育系

（1）绵阳市农业科学研究所通过导入温光型不育基因，结合常规抗病育种技术育成的高抗条锈病不育系 MTS-1，有效地解决了小麦温光型不育系育性稳定、抗性和品质等问题。

（2）云南省农业科学院利用重庆 C49S-87 为温光型不育基因供体，育成育性稳定性和适应性更好，异交结实率更高，综合性状优良的温光型新不育系 K78S。

（3）北京市杂交小麦工程技术中心育成温光型不育系 BS20、BS366 等。

（4）河南科技学院育成小麦雄性不育育性转换系 BNS。

这些温光型雄性核不育系等核心亲本的育成，为强优势杂交小麦组合筛选奠定了基础。

2. 利用生态远缘、冬春杂交育成温光型两系恢复系 MR168

在温光型两系杂交小麦强优势组合筛选中，恢复系的筛选将对杂种优势产生至关重要的作用。绵阳市农业科学研究所利用不同生态区冬、春小麦地理远缘杂交，育成适应西南冬麦区生态条件的温光型两系恢复系 MR168，较好地解决了温光型两系杂交小麦杂种优势、抗性、制种技术等问题。该恢复系主要特点是早熟、株高适中、花药较大且外露率高，后期落黄好，灌浆速度快，高抗条锈病和白粉病。MR168 所配组合对早春低温具有较强的抵抗力，不同年份间其杂种一代结实正常，丰产性好，适应性广，抗病力强。

3. 两系杂交小麦制种技术取得较大进展

杂交小麦要大面积应用，除了选育强优势组合外，还需要研究配套的制种技术和栽培技术。由于小麦是严格的自花授粉作物，播种量大，繁殖系数相对较低。因此，建立完善的高产、高效、高质量杂交种子生产技术，是杂交小麦应用于生产的关键问题之一。

绵阳市农业科学研究所经过多年研究和生产实践，结合绵杂麦 168 的父、母本特征特性，在制种区域、父母本种植比例、播种量、播种期、人工辅助授粉等关键技术上取得了重要进展，初步建立了较完整的两系杂交小麦制种技术体系。自 2007 年以来，在四川已累计制种 3000 余亩，平均亩产可达 180kg 以上。2009 年 4 月 25 日，四川省农业厅组织国内同行专家，在广汉

市对120亩绵杂麦168制种田进行了考察和现场测产验收。田间考察表明，绵杂麦168制种田父、母本长势良好，高抗条锈病，花期相遇较好，结实率较高，后期灌浆快，成熟早。测产验收结果，制种田亩产达到259kg，实现了两系杂交小麦制种产量的重大突破。

（二）研究内容概述

1. 优良亲本的创制

利用生物技术与常规育种技术相结合，将已有的温光型不育基因导入综合农艺性状优良亲本材料中，通过回交育种、聚合育种和穿梭育种，育成育性更加稳定、适应性更加广泛、抗性突出、综合农艺性状优良的新不育系。另一方面，利用生态远缘、冬春杂交、野生近缘种、人工合成六倍体小麦等遗传多样性更加丰富的亲本材料，育成具有更强杂种优势的温光型不育恢复系。

2. 强优势杂交种的创制

研究各类优异亲本材料的遗传多样性、亲缘关系和遗传距离，利用小麦生态远缘、冬春杂交和遗传远缘等模式，配制强优势杂交小麦新组合。对配制的杂交组合采取多生态区的联合杂种优势分析，培育出高产、优质、多抗强优势杂交种。

3. 规模化高效制种技术体系研究

（1）高效制种关键技术研究。根据不育系的育性转换规律，通过分期播种试验，结合历史气象指标、耕作制度等，确定安全制种区域；重点研究如何利用与整合父母本适宜的播期、行比、去杂保纯、良好的花期相遇及辅助授粉等技术，提高温光型不育系小麦异交结实率和制种纯度，实现制种产量和质量的提高。

（2）亲本繁育技术研究。明确适宜不育系繁殖的生态麦区，建立相应的配套管理技术用于不育系的繁殖。重点解决不育系繁育过程中育性漂移、株间异交混杂等问题，制定不育系的提纯复壮和原种生产规程。恢复系繁育通过选择优株繁育原原种，再由原原种繁育原种。通过低温储存，分批繁育，一次繁育多年使用的技术路线，减少品种退化，实现恢复系繁育质量与产量的有机统一。

4. 精量播种高产优质配套栽培技术研究

在我国小麦生产中，农户已习惯于常规小麦较大播种量的种植模式。大播种量种植显著降低了杂交小麦的繁殖系数，大大增加了生产成本，不利于杂种优势的发

挥。绵阳市农业科学研究所对绵杂麦 168 进行了播期、播种量、施氮量及追肥时期等因素回归正交旋转组合试验，筛选出了一套亩产 450kg 以上的精量播种高产优质栽培技术方案，并制定了相应的规范化技术规程。

（三）重要研究成果

自第一个通过国家审定的温光型两系杂交小麦绵阳 32 号后，已有 6 个温光型两系杂交小麦品种通过国家和省级审定。其中，绵杂麦 168、云杂 6 号、京麦 6 号等品种表现较为突出。

1. 绵杂麦 168

绵杂麦 168 是 2007 年通过国家和四川省审定的杂交小麦新品种。该品种是第一个在国家区试和生产试验中平均亩产均超过 400 kg 的优良新品种，是第一个在四川省区试中增产 15% 以上的杂交小麦新品种，是第一个各项指标均达到优质中筋小麦品种类型标准的杂交小麦新品种。该品种高抗条锈病和白粉病，对低温冷害抵抗力强，后期灌浆速度快，落黄好，成熟早，能有效减轻高温天气对籽粒灌浆的影响。

2008 年以来，绵杂麦 168 在四川、湖北、重庆、云南、河南、甘肃等省（直辖市）进行高产示范和大面积生产示范，累计示范种植面积 10 000 余亩。各地普遍反映绵杂麦 168 长势壮，分蘖力强，上林成穗率高，植株整齐，穗大粒多，熟相好，抗病力强，适应性广泛，丰产性突出，增产效果明显。2008 年 5 月 12 日，四川省农业厅邀请以农业部小麦首席专家肖世和博士为组长的国内同行专家组，对什邡市师古镇 20 亩绵杂麦 168 高产示范片进行了现场测产验收，亩产达到 571kg，刷新了四川盆地小麦单产新纪录。

2. 云杂 6 号

弱春性，分蘖力较强，前期发育慢，灌浆中后期穗、叶仍维持绿色，成熟前 5～7 天迅速转色落黄，茎、穗、叶金黄色；顶芒、白壳、白粒、角质；全生育期 150～179 天；抗条锈病，中抗白粉病；粗蛋白含量 12%～14%，湿面筋含量 28%～32%，面筋指数 65%～75%，为中筋型品种。生产示范中的产量水平为 350～650kg/亩，在不同地区每亩可增产小麦 60～150kg，适于海拔 1200～2000m 的田麦和烟后地麦区种植；在海拔不足 50m 的越南南定省试种，比当地品种和 CIMMYT 品种增产 20%～25%。此外，由于该品种为短顶芒，农民称为“光头麦”，

在无鸟害或鸟害轻的地区，很受农民偏爱。

（四）产业化进展及国内外比较

尽管我国在作物杂种优势利用领域研究取得了一系列成果，但是我国在种子产业化过程中存在种子生产专业化程度偏低，规模偏小，种子加工、检验技术落后等问题。产业化过程中知识产权不清晰，种子企业缺乏规范化、标准化的杂交种生产技术规程等，已成为杂种优势大规模利用的瓶颈。小麦杂交种生产同玉米、水稻等作物相比，尚处于起步阶段，劣势更为明显，众多技术瓶颈更急待解决。欧美等发达国家在种子生产方面具有较长的历史、技术比较先进，主要体现在如下方面。①在亲本繁育方面一般采用四级种子程序，我国还是采用前苏联的提纯复壮法；②制种规模比较大，都是现代化的大农场，而我国是千家万户制种模式，规模小而分散，组织困难；③种子生产技术先进，机械化程度比较高，收获、烘干、加工一条龙作业，而我国技术落后，机械化程度低，收获后一般靠自然晾晒，受自然因素影响大；④隔离区划分比较合理，隔离技术先进，采用父本保护行技术，而我国采用的是空间隔离，成本高，土地浪费，并且很难落实到位。

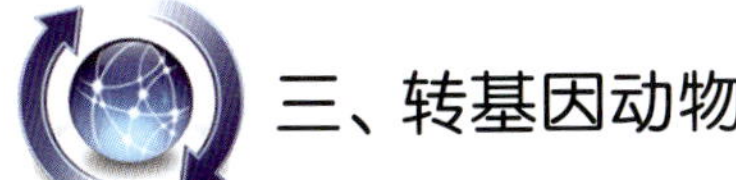

三、转基因动物

在“转基因生物新品种培育重大专项”等项目支持下，2009年我国转基因动物研究蓬勃发展、成果斐然，培育出一批具有重大应用前景的转基因动物，研究水平已经达到了国际先进水平。

（一）克隆并鉴定了一批可用于转基因动物开发的功能基因

功能基因是转基因动物研究的基础，没有自主研发的功能基因就没有自主知识产权的转基因动物，也就没有自主转基因动物产业。2009年，我国科研人员在动物功能基因克隆和鉴定上做了大量工作，共克隆并鉴定了与肉蛋奶毛等畜产品的产量和品质等生产性状、抗病性、繁殖性能、环保功能等相关的功能基因120多个，基因表达调控元件30多个，同时构建了60多个转基因表达载体，均用于转基因小鼠和细胞验证；确证了24个高效表达的转基因结构。这些成果为后续转基因动物的制备和开发奠定了坚实的基础。

（二）取得了一系列转基因动物相关的重大技术突破

目前我国在基因敲除、RNA干涉

(RNAi)、多能干细胞等国际前沿技术上取得了重大突破。

1. 干细胞技术突破

在干细胞研究技术上，经过十多年工作积累，我们已拥有一些达到国际先进水平、具有自主知识产权的科研成果。在家畜方面，西北农林科技大学获得世界首例EG细胞嵌合羊；中国农业科学院北京畜牧兽医研究所、中国科学院动物研究所先后分离得到猪胚胎干细胞和牛核移植胚胎干细胞系。西北农林科技大学还分离得到牛胚胎干细胞，并克隆得到牛多能性类胚胎干细胞，传15代，首次在体外诱导分化得到心脏跳动样细胞团。而最具代表性的研究成果是，2009年7月我国科学家周琪博士、高绍荣博士在*Nature*杂志在线版报道，首次利用iPS细胞（诱导性多能干细胞），通过四倍体囊胚注射得到存活并具有繁殖能力的小鼠，从而在世界上第一次证明了iPS细胞的全能性。该项成果于12月8日入选了*TIME*公布的2009年十大医学突破，表明了我国在iPS细胞研究技术方面的世界领先水平。此外，研究人员还利用这一成熟的研究体系，尝试建立了猪及山羊的iPS细胞系，并取得了初步进展。

2. 基因打靶技术突破

基因打靶（gene targeting）技术能有效地将宿主每个不利基因敲除而使该基因沉默，也可将外源基因导入宿主基因组的特定位置，从而实现基因定点整合和表达，因此具有重要的应用价值。2007年，发明了基于DNA同源重组的基因打靶技术的美国科学家马里奥·卡佩奇、奥利弗-史密斯和英国科学家马丁·伊文思则一起荣获诺贝尔生理学或医学奖。而在国内，中国农业大学、上海转基因研究中心等研究单位先后建立了动物基因打靶技术体系，培育出肌肉生长抑制素单等位基因敲除猪、瘙痒症基因单等位敲除山羊和乳球蛋白单等位基因敲除奶牛等。2009年，中国农业大学又在国际上首次利用无启动子基因打靶载体，培育出朊蛋白单等位基因敲除奶牛，并有望在2010年获得朊蛋白双等位基因敲除奶牛，成为世界第二例朊蛋白基因敲除奶牛，并有望培育出抗疯牛病奶牛新品种。

（三）获得了一批转基因动物

1. 朊蛋白基因敲除奶牛

疯牛病（mad cow disease）是一种慢性的、消耗性、致死性的中枢神经系统疾病。1986年英国出现了首例疯牛病病牛，到目前为止，包括美国、日本等发达国家在内已经有24个国家先后发现疯牛病病例，每年造成损失达几十亿美元。朊蛋白

（PrPc）结构变异是导致该病的主要原因，因此将朊蛋白基因敲除、阻止其表达是防治疯牛病的一个有效手段。中国农业大学科研人员构建了无启动子朊蛋白基因打靶载体进行细胞筛选，通过连续打靶和体细胞核移植技术，成功获得一头朊蛋白单等位基因敲除奶牛（图2-18），经检测，其朊蛋白基因 mRNA 表达量降低了 40% 左右。同时对朊蛋白单等位基因敲除牛胎儿进行了连续基因打靶，获得了朊蛋白双等位基因敲除牛细胞系和克隆胚胎，有望在 2010 年获得朊蛋白双等位基因敲除奶牛。

图 2-18　健康存活的朊蛋白基因敲除牛

2. 人防御素转基因奶牛

西北农林科技大学的科研人员通过基因工程方法将人特异表达的防御素基因与奶牛 β-酪蛋白启动子结合，得到人防御素基因乳腺特异性高效表达载体，并将其导入高产的奶牛皮肤成纤维细胞中，经过体外培养及筛选后，用体细胞克隆的方法成功得到了世界首例转人防御素基因克隆奶牛（图2-19）。西北农林科技大学科研人员利用此方法，2009 年共移植了受体黄牛 200 头，且已证实成功受孕 42 头，成功率达到 20% 以上，且已经相继降生 6 头转人防御素基因奶牛，可用于培育抗病力显著提高的转基因奶牛新品种。

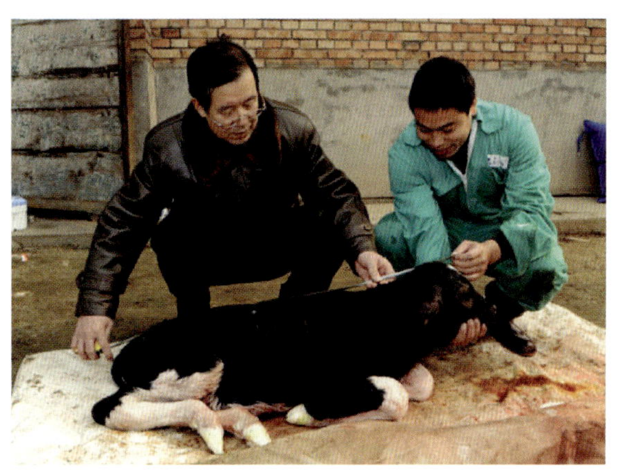
图 2-19　转人防御素基因克隆奶牛

3. 抗蓝耳病转基因猪

猪繁殖与呼吸综合征（PRRS），俗称蓝耳病，是当前危害养猪业最严重的新疾病。该病自 1987 年首次暴发以来，目前几乎遍及全球所有养猪国家，中国 1995 年首次发病至今，所有省市无一幸免，并且其危害愈演愈烈。2006 ~ 2007 年猪价大幅上涨的一个重要原因就是蓝耳病爆发导致我国生猪存栏数大幅降低，从而使得猪肉供应不足。中国农业大学科学家通过 RNA 干涉技术和体细胞克隆技术成功获得11头转基因公猪（图2-20），在细胞水平对病毒增殖的抑制率达到99%，目前已有一头转基因公猪采精配种，有望培育出抗蓝耳病转基因猪。

图2-20　抗蓝耳病转基因猪

（四）转基因动物产业化稳步推进

目前我国转基因猪、牛、羊有20多种，群体达到300多头（只），各种转基因动物的产业化正稳步推进。

1. 转基因动物生物安全评价进展顺利

经过严格而科学的转基因动物生物安全评价是进行转基因动物研发和产业化的前提，因此我国转基因动物均申请了农业部转基因生物安全评价，中国农业大学生产的人乳铁蛋白转基因奶牛、人α-乳清白蛋白转基因奶牛、人溶菌酶转基因奶牛3种转基因奶牛进入了生物安全评价第3个阶段——生产性试验，这也是我国第一批进入生产性试验的转基因动物。试验结果显示这些转基因奶牛生长情况、繁殖情况、产奶情况等都与非转基因奶牛没有差异，也没有观察到转基因奶牛及其产品对其他物种有不利影响，表明转基因奶牛及其产品是安全的。如果生产性试验结果良好，预计到2012年这批转基因奶牛将可以申请安全证书。另外还有人乳铁蛋白转基因山羊、人溶菌酶转基因山羊、肌肉生长抑制素基因敲除猪、转溶菌酶基因猪4种转基因动物进入了生物安全评价的第2个阶段——环境释放。

2. 转基因动物群体迅速扩大

对于目标性状显著提高的转基因动物，各个研究组采用了结合常规繁育技术和体

细胞再克隆技术的方法对转基因动物进行了扩繁，中国农业大学培育的转基因奶牛已经获得第 2 代和第 3 代转基因牛后代；上海交通大学和上海转基因动物研究中心等单位的转基因羊也获得第 4 代转基因羊后代。

四、动物克隆

体细胞克隆技术不仅能用来生产优质经济动物品种，缩短优质动物繁殖时间，而且能够用来拯救濒危动物物种和品种，保护动物遗传资源多样性，还能用于高效生产转基因动物和治疗性克隆等。经过十多年的发展，体细胞克隆技术已经日趋成熟。到目前为止，已经有十几个物种相继获得克隆成功，包括绵羊、山羊、奶牛、小鼠、猪、猴、大鼠、猫、兔、骡子、鹿、马、狗、水牛、狼等。有英国、美国、日本、法国、意大利、韩国、阿根廷、越南、泰国等几十个国家掌握了该项技术，相继获得多种体细胞克隆动物。我国研究人员同样在这一领域取得了许多不错的成绩。在应用方面，日本、美国和欧盟等相继批准了克隆动物产品如肉和奶可以安全食用，进一步推动了克隆动物的产业化。

（一）徒手体细胞克隆技术获得成功

体细胞克隆技术产业化的一个障碍是操作过程复杂、对仪器设备要求高。2006 年，丹麦科学家 Gabor Vajta 教授对克隆技术进行了较大改进，发明了一种“徒手克隆”方法，摒弃了昂贵的显微操作仪，而采用普通显微镜即可完成核移植，从而简化了操作程序，大大减低了克隆成本。2008 年，中国农业大学邀请了该项技术的发明人来华进行了徒手克隆技术培训班，对普及体细胞克隆和徒手克隆技术起到了重要作用。2009 年初，深圳华大基因研究院研究人员正是采用该方法获得了 8 头体细胞克隆猪。其整个项目从实验室筹建、运转到成果产出仅仅用了一年的时间，可见这项新技术带来的好处。

（二）体细胞克隆猪窝产仔数创新高

中国农业科学院北京畜牧兽医研究所和北京市畜牧兽医总站等单位，经过一年多攻关，于 2010 年 1 月利用体细胞克隆技术成功生产了 29 头优秀种公猪。其中 1 头代孕母猪生下 11 头克隆猪，窝产仔数达 5. 8 头。而在国际上，克隆猪单胎产仔数普遍较低，平均在 4 头以下，最高单胎产仔数为 12 头。之前东北农业大学也取得过单胎生下 9 头克隆猪的记录，这些都标志

了我国克隆技术已处于国际领先水平。

（三）世界首只近交系克隆猪诞生

基因高度纯化的大动物近交系在异种器官移植、动物模型等方面具有重要应用前景。云南农业大学研究人员经过近 20 年选育，培育出世界首个大型哺乳类实验动物近交系——版纳微型猪近交系。2010 年 1 月，他们又采用体细胞克隆技术培育出世界首头近交系克隆猪。这头近交系克隆猪的供体来自于一头纯种小黑公猪，其是经过连续 20 代母子或同窝公母猪之间交配而诞生的，身上有近 99% 的基因相同。该近交系克隆猪的培育成功对于建立疾病动物模型、开展异种器官移植研究意义重大。

（四）种用动物克隆产业化积极推进

选育优良种公畜是家畜育种的核心环节，而自主培育的顶级种公牛和种公猪严重不足则是制约我国奶业和养猪业发展的主要瓶颈之一。目前国内种公牛站饲养的优秀种公牛大多直接从国外活体引种或购买进口胚胎，而规模种公猪利用年限为 2 年左右，每年需要从国外进口原种公猪 1 万头以上。这不仅使国外企业牢牢把住产业上游，让我国每年耗费大量外汇，还使我国面临疯牛病、口蹄疫等疾病的威胁。而利用体细胞克隆动物生产技术平台扩繁最优秀种公畜，将在短时间内提高我国种公畜的质量，改良奶牛、猪品种。目前，中国农业大学培育的我国第一批优良克隆种公牛已经进入繁殖期。对克隆种公牛精液进行质量检测，发现其精液与非克隆种公牛精液没有显著差异。现已采精 2 万多支，通过人工授精繁殖出了一批高产奶牛。2009 年 5 月，内蒙古大学获得 5 头体细胞克隆种公牛，这些克隆种公牛均来自我国著名胚胎工程专家旭日干院士利用试管动物技术培育成功的世界级优秀种公牛。同时，河北省畜牧良种工作站与中国农业大学合作也克隆培育出一批荷斯坦体细胞种公牛，以及我国首例和牛种公牛。在种公猪的克隆上，温氏集团与中国农业大学联合培育出 20 多头优良克隆种公猪，涵盖了长白猪、大白猪和杜洛克等优良品种。目前这些克隆种公猪正在进行采精配种。此外，中国农业科学院北京畜牧兽医研究所、东北农业大学也开展了种公猪的克隆，相继获得了一批克隆种公猪。

五、动物生物反应器

继在欧洲获准上市后，美国 GTC 公司利用转基因山羊生产的重组抗凝血酶Ⅲ药物于 2009 年 2 月又取得了美国食品药品监

督管理局（FDA）的批准，实现了其又一重大突破；而荷兰 Pharming 公司也向美国 FDA 递交了将来源于转基因奶牛的重组人乳铁蛋白作为功能食品的申请，预计 2010 年有望获得批准。这些都标志了转基因动物生物反应器技术已经日渐成熟。据美国商业评估公司预测，到 2015 年，全球动物生物反应器销售额将达到 500 亿美元。我国动物生物反应器技术研发紧跟国际步伐，在 2009 年也取得了一些重要进展，为我国培育动物生物反应器战略性新兴产业奠定了坚实的基础。

（一）突破了一批动物生物反应器关键技术

动物生物反应器技术涉及重组蛋白高效表达、多基因协同表达、生物反应器高效制备、重组蛋白规模化纯化，以及产品的安全和功能评价等。目前我国动物生物反应器技术的研发重点是重组蛋白纯化及其产品的安全与功能评价，同时在重组蛋白表达及新的生物反应器制备等方面也取得了重要突破。例如，中国农业大学开发了锌指酶技术介导的基因敲除、多基因协同高效表达、微细胞介导的转染色体技术等新技术，制备了一批锌指酶技术介导的 β 乳球蛋白（LGB）基因敲除奶牛胚胎，并有望在 2010 年下半年获得相应的奶牛成体。据 *Nature* 杂志报道，中国科学院动物研究所研究人员首次利用 iPS 细胞（诱导性多能干细胞），通过四倍体囊胚注射得到存活并具有繁殖能力的小鼠，从而在世界上第一次证明了 iPS 细胞的全能性，为提高转基因大家畜制备效率带来了新的高效手段。在蛋白纯化方面，中国科学院过程工程研究所、上海交通大学等单位建立了中试规模的重组蛋白纯化体系，可用以纯化公斤级的重组蛋白，这为动物生物反应器的持续研发及产业化铺平了道路。

（二）家蚕生物反应器产品有望率先实现产业化

利用家蚕生物反应器生产的人粒巨噬细胞集落刺激因子（hGM-CSF）口服胶囊目前已经获准进入Ⅱ、Ⅲ期临床研究。目前，浙江中奇生物制药有限公司与浙江大学合作，以上海长海长征医院等 6 家医院为临床试验单位，每家医院招募 20 ~ 30 位患者，启动了 hGM-CSF 口服胶囊的Ⅱ、Ⅲ期临床研究，将有望成为具有自主知识产权的第一个用于人的生物反应器上市产品。

（三）奶牛生物反应器产品开发正稳步推进

中国农业大学研制的重组人溶菌酶、人乳铁蛋白、人乳清白蛋白奶牛生物反应

器已经进入大规模泌乳期，重组蛋白表达水平均在1g/L以上，最高达4g/L。这些奶牛生物反应器群体达到80多头，其中有10多头第二代转基因公牛。目前正在开发含重组蛋白的功能型牛奶、重组人溶菌酶生物抗生素、重组人乳铁蛋白补铁剂、重组人乳清白蛋白抗尖锐湿疣特效药等产品。其中，含重组蛋白的功能型牛奶通过90天大鼠饲喂试验等毒性试验，证明其在安全上与普通牛奶没有显著差异，而功能评价试验表明它们具有抗菌、促生长等特殊功能。据悉，这种功能型牛奶有望在2～3年内获准上市。

（四）抗凝血酶Ⅲ转基因羊

抗凝血酶Ⅲ蛋白是血液中天然存在的微量蛋白，血浆中60%～70%的抗凝血活性由抗凝血酶Ⅲ承担，它的缺乏将导致血栓的形成。重组人抗凝血酶Ⅲ主要用于治疗心肌梗塞、血栓性静脉炎、凝血酶素缺乏症和血栓症（脑血栓）等。目前世界上第一例获准上市的动物生物反应器生产产品正是重组人抗凝血酶Ⅲ。在我国，青岛森淼生物技术有限公司独立开发了具有自主知识产权的重组人抗凝血酶Ⅲ转基因奶山羊（图2-21）。目前转基因羊已经达到40多只，重组人抗凝血酶Ⅲ表达水平达到1～3g/L。该公司还开展了重组蛋白纯化、结构及功能分析等研究，有望开发出世界上第二例重组人抗凝血酶Ⅲ药物产品。同时，该项成果也在2009年通过了科技部组织的科技成果鉴定。

图2-21　抗凝血酶Ⅲ转基因山羊

（五）抗CD20单克隆抗体转基因奶牛

抗CD20单克隆抗体是治疗B淋巴细胞瘤等恶性肿瘤的特效药物。通过哺乳动物细胞培养方式生产的抗CD20单抗药物Rituxan®，是美国FDA批准的第一个抗肿瘤单克隆抗体药物，上市12年来取得了巨大成功。但是这种药物价格昂贵，1个疗程（注射4次）约需1.6万美元，对于大多数患者来说都是巨大负担。在2008～2009年，中国农业大学相继培育出了5头抗CD20单克隆抗体转基因奶牛（图2-22），成为世界首批单克隆抗体转基因奶牛。经检测，其重组抗CD20单克隆抗体表达水平在2g/L以上。借助这种方式可将抗B淋巴

细胞瘤新药生产成本降低到原来的十分之一，有望开辟出一条单克隆抗体生产新途径，从而为全球B淋巴细胞瘤等癌症患者带来福音。

图 2-22　世界首批抗 CD20 单克隆抗体转基因奶牛

六、植物生物反应器

植物生物反应器是指在植物中表达和生产具有重要药用和商业价值的产品，产品包括重组药用和农用蛋白、抗体、酶、激素、白介素、血浆蛋白、疫苗和重要次生代谢产物等。继传统生物反应器如细菌、酵母，以及动物细胞和转基因动物之后，植物作为生物反应器的研究已成为国内外研究的热点。

然而，到目前为止，国外还少有植物反应器产品被批准商品化生产或被颁发药证，国内仅有1例植物反应器产品（即表达植酸酶的转基因玉米）获得转基因生物生产应用安全证书。在“863”计划及其他研究计划的支持下，我国植物生物反应器的研究和开发取得了较好成绩，特别是在转基因技术体系及外源基因高效表达体系的建立，以及利用植物生物反应器表达和生产药用和农用蛋白和植酸酶、人血清白蛋白、降钙素、重要次生代谢产物如青蒿素等的研发方面取得了突出进展，使我国植物生物反应器研究和开发整体水平达到了国际先进水平。主要进展如下。

（一）建立了转基因技术体系及外源基因高效表达体系

通过研发，建立了用于植物生物反应器研制的植物（油菜、烟草、番茄、生菜、苜蓿、马铃薯、水稻、玉米、药用植物青蒿和长春花等）转基因技术体系及外源基

因高效表达体系，使外源蛋白在水稻种子中表达量达到糙米重量的0.8%，油菜油体中的表达量达到种子总蛋白的1%以上，在番茄果实和烟草及生菜叶片中的表达量达到总可溶性蛋白的1%以上，在苜蓿等中的表达量达到总可溶性蛋白的0.2%以上，在马铃薯块茎中的表达量达到块茎总蛋白的0.1%。这些研究为加快植物生物反应器产品的研制打下了基础。

（二）表达植酸酶的转基因玉米获得转基因生物生产应用安全证书

表达植酸酶的转基因玉米成为我国首例获得安全证书的转基因玉米和首例输出性状的转基因作物（图2-23）。转植酸酶基因玉米技术不仅有利于保护我国稀缺的磷资源，而且，该技术还可以大大减少磷矿开采、磷酸氢钙的生产以及植酸酶发酵生产中的能耗，对新一代GMO和农业产品朝环境友好、营养平衡、节能生产方向发展具有重要的引领作用。

植酸酶是性质优良的饲料添加剂，可以把玉米等饲料原料中大量存在的植酸磷分解成无机磷，提高单胃动物对饲料磷的利用率和动物的生产性能，降低动物粪便中磷的排泄量。欧盟各成员国、加拿大以及美国等发达工业国家为此从20世纪90年代就制定了养殖业强制使用植酸酶的政策，日本、韩国近期也将出台法律，把它作为“绿色磷”用以取代传统的无机磷酸盐，在环境保护中发挥了巨大作用。玉米是重要的也是最佳的饲料加工原料，我国玉米总需求量的近80%用于饲料加工，在家禽和家畜饲料中的用量都在50%以上。按我国饲料工业标准的要求，1kg饲料中含0.5kg玉米种子，需添加500U植酸酶添加剂。也就是说，要求1kg的玉米种子中含1000U的植酸酶。因此，植酸酶的需求量巨大。中国农业科学院在第一代植酸酶产品（即利用微生物发酵方式生产植酸酶）的基础上，利用具有自主知识产权的植酸酶基因（ZL 97121731.9），开展了利用玉米种子生物反应器生产植酸酶（第二代植酸酶产品）的研究。经过6代选育，得到了多个表达植酸酶并稳定遗传的玉米纯合系，植酸酶活性均在1000U/kg以上，最高的达到120 000U/kg，且转基因玉米种不含筛选标记*Bar*基因、仅保留植酸酶基因，达到了安全性最理想的要求。动物饲喂实验结果表明，以玉米为载体生产的植酸酶与发酵生产的植酸酶功能相当，可以显著提高动物的生产性能，显著降低动物排泄物中磷的含量。可完全替代微生物发酵生产的植酸酶，满足饲料工业标准要求，标志着饲料添加剂研究进入第二代环保型产品研制的新阶段。“利用玉米种子生物反应

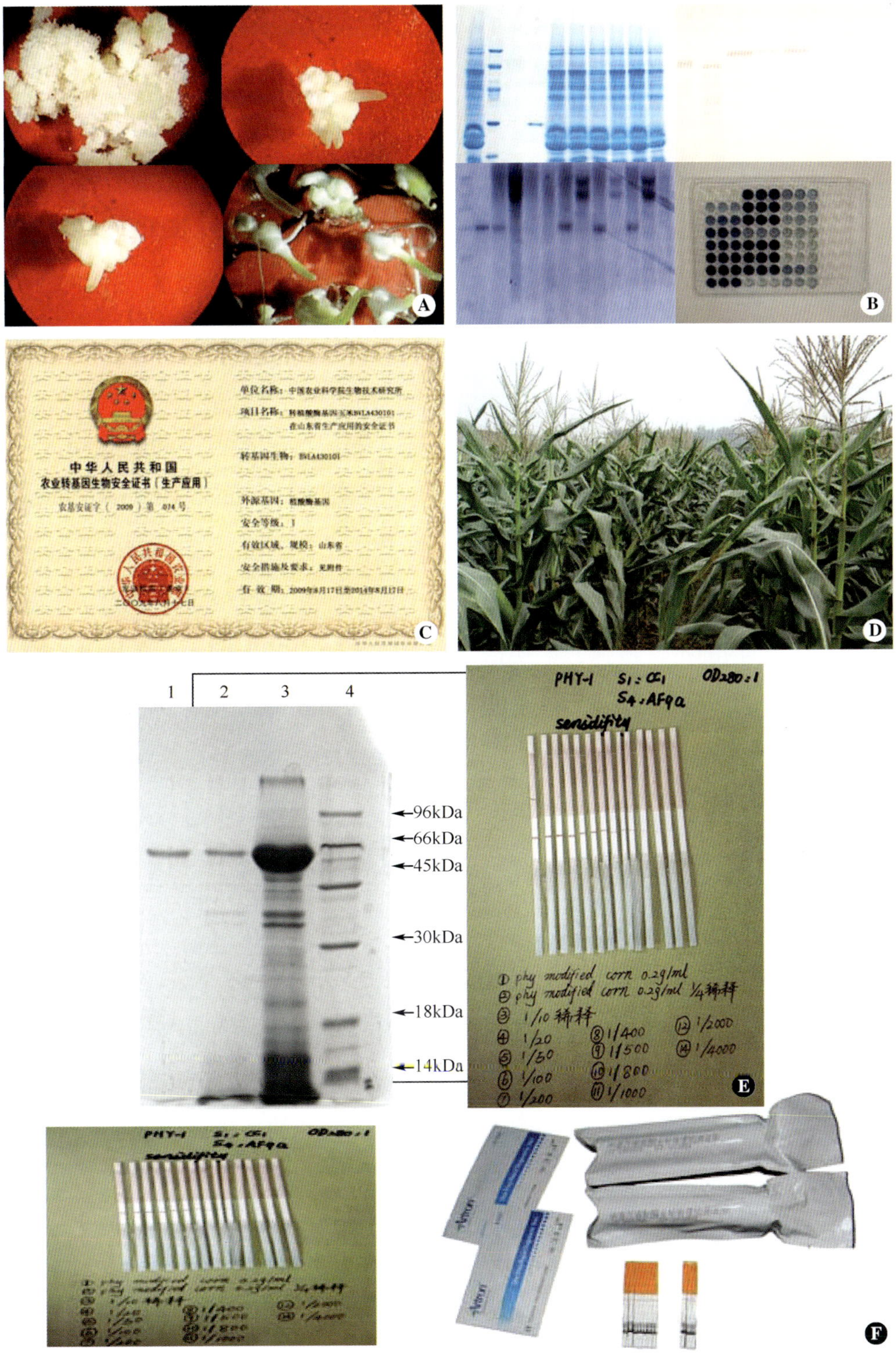

图 2-23　表达植酸酶的转基因玉米

A. 高效玉米遗传转化体系；B. 转植酸酶基因玉米分子检测；C. 转基因生物生产应用安全证书；D. 品种转育；E. 转基因玉米中植酸酶蛋白纯化及单克隆抗体制备；F. 用于检测的植酸酶金标记试纸条制备

器生产高活性植酸酶”项目成果通过专家鉴定，达到国际同类研究的领先水平，该项目产业化后将产生每年数十亿元的经济、社会和环保效益，将对提高我国玉米种业国际竞争力和促进饲料及养殖业的可持续发展产生重大影响，做出突出贡献。

（三）完成了高效表达青蒿素的转基因青蒿的环境试验

疟疾是一种由疟原虫引起的威胁人类健康的恶性传染病，每年至少500万人感染疟疾，造成超过100万人死亡。最近几年，由于疟原虫对于抗疟药物的抗性增强，疟疾造成的死亡率有上升的趋势。青蒿素（artemisinin）是我国科学家在20世纪70年代分离并鉴定的一种含有过氧桥结构的倍半萜内酯，它是继氯喹、乙氨嘧啶、伯喹后最常用的抗疟特效药，尤其对脑型疟疾和抗氯喹疟疾具有速效和低毒的特点。目前，世界卫生组织推荐的最有效的治疗疟疾的方法是青蒿素联合疗法。青蒿素作为一种有效的抗疟药物已经得到国际认同，全球对青蒿素的需求量逐年上升。近年来，随着对青蒿药理研究的逐步深入，科学家发现青蒿素及其衍生物还具有抗炎、抗血吸虫以及免疫调节等功能。因此，青蒿素有望成为一种多用途的天然药物。目前，青蒿素的主要来源是从青蒿植株的地上部分提取，但青蒿中青蒿素的含量非常低（0.01% ~1%），使得这种药物的商业化生产受到了一定限制。

为了提高青蒿素在青蒿中的含量，上海交通大学建立了高效的农杆菌介导的青蒿转基因技术，成功地将青蒿素合成途径的关键酶（HMGR、FPS、ADS 和 CYP71AV1）基因导入了青蒿，还在国际上率先利用 RNA 干扰技术，将青蒿素合成途径竞争支路关键酶鲨烯合酶 SQS 的 hairpin 结构编码基因 *SQShairpin* 转化青蒿，通过 hairpinRNA 介导的 RNA 干扰作用抑制青蒿素合成途径竞争支路关键酶鲨烯合酶 SQS 的表达量，从而提高了最终目的产物青蒿素的含量。通过研究，获得了青蒿素含量大幅度提高的转基因青蒿株系，转基因青蒿株系中青蒿素含量比对照非转基因青蒿中青蒿素含量提高了1倍以上。2008年获得了转基因青蒿的环境释放证书［转 *ads* 基因青蒿 ANF176 在上海市的环境释放（农基安审字（2008）第057号）；转 *SQShairpin* 基因青蒿 S159 在上海市的环境释放（农基安审字（2008）第058号）］，并于2009年完成了转基因青蒿的环境释放评估，2010年将申报转基因青蒿的生产性试验。此外，还建立了利用生物和环境因子胁迫提高青蒿中青蒿素含量的方法。目前已申请或授权了相关国家发明专利7项，该研究完全具有自主知识产权，将有望在2～3年内实现国际首例转基因药用植物的商业化生产（图2-24）。

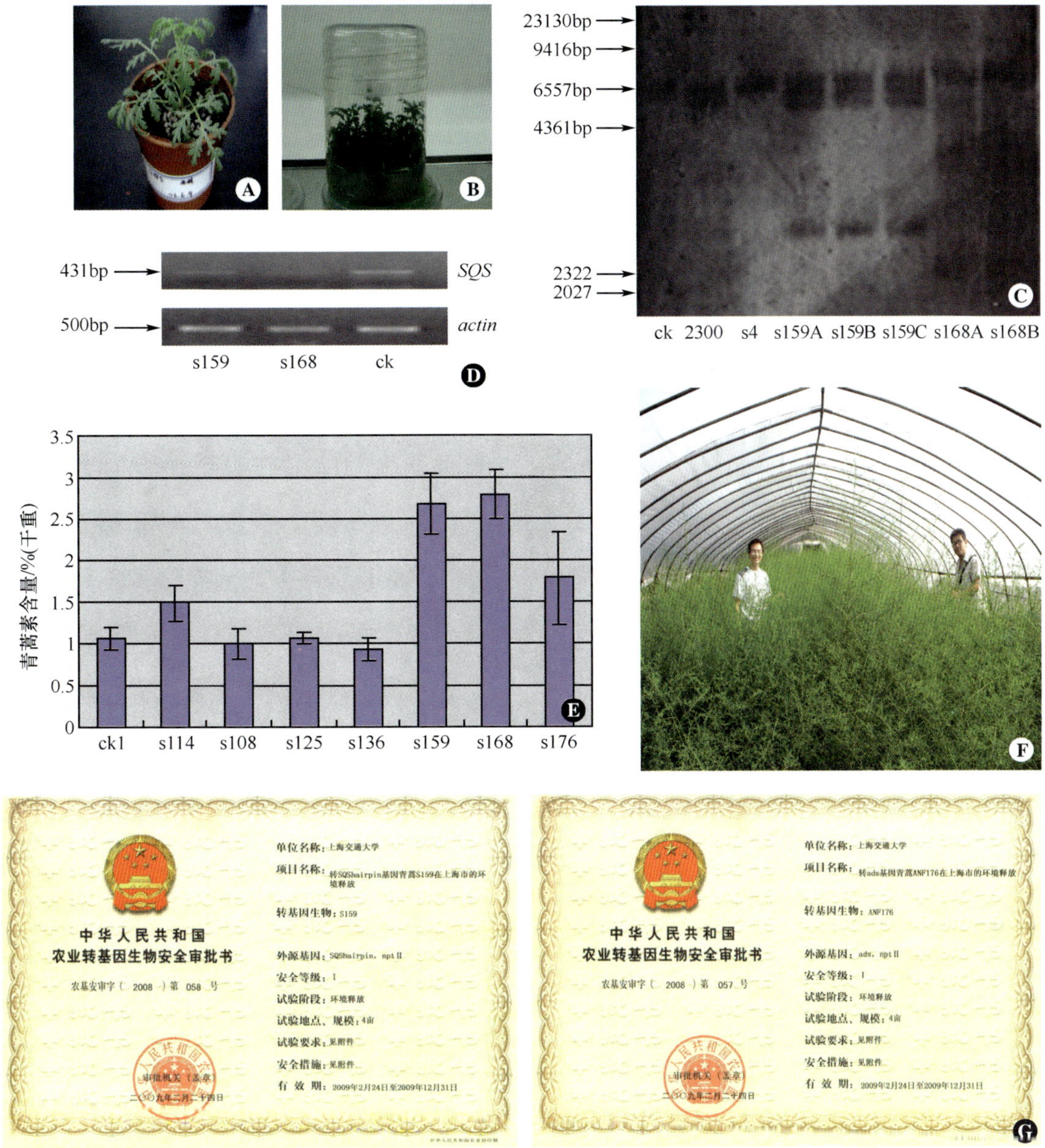

图 2-24　高效表达青蒿素的转基因青蒿

A. 转 *SQShairpin* 基因的青蒿植株；B. 转基因青蒿的微不定芽繁殖；C. 转基因青蒿的 Southern blot 分析，ck：非转基因青蒿，2300：转空载体 pCAMBIA2300（不含目的基因）的青蒿植株，s4、s159A、s159B、s159C、s168A 和 s168B：转 *SQShairpin* 基因青蒿植株；D. 转 *SQShairpin* 基因青蒿中 *SQS* 表达量的 RT-PCR 分析，显示转基因青蒿中 *SQS* 基因的表达量被抑制，ck：非转基因青蒿；s159 和 s168：独立转基因青蒿植株；E. 转基因青蒿中青蒿素含量分析，ck1：非转基因青蒿，s114、s108、s125、s136、s15、s168 和 s176：独立转基因青蒿植株；F. 转基因青蒿的田间种植情况；G. 转基因青蒿的环境释放证书

为了拓宽青蒿素药物的需求市场，通过研究还发现了青蒿素类药物在抗肿瘤和降血脂方面的独特作用，并对其应用申请并公开了 2 项国家发明专利（青蒿素衍生物与长春瑞滨的组合物及其应用，专利公开号：CN101380325；降血脂的中药组合物及其制

备方法，专利公开号：CN101507727）。该研究为大幅度降低青蒿素生产成本、确保我国青蒿素产业的龙头地位奠定了基础，也为其他重要天然药物（如紫杉醇、喜树碱和叶黄素等）的代谢工程研究积累了经验。

（四）获得了表达鲑鱼降钙素 sCT 的转基因植物

我国有 9000 多万骨质疏松症患者，骨质疏松症已成为困扰世界老年人和妇女健康的主要问题之一。目前临床用于治疗骨质疏松症的主要药物是鲑鱼降钙素（salmon calcitonin，sCT），不过价格昂贵，因而如何有效而低成本生产鲑鱼降钙素已成为国内外极为关注的问题。同时，目前国际上对能否生产出口服表达鲑鱼降钙素的产品（避免注射及鼻喷法给患者带来的痛苦）预防和治疗骨质疏松症已成为关注热点。不过，国外还未见利用植物来表达和生产鲑鱼降钙素的报道。在国家“863”计划“降钙素植物生物反应器的研制”课题支持下，上海交通大学、中国农业科学院、复旦大学等单位通过鲑鱼降钙素密码子优化，构建不同组织特异表达的植物表达载体，用已建立的烟草、生菜、番茄和油菜体高效转化体系。Southern blot 结果证实 *sCT* 基因已成功在植物基因组中整合。RT-PCR、ELISA 和 Western blot 结果表明，重组的鲑鱼降钙素 sCT（治疗和预防骨质疏松症）已成功地在转基因烟草和生菜叶片、番茄果实和油菜种子中高效表达。sCT 在转基因烟草、生菜、番茄和油菜种子中的表达量均达到了叶片、果实或种子总可溶性蛋白的 1% 以上。动物试验（皮下注射、破骨细胞试验）证明了在转基因油菜和番茄中表达的 sCT 具有生物学活性（能显著降低血钙浓度、抑制破骨细胞的形成）。“利用油菜油体系统生产鲑鱼降钙素”成果通过专家鉴定达到国际领先水平。目前，所获得的表达鲑鱼降钙素的转基因植物已完成国家农业转基因生物安全性评价的环境释放阶段，并进入生产试验阶段，该研究为利用植物反应器生产鲑鱼降钙素打下了基础和提供了鲑鱼降钙素生产新途径。预计在未来 3～5 年，我国将有望在国际上率先实现利用植物来生产鲑鱼降钙素的产业化。

（五）获得了表达胰岛素的转基因油菜

在国家“十一五”“863”计划“降钙素与生长因子等植物生物反应器研制”项目的资助下，上海交通大学利用油体表达胰岛素（临床用于糖尿病的治本）的研究也取得了很大的进展，并通过分子检测证明了编码胰岛素的基因 *mins* 已成功在油菜基因组中整合，并通过 RT-PCR 和 Western blot 分析证实 *mins* 在油菜种子中特异表达

（图 2-25），并且高水平表达胰岛素油菜株系已完成中间实验（图 2-26），预计 2010 年将完成表达胰岛素转基因油菜环境释放实验。该研究将为以后植物源胰岛素在临床应用做了必要的准备，也为油体系统表达药用蛋白研究提供理论和技术平台的借鉴。同时，所利用植物表达载体含有 twin T-DNA，为获得无选择标记的转基因油菜和确保表达胰岛素油菜的食用安全和环境安全方面提供了较好的技术平台。

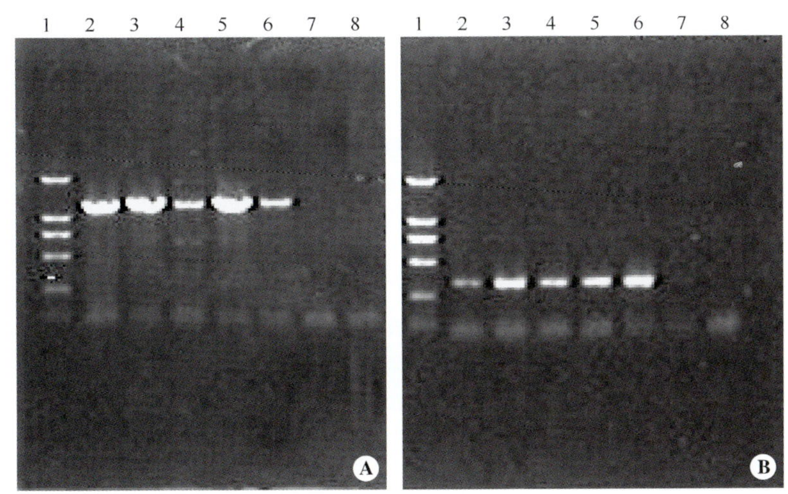

图 2-25　转 *oleosin-mins* 油菜和非转基因油菜 PCR 检测结果

A. PCR 结果（引物：oleosin/noster）；B. PCR 结果（引物：mins/noster）。1. M-DL2000 DNA marker；2. 阳性质粒（Op：：hom）；3～6. 转基因油菜植株；7. 非转基因油菜（CK）；8. ddH_2O

图 2-26　转 *oleosin-mins* 油菜中间实验

A. 苗期；B. 抽薹期；C. 开花期；D. 结荚期；E. 种子

图 2-27　转 *oleosin-mins* 油菜和 CK 的总 RNA 提取和取样时期

A. 部分样品总 RNA；B. 取样时期。a：叶片，b：花瓣，c：开花后 2 周种子，d：开花后 6 周种子，e：成熟种子

（六）用番茄果实成功地表达了胸腺素 α1

上海交通大学用番茄果实表达药用蛋白和疫苗的研究也取得了进展。特别是我国率先实现了用番茄表达具有生物活性的胸腺素 α1（Thymosin α1，Tα1）。Tα1 作为免疫调节剂在 T 细胞成熟、分化和功能发挥方面扮演着重要角色，临床主要被用于免疫缺陷、病毒感染和自身免疫性疾病（HBV、HCV、HIV 和癌症等）的治疗。由于组织提取 Tα1 原料限制、化学合成价格昂贵和传统表达系统（原核或转基因动物）存在安全隐患，使 Tα1 临床应用受限。按植物偏爱密码子设计合成 *t*α1 基因（124bp）并重组串联成 4 × *t*α1，通过农杆菌（*Agrobacterium tumefaciens*）介导法转化番茄，通过利用 PG 启动子实现了 Tα1 在番茄果实中的特异表达（图 2-28，图 2-29）。ELISA 结果显示，Tα1 在转基因番茄中的表达量达 6.096μg/g 鲜果，MTT 实验显示，含有表达 Tα1 转基因番茄粗蛋白具有促进小鼠脾淋巴细胞增殖的功能。其中申请用转基因番茄表达胸腺素 α1 的国家发明专利已进入实质审查阶段。

图 2-28　转基因番茄不同生长时期（A）和 Southern blot 检测（B）

a. 转基因外植体；b. 对照外植体；c. 再生小苗；d. 再生植株；e. 小苗驯化；f. 转基因番茄果实成熟期。1. 对照；2～5. 转基因番茄

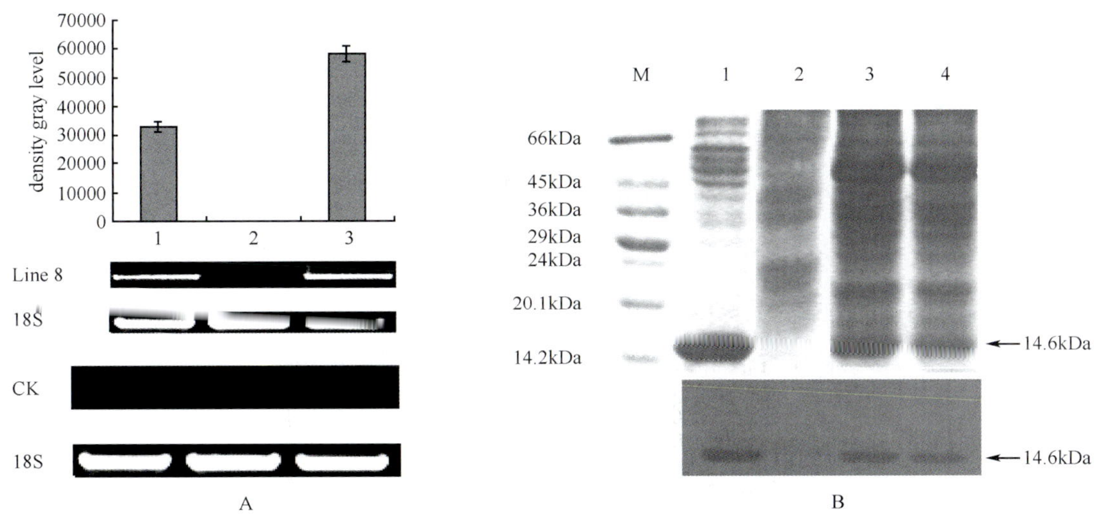

图 2-29　转 4 × *tα*1 基因番茄转录（A）和转译水平表达（B）

A. 转基因番茄株系（Line 8）和非转基因番茄（CK）转录水平比较，18S 为内标；B. 转基因番茄果实不同株系 PAGE 图谱（上）和 Western blot 检测（下），M：分子质量标准，1～4：不同转基因株系

同时，最近利用番茄果实表达小儿腹泻疫苗的研究也取得了很好的进展。

（七）水稻胚乳细胞生物反应器研究取得突破性进展

武汉大学开发了具有自主知识产权的在水稻胚乳细胞特异性表达外源蛋白的系统，该系统采用水稻胚乳特异性启动子与信号肽、密码子优化等技术，通过对重组人血清白蛋白、重组人抗胰蛋白酶、重组人溶菌酶、重组人胰岛素样生长因子和重组巨噬粒细胞集落因子等 5 个重组蛋白的表达研究，表达水平为 0.2% ~0.8% 糙米重量，表达的重组蛋白均具有生物活性。建立的水稻胚乳细胞生物反应器的技术平台具有表达量高、生产成本低、纯化工艺简单、规模化容易和安全性好等特点。该技术平台已获得我国专利局和美国专利局的专利授权，并在 2009 年 11 月通过了湖北省科技厅组织的专家鉴定，专家认为该技术平台在总体水平上达到了国际先进水平。

（八）植物源重组人血清白蛋白的产业化取得进展

人血清白蛋白是一种具有多种生物学功能的大分子药物，在临床上具有非常重要的作用。目前国际国内市场上人血清白蛋白都是从人血浆中提取的。由于血浆来源的紧缺，加上来自血液传播的疾病如艾滋病、肝炎等的威胁越来越严重，因此急需一种安全可靠又可以满足大规模生产的体系来满足人血清白蛋白的市场需求。利用农杆菌转化水稻粳稻品种中华 11 号和台北 309，获得了遗传稳定、高效表达人血清白蛋白的转基因水稻，经蛋白质印迹法和酶联免疫检测方法检测，重组人血清白蛋白在转基因水稻胚乳中特异性表达，其表达量在转基因品系 114-6-2 中达到 160.5μg/粒，折合糙米重量的 0.8%。免疫电镜的结果显示重组蛋白定位在细胞质和内质网腔内。N 端测序结果表明谷蛋白的信号肽正确的切割，重组人血清白蛋白的肽指纹图谱分析表明在水稻胚乳细胞表达的人血清白蛋白与天然人血清白蛋白完全相同。对重组人血清白蛋白的生理生化分析结果，分子质量经 MALDI-TOF 测定为 66 564Da，重组白蛋白与天然白蛋白具有相似的园二色图谱，都以 α 螺旋为主，β 折叠和转角的比例几乎一致。荧光光谱分析结果表明重组人血清白蛋白的折叠正确，形成了与天然状态的蛋白一致的三级结构。经过提取缓冲液的优化和两步离子交换层析，在小试和中试的基础上，已建立了单批次（2 天）100g 的小规模生产工艺进行生产，重组白蛋白的纯度可以达到 99% 以上，作为培养基添加剂已进入国际市场销售。通过对重组人血清白蛋白的生物学活性研究，通过对动物细胞 CHO 和 9 个癌细胞系的培养，结果表明重组人血清白蛋白能

提高动物细胞活性，较血浆来源的人血清白蛋白提高32% ~40%、药物结合能力与人血清白蛋白相同，经动物肝硬化腹水的药效实验，静脉注射重组人血清白蛋白（0.25g/kg体重）相当于血浆来源人血清白蛋白（1.0g/kg体重）的对肝硬化腹水的治疗效果。目前人血清白蛋白转基因水稻已进入国家农业转基因生物安全性评价的环境释放阶段。武汉大学与武汉禾元生物科技有限公司实现产学研结合，正加速重组人血清白蛋白的产业化进程，在武汉国家生物产业基地的支持下，年产1t的生产厂房正在武汉国家生物产业基地加紧建设，重组人血清白蛋白的临床前研究即将在2010年启动（图2-30）。

图2-30　植物源重组人血清白蛋白的产业化研究

A. 从稻米中提取的人血清白蛋白的PAGE电泳图；B. 在种子中表达人血清白蛋白的稻米与对照比较；C. 左图：水稻胚乳特异性启动子Gt13a与国际上的Gt1的活性比较，右图：该启动子接到荧光蛋白砸在水稻胚乳细胞的特异性表达结果；D. 从稻米中提取纯化重组人血清白蛋白工艺流程（a：提取；b：澄清；c：层析一；d：层析二；e：浓缩；f. 冻干与分装）；E. 从稻米中提取纯化的纯度大于95%的重组人血清白蛋白进入市场非医药的液体和冻干产品

（九）获得了表达抗胰蛋白酶的转基因水稻

α-抗胰蛋白酶（α-antitrypsin，AAT）是广谱性蛋白酶的抑制剂，作用于胰蛋白酶、糜蛋白酶、尿激酶、肾素、胶原酶、弹性蛋白酶、纤溶酶和凝血酶等。α-抗胰蛋白酶在临床上具有广泛的用途：①用于急性时相反应蛋白，在组织炎症和损伤时明显升高；②用于病毒性肝炎、恶性肿瘤、妊娠、雌激素治疗时蛋白酶成倍增高；③用于DIC、肺气肿、甲亢、十二指肠球部溃疡等疾病治疗时产生的α-抗胰蛋白酶的减少；④用于α-抗胰蛋白酶缺乏导致肝硬化、支气管扩张、胰腺纤维化等疾病的治疗；⑤用于治疗因吸烟和大气污染而引起的支气管扩张、慢性支气管炎、哮喘；⑥用于治疗牛皮癣顽症和用于美容产品的添加剂；⑦用作生化试剂和疾病检测试剂盒成分。由于α-抗胰蛋白酶的原料缺乏，在国外只限于肺气肿的治疗，根本不能满足市场需求。由于吸烟和大气污染引起的支气管炎缺乏有效的治疗，每年我国的哮喘病例数量呈上升趋势，从2003年的10.8%上升到2004年的14.2%。而我国的α-抗胰蛋白酶主要依赖于进口，价格十分昂贵。在国际市场上还没有的重组α-抗胰蛋白酶出售。武汉大学利用水稻胚乳细胞表达技术平台，获得了高效表达重组人抗胰蛋白酶的转基因水稻，表达量达到了87.77μg/粒种子。在水稻种子表达的重组抗胰蛋白酶具有生物活性，已建立了纯度在90%以上的小试工艺。目前该转基因品系已进入国家农业转基因生物安全性评价的中间试验阶段，为该产品尽早进入国际市场奠定了较好的基础。

经过我国科研人员的努力，已形成了植物生物反应器研究和开发的技术平台，已成功建立了成熟的转基因植物技术体系和外源基因高效表达体系和重组蛋白提取纯化工艺，使外源蛋白、疫苗、重要次生代谢产物等在植物中的表达量达到了实用阶段，表达植酸酶的转基因玉米获得转基因生物生产应用安全证书。同时，培养和锻炼了上百人的既有分子生物学又有育种知识的植物生物反应器研究团队，已基本形成了以北京、上海和武汉等城市为主的植物生物反应器研发平台和基地，产、学、研的合作也在逐步形成，目前我国植物生物反应器整体研发水平已达到国际先进水平。预计在未来3~5年，我国将在北京、上海和武汉等地形成具有国际知名度的植物生物反应器研发中心和产业化基地，将在国际上率先实现植物生物反应器重要产品（如植酸酶、青蒿素、人血清白蛋白、降钙素、长春碱等）的产业化，使我国在植物生物反应器这一高技术研发领域占有重要的国际地位。

七、生物肥料

我国是世界上化肥消费量第一大国，化肥对我国粮食贡献率占50%以上，是解决我国13亿人口粮食需求的最为重要的资源，近十年来，越发显示出我国对化肥过度依赖的趋势。化肥总消费量由1980年的1269万t，增加到2000年的4146万t，2008年达到了4800万t。专家预计到2030年我国粮食产量达到6.4亿t，化肥需求总量将突破6500万t，才能保障国家粮食安全。然而，我国肥料资源十分匮乏，我国磷矿资源保有储量151.98亿t，再过20年中高品位磷矿开采殆尽，氮肥完全依靠燃烧石化能源获得，每年需消耗1亿多吨标准煤，而且我国钾肥资源储量也十分有限。更为严重的是化肥利用率低，我国化肥施用量最高的200个县年施氮522kg/hm^2，花果菜单季施化肥高达569～2000kg/hm^2，化学氮肥的利用率仅10%～30%。磷肥当季利用率仅为3.22%～18%，而且肥效持续下降，增产效益比20世纪80年代下降一半。另一方面，大量的氮、磷进入土壤和水体，造成土壤地下水严重污染、湖泊与河流水体富营养化。

生物肥料环境友好，具有提供氮素、转化难熔磷钾，促进作物增产的作用。我国的生物肥料的研究与应用始于20世纪50年代，从最初的根瘤菌研究逐渐发展到解磷、溶磷、解钾、自生固氮、联合固氮、抗病促生等微生物，用于生产生物肥料的菌种类型不断丰富。20世纪90年代，生物肥料的研究与应用向多功能方向发展，生物肥料的使用从过去的粮食作物转到蔬菜、果树和经济作物，菌种资源范围由着重解决作物氮、磷、钾元素营养问题，扩展到解决污染土壤修复、退化土壤培育等突出问题。20世纪末和21世纪初，生物肥料的种类与功能的增加速度惊人，我国由1995年的110个生物肥料生产企业，猛增至目前的500个，产品种类达11种，2009年登记700个生物肥料产品。生物肥料的应用为中国农业作出了重要贡献。因此，生物肥料在现代农业发展中作用巨大，其大面积应用势在必行（表2-4）。

表2-4　我国未来10年需求生物肥料种类和数量预测

产品名称	年需求量/万t	使用面积	用量/（kg/亩）
固氮生物肥料	1000	大豆、苜蓿 禾本10亿亩	0.5 15～20
溶磷生物肥料	4000	农田15亿亩，草地5亿亩	20
解钾生物肥料	2000	农田10亿亩，蔬菜2亿亩	20
农药降解生物肥料	200	水稻、大豆、玉米2亩	10
秸秆腐解菌剂	1000	10亿亩	10

（一）生物肥料关键技术突破

（1）生物肥料高效菌种资源库不断充实。加强了溶磷微生物、固氮微生物、秸秆纤维素降解微生物、多环芳烃降解微生物、农药降解微生物等菌种筛选与作用效果研究。为微生物肥料研发准备了充足的菌种资源。

（2）为突破秸秆快速腐解技术，投入了较强研究力量。秸秆腐解微生物肥料技术得到了一些突破，南方水稻秸秆开始大面积使用。

（3）高密度发酵工艺。高密度发酵一直是生物肥料追求的目标，菌体发酵密度与其在载体和土壤中的生存、作用效果密切相关。许多年前，国际上根瘤菌的发酵菌体密度已经达到 100 亿 ~ 180 亿个/mL。目前，我国科学家已经突破根瘤菌高密度发酵工艺技术，使得根瘤菌密度达到 100 亿个/mL 以上，摆脱了发酵后需要浓缩才能达到所需菌体浓度的落后局面。

（4）生物肥料高效载体研究有所突破。研制了多个生物肥料高效载体，如纳米级沸石载体、草炭与膨润土复合型亚纳米级材料、纳米级钾长石粉载体以及亚纳米级硅藻土、膨润土和稻壳复合载体。

（二）生物肥料主要成果

（1）快生根瘤菌生物肥料取得了高密度发酵工艺的突破，完善了田间使用技术，在大豆、苜蓿作物上大面积应用。同时，根瘤菌生物肥料已经招标进入政府采购行列。

（2）溶磷微生物肥料。研究人员积极探索了提高磷肥利用率的溶磷生物肥料研发，重点在于防治磷肥的土壤固定，保持较长时间的磷肥有效性。在全国不同作物、不同土壤上开展了初步研究，有望取得良好的结果。

（3）秸秆还田腐熟微生物菌剂。由于国家对作物秸秆生物处理技术重视，秸秆腐熟微生物菌剂的研究进展较快，秸秆腐熟微生物菌剂在一些省份进入市场。

（4）在全国范围大规模筛选了高效溶磷菌、农药降解菌和根瘤菌菌种资源，系统研究了溶磷菌、根瘤菌和农药降解菌的能力。获得了高效溶磷菌 124 株，农药降解菌 52 株，最佳匹配根瘤菌 45 株。功能菌株在溶磷效果、固氮能力、农药降解效率方面高于已有报道，其中多株为国内外首次报道，极大丰富和创新了溶磷、固氮、农药降解微生物种质资源，为解决我国生物肥料产业菌种少、功效低、适用范围小等技术瓶颈提供了高效菌种资源。

（5）系统研究了高效溶磷菌、根瘤菌、农药降解菌的高密度发酵工艺，载体、助剂与保护剂的最佳组合等技术。研制高效

载体5种，助剂与保护剂5种，建立了溶磷细菌、溶磷真菌、根瘤菌、农药降解菌等发酵工艺8套。解决了我生物肥料载体单一、载体颗粒大、吸附效果差、菌体存活时间短等难题。生物肥料货架期延长3个月，土壤中存活时间长达80天。

(6) 系统地研究了溶磷菌、农药降解菌、根瘤菌与14种主要土壤、13类主要作物的最佳适配技术与效果。提出了生物肥料要与区域土壤、作物种类最佳配合的研究与开发思路，突破了多年来生物肥料缺乏针对性、适应性差和效果不稳的技术难题。为全国溶磷菌、农药降解菌、根瘤菌等生物肥料的产业合理布局提供了最佳的主导产品类型。

(三) 生物肥料产业化进展

(1) 微生物肥料已成为我国农业生物产业的重要组成部分，国内现有微生物肥料生产企业500个以上，大型生物肥料企业发展较快，年产量约500万t。2009年有了长足发展，取得农业部登记证的产品猛增到700个。11类的产品中包括氮磷钾营养功能的生物肥料、营养功能菌与其他功能复合生物肥料。在我国肥料体系中所占比例逐年增加。生物肥料产业有50 000人就业。

(2) 多功能生物肥料。多功能复合是当今微生物肥料产业的主导产品。具有溶磷菌、解钾菌、固氮菌多功能的微生物肥料，是当今绝大多数企业生产的生物肥料产品。

(3) 秸秆还田腐熟微生物肥料。在各省政府采购政策支持下，秸秆腐熟微生物肥料产业化发展迅速，2009年全国有十多个省份实行政府补贴农民购买秸秆腐熟菌剂，每个省补贴4000万元，每亩补贴20元左右。极大地促进了生物肥料产业的发展。

(四) 国内外比较

1. 根瘤菌生物肥料

欧美大豆主要生产国都较好地突破了根瘤菌的高效菌种的培育技术，突破了与土著根瘤菌竞争结瘤、高效固氮技术，突破了根瘤菌与土壤、豆科植物品种的匹配技术，节约了大量氮肥资源，豆科根瘤菌替代氮肥可行。美国、巴西、澳大利亚、法国、德国等国家生物肥料发展很快，这些国家拥有绝对数量的专利，多数专利都在10个国家以上申报专利，占据了生物肥料制高点。

美国每年播种大豆4.5亿亩，通过使用根瘤菌，每年节约氮肥410万~620万t，约30亿~40亿美元。巴西每年播种大豆

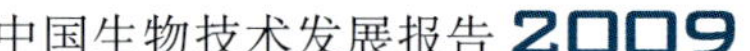

3.5亿亩，全部使用根瘤菌生物肥料，每年节约氮肥350万t，约30亿美元。阿根廷每年播种大豆2亿亩，亩产187kg，使用根瘤菌，每年节约氮肥200万t，约25亿美元。

我国根瘤菌使用与国外差距较大，我国每年播种豆科作物面积达1亿多亩，豆科作物接种根瘤菌的面积不到播种面积的1%。据估计，目前我国每年生产豆科根瘤菌菌剂1000t。豆科作物产量主要依靠氮肥获得，还没有根本上发挥根瘤菌肥料的固氮和增产作用。其中一个主要的原因就是缺乏高效固氮、受氮肥阻遏小、竞争能力强的根瘤菌菌种，这已经成为限制我国根瘤菌生物肥料发展的技术瓶颈。

2. 联合固氮菌生物肥料

巴西、以色列、澳大利亚等国用巴西固氮螺菌（联合固氮菌）进行田间接种玉米、小麦等禾本科作物，其增产幅度在5%~30%，接种成功率70%以上。在巴西，许多甘蔗田只需施少量氮肥，却能保持数10年高产且土壤肥力不减。玉米接种联合固氮菌剂Zea-Nit，可取代35%~40%氮肥用量。

我国1979年开始研究小麦联合固氮菌生物肥料，在全国7个省市大面积推广，小麦增产13.6%~18.3%。玉米联合固氮菌菌剂提高玉米产量7.5%~28.5%，耐铵工程菌E7平均增产3%~12%，比无菌对照节省氮肥15%~20%。

与国外比较而言，我国研制与使用的水稻联合固氮菌、玉米联合固氮菌的总产效果明显，但是致命弱点是对氮肥敏感，同时联合固氮菌能够形成芽孢的不多，在菌剂产品中存活期短，达不到预期效果。需要改变我国缺少高效的玉米、小麦、水稻、蔬菜的高效联合固氮菌种的状况。

3. 溶磷微生物肥料

印度自20世纪70年代以来生产和应用了大量溶磷生物肥料，产品有Phosphobacterin、Phosphobacteria、Microphos、Biophos、Phosphotika和AzoPhos。Phosphonive（Phosphate solubilizing inoculant）含溶磷细菌和溶磷真菌；Phospho-Sulphonik是溶磷、氧化硫的生物肥料。加拿大的Phim-Bios公司用溶磷青霉菌Penicillium bilaii生产微生物肥料JumpStart，在加拿大西部进行的10年示范与应用资料表明，作物平均增产6%~9%。比利时以溶磷细菌生产的菌剂Phosphorene在促进橄榄树苗生长和磷素吸收效果显著。

国外在进行高效溶磷菌筛选的过程中，采用1~2株溶磷菌，1种试验土壤和1种作物开展研究，这株溶磷菌的命运很大程

度上取决于再简单不过的试验。因此，完全忽视溶磷微生物在大范围、大区域与多种土壤、多种作物的配合效果的研究，使得大量溶磷菌种很大程度上无法找到更适合的应用土壤与作物，难以发挥溶解土壤磷和增强磷肥有效性的最大潜力，严重限制了溶磷菌的使用范围和应用潜力发挥。这对整体溶磷微生物资源而言，可能造成了巨大浪费。由此导致各国溶磷生物肥料研究和生产进入更大误区。目前一些国家仍然以 1 株溶磷菌株生产溶磷生物肥料，而在全国范围所有土壤和各种上使用。世界上大型溶磷生物肥料公司，如加拿大 Philom Bios 公司使用 1 株溶磷拜莱青霉菌（*Penicillium bilai*）生产微生物肥料 Jump-Start，在加拿大西部草原省 10 年示范与应用表明，具有 一定的溶解土壤磷作用，作物增产 6% 左右。印度 Ruchi Biochemicals 公司使用生产 1 种溶磷微生物，推荐在全国使用。印度长期使用巨大芽孢杆菌生产溶磷生物肥料系列产品，包括 Phosphobacterin、Phosphobacteria、Biophos 等，比利时以一株溶磷细菌生产菌剂 Phosphorene。

目前，溶磷微生物的作用远远没有发挥出来。印度研究报道显示，溶磷生物肥料大面积田间试验只有 40% 左右地块增产，60% 的地块无效甚至减产。这些表明，我们还没有真正地、全面地认识溶磷微生物这个庞大的群体，人们还不能最大限度地去利用它们，达到提高土壤难溶磷的植物有效性和磷肥利用效率的目的。这可能与最初溶磷菌研究的局限性有关。

我国主要应用巨大芽孢杆菌（*Bacillus megatarium*）生产溶磷生物肥料。仍然没有考虑溶磷微生物与地域、土壤类型、作物种类的最佳适配性及其应有效果，溶磷生物肥料的使用效果受到严重影响。

4. 解钾生物肥料（硅酸盐细菌）

在世界范围内，一些国家除了开展解钾硅酸盐菌株筛选和含钾矿物钾的释放机理研究之外，大规模开展解钾生物肥料产品研发的国家不多。据报道，印度有 2 个解钾生物肥料产品，产量 3000t 左右；日本有 2 个解钾生物肥料产品，产量 1 万 t 左右。解钾生物肥料的产品开发少的现状可能与各国土壤缺钾的程度远远低于我国有关。我国农田产出率高、单位面积产量逐渐增加，耕地复种指数是世界上最高的国家，作物生长消耗大量胛素，土壤缺钾明显，从南方到北方农田土壤已经大面积使用钾肥，为解钾生物肥料发展提供了巨大的市场空间。

我国解钾微生物研究始于 20 世纪 50 年代，硅酸盐细菌的筛选工作进展很快，先后分离的分解钾矿物菌株有胶质芽孢杆菌、多

黏芽孢杆菌、环状芽孢杆菌、邻单胞菌、土壤芽孢杆菌等硅酸盐细菌20余株。研究表明，使用解钾生物肥料，玉米增产率可达8%～10%、小麦增产率13%～29.8%、水稻增产10%以上、甘薯增产6.95%～10.27%、油菜增产10%、花生增产4.96%～17.93%、烟草增产8.79%～10%。

目前获得农业部正式登记的微生物肥料产品有600个，其中具体使用硅酸盐菌剂名称的产品有18个。但一解钾菌生物肥料不会超过3万t。绝大部分解钾生物肥料是解钾菌、溶磷菌、固氮菌复合的生物肥料，每年生产量约100万～200万t。目前只有3个登记产品有效，生产厂家分别是河北巨微生物有限公司（2007）、肇东市生物制品厂（2007）和广西桂乐生物技术有限公司（2006）。使用菌种为胶质芽孢杆菌。目前获得农业部正式登记和临时登记的微生物肥料产品多为复合微生物菌剂、复合微生物肥料、生物有机肥，包含有解钾功能微生物菌株。

20世纪90年代末的5～6年间，解钾生物肥料风行全国，并出口亚洲多个国家。但是，目前解钾生物肥料只能在蔬菜、果树、烟草上使用。

第四章 工业生物技术

工业生物技术（industrial biotechnology）是在现代生物科学技术的基础上，利用活细胞和其产生的酶生产能源与化学品或其他工业产品的先进技术，具有高效、清洁、低成本、低能耗等特点，其主要使命是建立以生物可再生资源为原料和能源、环境友好、过程高效的物质加工模式。工业生物技术的核心内容是“两个替代、一个提升”，即以生物催化剂来取代化学催化剂的工艺路线替代，以生物可再生资源取代化石资源的原料路线替代，以及传统生物技术产业的技术提升。工业生物技术将对基础物质加工业（包括化学工业、发酵工业、材料工业、能源工业、制药工业、食品工业、纺织工业、采矿业等）带来根本性的变革。在节能减排、低碳经济、食品安全、产业进步与国际竞争力提升等方面将发挥重大作用。

近年来，我国政府不断加大对工业生物技术研发的投入。“国家中长期科技发展规划”高瞻远瞩地把工业生物技术列入国家社会经济发展的战略高技术。“十一五”国家“863”计划生物医药领域作为尝试布局，设置了工业生物技术专题及3个重点项目。截至2009年年底，已经投入863经费约3个亿，占生物医药领域总经费的约8%。而目前结果已经获得发明专利占生物医药领域的20%，获国家奖项的占25%，实现新增产值的占90%以上。一批化学原料药与中间体生产已经实现清洁高效的生物工艺，产品品质提高以及节能、节水、减少有毒物质与废水排放效果显著；乙烯、化丁醇等一批传统的石油化工产品已经可实现生物质路线取代，生物塑料已经形成全球规模最大、技术先进的生产线；一批大宗发酵产品的国际竞争力实现了大幅提升，创造了巨大的经济与环境效益，工业生物技术显示了巨大的发展潜力。面对我国目前的社会经济形势与培育新兴战略性产业的重大需求，工业生物技术亟待大力发展。

可以预见，随着基因组学、蛋白质组学、代谢组学、分子酶学、基因操作、生物催化工程及其他一系列工程体系和平台技术的快速发展，现代工业生物技术将实现飞跃性的进步，不仅将给传统发酵行业带来革命，并能改造传统的化学工业过程，带来一个安全、可持续的全新的制造业。正在向我们走来的“生物技术的第三个浪潮——工业生物技术”对我国21世纪的生物经济发展将是个不可多得的机遇。我国已经形成了现代工业生物技术发展的基本条件与人才队伍，且已形成良好的产业基础。无论是战略时机还是技术基础，我国和发达国家在该领域的研究还没有太大差距。工业生物技术是我国参与生物技术国际竞争并有望取得优势的一个难得的机遇和切入点，应成为我国生物技术应用研究的一个战略重点。

一、生物基化学品的生物炼制技术

（一）主要进展

生物炼制是以生物可再生资源为原料基础生产能源与化工产品的新型工业模式，但是目前我国生物炼制技术的社会与经济影响力还非常有限。生物基化学品的生物炼制技术通过技术创新与集成创新相结合，针对我国主要大宗生物基化学品生物炼制过程的共性关键技术问题，开发出了具有自主知识产权与市场竞争能力的重大新产品与新技术。在生物乙烯、乳酸、聚羟基丁戊酸盐（PHBV）等大宗生物基化学品的先进生物制造取得重大突破，部分产品已形成规模化生产与应用，初步建成了一批生物炼制示范产业化基地，为我国大力发展新型工业生物技术产业提供了技术支撑与产业示范。在促进以可再生的生物资源替代不可再生的化石资源、推动生物炼制逐步取代传统石油炼制方面发挥了重大作用。

1. 生物乙烯的生物炼制技术

成功开发了生物乙烯产业化关键技术，包括低成本原料利用关键技术、高产乙醇菌种构建、高性能脱水催化剂开发、高效分离系统开发、高效反应器开发、生物乙烯工艺耦合一体化技术等，部分成果已经实现了产业化应用，产生了明显的经济效益。由南京工业大学牵头的课题组联合中石化、中粮等企业对现有500t/a秸秆乙醇中试生产线技术改造；与北京泰天地能源技术开发有限公司合作建立以甜高粱为原料的1000t/a乙醇中试；在中石化四川维尼

纶厂进行6000t/a现有生物乙烯装置的技术改造——VAE装置乙烯工段节能减排和抗堵问题研究，对现有能量换热网络进行了优化，并开发了热管-翅片管-列管组合式高效换热设备，实现了低位能的有效利用，成功解决碱洗塔堵塞的生产技术难题，原料预热用蒸汽单耗降低40%以上，循环水单耗降低40%以上，脱盐水、洗涤用碱单耗降低20%以上，废水、废碱排放量减少20%以上，联合山东金沂蒙集团建设20万t/a木薯乙醇工业化示范装置，产值达到7亿多元；联合中石化已新建成1万t/a生物乙烯绝热床示范装置，新增产值5.76亿元，新增利润7654万元，采用拥有自主知识产权的催化剂和多段绝热床成套工艺技术，为我国生物乙烯产业升级和大规模工业化生产奠定坚实基础；联合丰原宿州生物化学股份有限公司建设年产18万t生物乙二醇项目，项目总投资13.2亿元，一期工程投资9.2亿元，年加工农产品30万t，产环氧乙烷/乙二醇6万t，预计2010年3月可建成投产，可新增产值9.3亿元，实现税金1.26亿元，税后利润1.7亿元。

2. 乳酸与聚乳酸的产业化

表2-5为国内2009年国内主要乳酸企业生产情况。全国L-乳酸的年产量仅为3.82万t，占乳酸总产量的45.1%。

表2-5　国内主要乳酸生产企业统计

企业名称	产品名称	实际产量/t
河南金丹乳酸有限公司	DL-乳酸	40 000
安徽丰原格拉特乳酸有限公司	L-乳酸	25 000
江苏道森生物化学有限公司	L-乳酸	5 000
江西武藏野生物化工有限公司	L-乳酸	4 500
宜宾五粮液集团有限公司	DL-乳酸	3 000
河北新化乳酸有限公司	L-乳酸	2 200
湖南安化乳酸厂	DL-乳酸	2 000
湖北广水市民族化工有限公司	L-乳酸	1 500
江苏森达生物工程有限公司	DL-乳酸	1 500
合计		84 700

北京化工大学、中国科学院等单位采用分批补料等技术使得乳酸发酵产酸水平达200g/L，光学纯度达97.4%，可以满足聚乳酸的生产需要，正在建设年产5000t高纯度L-乳酸的中试线。上海新立工业微生物科技有限公司采用嗜热乳酸杆菌，采用SSF技术发酵最终L-乳酸的转化率达到93%～95%，L-乳酸的纯度达到97%～99%（CN1415743）。天津南开戈德集团有限公司采用细胞固定化发酵，外加pH控制系统自动控循环泵，实现原位分离发酵生产乳酸，累计乳酸产量81g/L。在聚乳酸合成方面，中国科学院长春应用化学研究所和浙江海正集团建成了我国第一条、世界第二条年产5000t绿色可降解环保型聚乳酸树脂工业示范线，并实现批量生产。该示范线聚乳酸收率达理论收率的90%以上，所生产的聚乳酸数均相对分子质量大于10万，完全达到企业标准。该产品熔点160～180℃；玻璃

化转变温度 58 ~ 60℃；抗张强度大于 65MPa。天津南开大学先制成 L-丙交酯在用异辛酸亚锡为引发剂进行开环聚合制得相对分子质量为 87.5 万的聚乳酸。上海同济大学采用 L-乳酸一步法丙交酯开环聚合制取聚乳酸，相对分子质量为 18 万 ~80 万。

3. PHBV 的规模化生产

由宁波天安生物材料有限公司牵头的 PHBV 的生物炼制课题组对发酵搅拌系统进行了改造，使得生产能耗降低 40%；初步开发成功了 PHBV/PLA 共混材料，经美国客户生产性试验表明，极大地改变了 PLA 材料的耐热性，大大拓展了两种材料的应用领域，将会成为 2010 年的销售重点；建成了 2000t/a 的 PHBV 生产线，产品相对分子质量≥45 万，50m^3 发酵罐生产细胞干重超过 180g/L，生产成本控制在 2 万元/t，新增产值 2 亿元以上；以 PHBV 为基础原料的终端制品已经在欧美日同步上市，宁波天安生物材料有限公司已经发展成为目前全球唯一的 PHBV 材料供应商，PHBV 产品已经获得了欧盟食品包装许可，获得欧盟 REACH 注册，通过美国 BPI 认可的实验室的检测，获准使用 BPI 的标志，并获得美国 TSCA 注册；该公司投资 1000 万元的废水处理及产品回收系统已投入运行，一期水的回收利用率达到 56% 以上，二期水的回收利用率将达到 85% 以上。

（二）发展趋势

生物基化学品的生物炼制技术的研发仍是今后工业生物技术领域的重要课题之一。生物炼制过程的关键在于提高生物质的利用率与产品定向合成的能力，突破这一技术瓶颈的关键是设计、构建和改造具有定向的转化和合成能力的细胞工厂，实现以可再生的生物质资源各种组分，甚至 CO_2 为原料，合成化学品、功能材料和能源物质。但是在工业上能够将生物质粗原料高效转化为燃料、化学品和材料的成本尚高，精细原料风险较低，粗原料风险较高，但从长远考虑，应加大系统生物学技术和合成生物学技术基础上对生物体设计和改造的能力。

总体说来，生物炼制技术的发展趋势将集中在以下几个方面。

1. 微生物糖代谢的分子基础及其互作关系

微生物利用生物质原料及合成化学品的代谢能力，根本上是来源于微生物自身的基因组以及与之相对应的具有生物学功能的蛋白质等功能大分子，它们构成了微生物基本的代谢网络结构，决定了生物炼制中原料组分转化和产物形成的范围和能力。具备特定底物选择性和高效率催化活

性的酶类是实现微生物体内5碳糖和6碳糖等生物原料向目标化学合成品转化的必要条件，具备调节大分子相互作用和细胞膜内外转运的蛋白质是微生物完成生物合成的充分条件。5碳糖和6碳糖是生物质的主要成分，也是生物炼制细胞工厂的基本原料，进一步发掘利用5碳糖和6碳糖、合成特殊化合物的基因与蛋白，阐明C2、C3、C4等平台化合物合成网络与流量关系的本质，逐步解决微生物代谢的分子基础及其互作关系的科学问题，有助于解析代谢网络结构，发现定向优化微生物功能中需要改变的因素，提高生物炼制细胞工厂的转化与合成能力，对于提升生物炼制的技术水平具有重要意义。

2. 细胞代谢功能的调控机制

微生物代谢功能的强弱由其基因型与环境因素决定，其中微生物基因型是内因，而环境因素则是外因。生物炼制要求微生物细胞能够定向、高效地生产人类所需要的目标化合物，要达到此目的，就必须去干扰、改变微生物原有的代谢调控体系。此外，细胞感知外界条件变化的信号系统将引发胞内调控网络一系列的遗传变化，迫使微生物对自身的生理和代谢功能进行调整，以适应环境的变化。微生物中不仅存在复杂的代谢网络，还存在更为精密的调控网络，后者是控制细胞代谢功能的关键。

3. 生物合成能力的重构与优化原理

生物炼制细胞工厂是指能够按照人类意愿高效生产出满足社会需要的重要产品的重组微生物。通过遗传操作可以实现对微生物细胞代谢功能的改造，可以实现代谢途径的优化、途径的组装和途径的拓展等，能够使微生物细胞利用粗原料过量积累一种或者多种化学品，甚至去生产其原来并不合成的产品。发现和认识微生物代谢的分子基础、互作关系及调控机制，为微生物细胞工厂的设计和构建奠定了理论基础。在此基础上，解决微生物不同的途径组建策略，逐步了解、掌握生物合成能力的重构与优化原理，就可以设计进化代谢工程、反向代谢工程、途径工程等基本的技术手段，实现代谢途径的重建与功能的优化。将使生物炼制细胞工厂按照人类的意愿去生产重大能源与化工产品成为可能。

二、工业酶的分子改造和工程化技术

（一）主要进展

工业酶制剂是重要的大宗发酵产品，也是实现绿色化学工业的重要工具。与发

达国家相比，我国工业酶制剂的开发应用技术发展严重滞后，酶制剂市场的产品结构亟待调整。工业酶的分子改造和工程技术在组织国内工业酶制剂领域的主要研究单位和重点生产企业协同攻关的基础上，通过新一代工业生物技术的研究开发与集成创新，以新型工业酶，如碱性甘露聚糖酶、植酸酶的产品创新与大宗工业酶制剂，如酸性高温淀粉酶、脂肪酶的技术提升相结合，大幅提升了我国工业酶产品创新能力和产业技术水平，获得了一批具有自主知识产权的发明专利，部分产品已形成规模化生产与应用，显著增强了我国工业酶及其相关产业的国际竞争能力。

1. 碱性甘露聚糖酶的高表达技术与产业开发

建立了极端酶高通量活性筛选和评价技术，完成了高温、酸性、碱性以及耐盐碱的甘露聚糖酶、纤维素酶、淀粉酶、葡萄糖苷酶等多种极端酶产生菌的分离筛选，获得了146株极端微生物菌株，描述了4个新种；克隆表达了30余个极端工业酶基因，完成了18个极端酶的纯化与表征，获得了新型的甘露聚糖酶和乳糖酶基因，建立了1个新的水解酶家族；采用随机突变和定点突变等技术，构建了4个酶的突变体文库，获得了多种特性改变的进化酶，解析了2种酶蛋白晶体结构，分析了酶基因序列与功能特征关系，阐述了极端酶结构位点与适应机制分子基础；进行了甘露聚糖酶和乳糖酶在酵母表达系统中的表达研究，完成了高效表达元件的优化、整合和重组毕赤酵母表达载体的构建，筛选获得高表达乳糖酶的转化子和甘露聚糖酶的转化子；完成了极端酶发酵生产线和酶制剂生产线的配套建设工作，现已建成了一套生产示范装置，进行了10t罐的甘露聚糖酶发酵工业化试生产，发酵液酶活4028 U/mL，并已协助企业完成了发酵罐及厂房的设计工作，目前已着手在江苏进行建厂。

2. 新型植酸酶分子设计技术

建立了快速克隆植酸酶基因的技术体系，从云南、新疆火焰山和西藏等特殊环境的样品中，克隆到全长的植酸酶新基因200余个；筛选到热稳定性好，同时在常温下又具有高酶活性的几种类型的植酸酶；分别从核酸和蛋白水平上进行改良，采用单一酶分子DNA改组、不同酶分子组合的family DNA改组及蛋白环化技术，筛选pH性能良好、耐高温、比活高等综合性能优良的植酸酶4株；构建重组酵母表达体系，并结合高细胞密度发酵系统提高植酸酶的表达量(8mg/mL)，进一步改进优化发酵工艺，发

酵液效价达到40 000IU/mL；建立了酶的后加工工艺，植酸酶的回收率达到在8%以上。完成了植酸酶制剂的剂型研究，优化并确定了剂型配方，确立了5000型、10000型和10万型三种剂型，完成了相关的产品质量标准的制定。截止2009年10月，已生产粉剂、颗粒、包衣以及液体各种剂型植酸酶产品，达到月产300t，成功实现年产2000t 5000型植酸酶的产业化目标，产品已占领国内市场的95%以上。

3. 高温酸性α-淀粉酶的发酵工艺技术

该技术目前处在从实验室研究成果向工业化量产的过渡阶段。已完成新建发酵生产体系2个，装机单批发酵能力1080t，年生产以淀粉水解酶为主体的工业酶制剂能力5.5万~6万t。全面支持并完成了中国工业酶制剂龙头企业~江苏省奥谷生物工程有限公司（新建企业，单批发酵能力600吨）的建设任务，在发酵、发酵控制、酶制剂分离纯化、淀粉水解酶工业应用性能评价等方面完成了全方位的技术革新与重大技术集成。此外，初步建成了我国第一个以淀粉水解酶制剂研发与工业应用为主体的研发中心，实现了由系列15L-1吨发酵罐为发酵单元，自主研发的控制软件支撑的工业酶制剂发酵与后提取控制系统、全新的零排放工业酶制剂分离纯化技术、具有世界先进水平的淀粉酶法水解属性评价系统。

4. 脂肪酶工程化技术

分别完成了黑曲霉脂肪酶基因工程菌的全基因优化合成，构建了脂肪酶同源表达基因工程菌、异源表达基因工程菌和表面展示基因工程菌，依托蛋白质同源建模技术，对自主筛选的一株脂肪碱性酶LipK107的空间结构进行预测以期实现对其理性重排或改造，发展了活性蛋白质聚集体的表达技术，有望发展为制备生物催化剂的一个高效新型途径。在工程化方面，完成了脂肪酶 *Candida* sp. 99-125的1000L工业放大工作，发酵液酶活达到9500 IU/mL以上；完成了大孔树脂固定化酶载体工艺；完善了脂肪酶催化合成聚酯的中试生产工艺；完成了甘油二酯生产500kg/d中试，建立30t/d的生产示范基地，转化率达75%，产品纯度为90%；完成年产5万~10万t规模生物柴油生产线的设计，发展了脂肪酶合成棕榈酸异辛酯、聚酰胺等应用技术。

（二）发展趋势

工业酶的应用已经渗透到化工、医药、食品、饲料、纺织、材料、发酵、能源等各个重大工业领域。目前全世界单纯的酶制剂市场规模虽然只有20多亿美元，但是

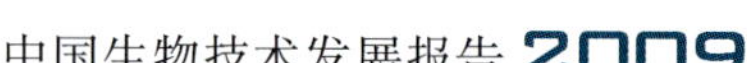

支撑着其下游数十倍甚至数百倍的工业。工业酶技术的快速发展将直接关系工业生物技术的进步和工业生物技术产业体系的完善，工业酶分子改造和工程化技术的研发将一直是工业生物技术领域永恒的主题之一。工业酶的分子改造和工程化技术的进步主要依赖于如下四大技术要素领域的进展。

1. 酶的发现和评估

目前酶的发现有两大趋势，一是利用基因组信息进行发掘，选出具有重要应用价值的生物催化剂基因进行研究，建立极端微生物、不可培养微生物和共生微生物的表达库，通过高通量筛选和评估方法，从建立的表达库中筛选新型生物酶；二是从节能出发，强调常温酶和低温酶的发现，如常温淀粉酶。酶性能评估技术则朝更少量更高通量发展，如化学工程中的微型反应器等的应用，得到了极大的关注。

2. 酶的分子改造技术

近年来，由于计算生物学技术的发展和人们对酶认识的加深，酶的分子改造开始向“理性”设计回归，结合酶结构与功能的关系，出现了目前流行的介于“定向进化”方法和传统理性设计之间的半随机半理性酶分子设计方法（或称理性进化，rational evolution），如对有限位点进行组合随机突变的 CASTing 方法。目是让试管中酶的人工进化的工作更有针对性，减少筛选工作量，提高效率。这些方法正在从研究机构向工业界渗透。

3. 酶的表达和制备技术

目前，国外的酶表达体系和制备技术相对成熟，开发的热点是针对于新型极端环境中分离的酶，开发新的重组表达宿主，这包括对已有宿主细胞的基因工程改造，载体控制元件的优化等；同时，在表达宿主中，对目标酶进行分子改造，在保持其生物特性的基础上，增强其表达性能，也取得了初步的成功，如通过分子改造和筛选，能够获得高效分泌表达的胞内酶；对于发酵过程计算机辅助运行和先进控制系统，解决了操作的稳定性问题以及过程放大的问题。

4. 酶的应用技术

目前酶应用基础技术的一个研究热点是使用纳米级材料固定化酶，使固定化的酶同时具有游离酶的良好传质特性。另外，利用高分子对酶进行单分子水平的修饰和包裹，从而限制酶的构象灵活性，能够提高酶的稳定性。这些分子水平修饰技术的开发，将促进酶的工程应用，拓宽酶

的使用范围，特别是酶在有机相中的使用效率。

三、大宗发酵产品的先进发酵工艺技术

（一）主要进展

我国发酵工业在国民经济中占有重要地位，但整体技术水平与发达国家相比还有较大差距，存在原料利用率和转化率低、能耗高、污染重等严重问题。在国家“863”计划重点项目的支持下，大宗发酵产品的先进发酵工艺技术专题通过产学研合作的组织形式，集成了工业生物技术和过程工程领域前沿技术，初步实现了大宗发酵产品的先进制造，显著增强了我国大宗发酵产品，如抗生素（红霉素、头孢菌素C）、氨基酸（谷氨酸）及维生素C的生产技术水平，解决了一批在发酵产品的绿色高效生产中存在的共性关键技术问题，以具有优质高效、资源节约、环境友好特征的新一代工业生物技术为平台，实现了以新一代高效生产菌株替代传统生产菌株，以先进发酵工艺技术替代传统发酵工艺，综合利用生产原料和废物，达到了降低物耗、降低能耗、降低污染物排放、提高综合效益的总体目标。

1. 大宗氨基酸和维生素发酵技术的改造

利用代谢工程原理选育到拥有自主知识产权L-谷氨酸高产菌株，在优化发酵条件下发酵36h，10L罐发酵产酸达到140g/L以上，糖酸转化率达到60%以上；建立基因工程和基因组改组技术选育谷氨酸产生菌的方法和产谷氨酸菌株的蛋白质组学研究方法；谷氨酸双结晶提取技术完成了中试工程化研究，其中“细晶自动消除的谷氨酸连续间歇耦联结晶技术”和“高杂质高黏度环境的谷氨酸结晶技术”以及整体工艺的集成都已在中试的工程规模上完成，目前正在与山东菱花集团就产业化问题进行“产业化风险评估”以及商业谈判；谷氨酸发酵清洁生产的酸碱再生循环新工艺与宁夏伊品集团合作进行中试，与传统等电离交工艺比较，每吨谷氨酸综合能耗从1.91t标准煤降到1.63t标准煤；谷氨酸绿色制造新技术在菱花和阜丰集团应用，并自主研发设计了一种新型大型谷氨酸发酵罐，将产酸率提高0.5个百分点（由12.0%提高到12.5%），并且能耗和设备成本均较低。

完成了三株Vc生产菌的基因组序列测定，对一系列关键酶基因进行了功能研究；建立了生产菌株的TN5突变体库，进一步

筛选的突变株小试结果可提高发酵产率5%左右，正在生产厂家维尔康进行了多批上罐验证；气升罐仿真模型的研究取得重要进展，OTR 提升 20% 以上；试制出相关催化树脂，提高反应转化率和产品质量，通过连续离交、催化树脂等清洁生产工艺的应用，每年可节省 1200t 浓硫酸、1500t 盐酸，20 万 t 水，减少 COD 排放 100t，新上废水回收项目可回收 80% 废水。通过菌种改良和下游提取转化率的提高，每年新增利润 1000 万元以上。

2. 大宗抗生素发酵工业用菌种改造和代谢工程技术

主要在以下几个方面取得了突破：生物反应器中多尺度参数相关的理论方法在头孢菌素 C 发酵过程优化的应用，发现了以生理代谢参数作为发酵过程优化与放大的跨尺度调控因子和调控策略的过程动态方法，克服了基于单一生理调控机制出发的研究往往只揭示了生理调控的局部和某一时段的特点的困难；形成了将生物反应器流场特性与细胞生理特性研究相结合的发酵过程放大技术，功率消耗能下降 40% 左右，是大型发酵装置研究技术的重大突破；复合淀粉代替油的全新工艺，大大降低生产成本，发酵单位已全面达到40 000 U/mL 以上，发酵单位及发酵总亿较原补油工艺提高 20% 以上。目前威奇达的头孢菌素 C 生产成本已成为全国最低的厂家，成为头孢菌素 C 最具有市场竞争力的企业；建立工业规模头孢菌素 C 的膜分离和树脂分离清洁生产工艺，产品纯度由 94.5% 提高到 96%，成功解决我国头孢菌素 C 生产中高能耗、高污染以及产品质量差等技术难题。应用上述关键技术后，在 2008 年、2009 年两年实现销售收入 8.71 亿元，利税达到 1.41 亿元，产生了显著的经济效益。

在原有基因工程菌构建的基础上，又根据代谢工程原理构建新的红霉素基因工程菌；另一方面原有构建较为成功的红霉素基因工程菌的中试、工业规模放大实验也正在积极地进程中，已取得初步的成效，在 132t 发酵罐上红霉素发酵单位达到 8000 ~ 10 000 U/mL，其中 A 组分达到 7000 U/mL以上，B、C 组分大大降低；生产规模在已达到项目攻关指标的基础上，开展进一步优化现有生产工艺，规范补料操作等研究，使工业规模的红霉素产出大幅提高，有效组分红霉素 A 的含量也大幅提高，在原定计划年产量 1500t 的基础上，超额完成了 1900t 红霉素原料药生产的指标，相应的销售收入也达 10 亿元以上；优化完善三废处理系统，建立了抗生素发酵清洁生产的典范；开展了工业规模放大过程动态流体力学与生理特性相结合的放大

规律研究，进一步对发酵过程的流变特性等开展了深入研究；为满足日益扩增的市场需求，三期扩建工程已基本完成，在三期工程中设备配置又上了一个台阶，可为下一步优化工艺的进一步推广奠定坚实的基础。其中，“先进技术集成的红霉素生产新工艺”项目获2008年上海市科技进步奖一等奖。

（二）发展趋势

最近几十年来，以基因工程技术、细胞高密度培养技术和生物反应器技术等为基础的工业发酵技术，已经成为农业、食品、医药、化工等国民经济行业的关键技术之一，工业发酵产业也是工业生物技术产业的支柱。加强现有发酵工程基础研究与应用研究，重点支持传统发酵工业的升级改造、开发一批具有国际竞争力的新产品、构建一批新的发酵工业示范基地和技术创新平台是今后一段时间该领域的重要发展方向。

1. 实现传统发酵工业的技术升级，提高主要大宗发酵产品效益，使我国传统发酵工业规模优势继续加强

提高现有生产菌种的发酵水平，优化发酵工艺，改进分离精制方法，改造落后的生产装置，使我国主要大宗发酵产品的原料和能源消耗大幅度降低，降低生产成本，减轻或消除环境污染。

2. 开发一批具有自主知识产权的发酵工业生产菌种

采用生物技术的手段，结合菌种的定向与非定向改造和选育，充分挖掘我国传统食品发酵微生物资源，开发适合大规模工业化生产、具有自主知识产权的生产菌种。

3. 开发一批具有国际竞争力的新产品，形成新的经济增长点

实现一批发酵工业产品低成本制造，开发医药中间体、精细化学品与平台化合物产品和新的食品与饲料添加剂，形成强有力的国际竞争力，奠定我国现代发酵工业的技术与产业基础，并带动形成一个现代生物工业产业链。

4. 开发一系列高效的发酵过程工程技术与装备

通过计算机模拟与控制技术和反应器结构优化技术结合，开发出达到国际先进水平的智能控制型高效生物反应器，实现高密度、高效率培养，提高发酵产率20%以上，降低能耗10%以上。研制出达到国际先进水平的生物产品分离提纯用的层析

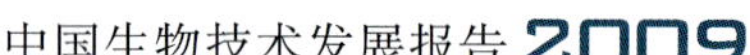

介质，建立有自主知识产权的生物产品分离提纯装置，提高分离提纯收率20%以上，降低分离提纯成本20%以上。

四、新一代工业生物技术

（一）主要进展

近年来，以生物催化和生物转化、代谢网络和代谢工程为核心的新一代工业生物技术进展迅猛。随着对微生物代谢网络研究的深入及DNA重组技术的日臻完善，通过基因克隆技术改变微生物代谢途径的某些关键步骤，大大提高产物产率；通过基因重组技术改变微生物的代谢途径，能够生产出传统发酵工业无法获得的新产品。微生物基因组学和代谢组学的快速发展，对代谢工程有极大的推动作用。大量新的生物化学合成途径的解析，为生产新化学品创造了前所未有的机会。新一代工业生物技术的巨大进步使得生物基化学品产业正在快速兴起。

工业生物技术的进步，特别是基因工程技术、代谢工程技术、生物催化剂的快速改造技术、生物转化的过程耦合技术等的成熟，可构造微生物新的合成途径，大大提高物质转化效率，从而有利于我国化工等行业摆脱能耗高、物耗高、污染严重的困境，加快我国工业产业结构的调整，促进生物基化学品制造技术的进步，提升国际竞争力，实现相关生物基化学品制造产业的跨越式发展。

国家“863”计划根据国际工业生物技术的发展趋势，针对我国新型工业化发展的战略需求，在生物医药领域专门设立了新一代工业生物技术专题。专题课题设置突出了前沿生物技术研究与重大生物产品开发相结合、培育新兴生物产业与支撑传统生物产业发展相结合、稳定发展现有工业生物技术人才队伍与重点培养未来领军人才相结合的原则。在工业微生物功能菌株改造大规模筛选与改造技术、生物催化剂定向改造技术、生物过程工程技术，以及生物技术与工程技术集成应用于生物材料、生物能源和传统发酵产品生产的工艺创新方面取得了重要进展，建成了一批新一代工业生物技术研发平台，获得了一批具有自主知识产权的发明专利，研制了一批具有重大市场前景的生物产品，在生物能源、生物基化学品、生物材料和传统发酵产品关键技术开发上取得重大突破。

1. 传统发酵产业的技术改造与提升

（1）开发了氨基酸发酵新工艺。利用高产菌株TK0303对L-亮氨酸进行了生物合

成途径分析和代谢网络定量分析，并据此进行10L、300L、5m^3发酵罐工艺优化，在5m^3发酵罐上进行补料分批发酵50h，产L-亮氨酸达45.8g/ L，糖酸转化率达到21.44%，总提取收率为81.1%；开发了L-亮氨酸提取新工艺，较好地解决了我国亮氨酸生产产酸水平低，生产周期较长，提取收率不高，环境污染严重等问题。目前正与无锡晶海氨基酸有限公司、阜丰集团等氨基酸生产企业密切合作，开发适用于工业化生产的工艺。

（2）对现有酶制剂工业进行了技术改造并拓展其应用领域。利用基因组探矿技术获得比活4倍于现有工业用D-海因酶的新基因；通过随机突变与半理性设计将D-氨甲酰水解酶热稳定性提高14℃；通过D-氨甲酰水解酶固定化酶制备工艺的研究和固定化D-氨甲酰水解酶连续转化工艺的优化，固定化D-氨甲酰水解酶与D-海因酶联合使用制备D-对羟基苯甘氨酸的使用批次已达到100批次以上，经测算固定化酶成本与目前国内两家（中天化工和洛阳鸿安）使用全细胞转化生产成本相比有较大幅度的降低，同时在产品质量、设备产能和环境保护方面都有较大幅度的提高。目前已经进入中试放大阶段，研发的技术已作为技术入股成立公司，目前在进行环评等生产基地建设工作，预计2011年可实现规模产业化，年产值将超1亿元。

分离纯化了重组木聚糖酶，考察木聚糖酶的酶学性质，以及pH和温度对木聚糖酶稳定性的影响；利用高分子PEG对酶进行单分子水平的修饰和包裹，木聚糖酶活提高了近50%，并通过半合理设计对其结构进行分子改造；建立无纤维素酶活的木聚糖酶用于纸浆辅助漂白的工艺，同时在山东泉林纸业有限公司进行了16轮次的里氏木霉产木聚糖酶预处理麦草浆中间试验，辅助工艺在白度不变的条件下可以降低有效氯用量的50%～60%，初步完成了麦草浆造纸工艺过程中应用木聚糖酶新型漂白的工艺评估。

（3）对我国优势传统的发酵食品生产工艺进行技术升级。2009年已完成酱油高效超滤澄清除菌技术（包括膜污染的控制技术、膜清洗技术）的小试应用基础研究和中试工艺放大研究，重点开展了超滤澄清除菌的产业化应用以及纳滤脱盐的中试放大研究，建立了产业化规模酱油超滤在线检测及智能控制系统，开发了新型复合清洗剂，并先后在广东海天建立了年产2.5万t、7.5万t和7.5万t（共计17.5万t）的超滤酱油生产线3套，实现节能80%，节水25%，优质品产率提高5%，新增产值3.63亿元，利润6100多万元，税收超过2600万元，节电264万度。酱油产品质

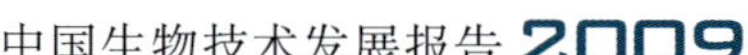

量符合酿造酱油国家标准 GB18186—2000 中高盐稀态发酵酱油的特级标准，同时酱油的卫生指标达到并超过 GB2717 中的规定。同时，完成了纳滤脱盐和精制技术的小试应用基础研究及中试工艺放大研究，建立了日产 2t 的纳滤脱盐装置一套，获得产品酱油中食盐（NaCl）含量约 9wt%。

在对镇江香醋多菌种混合发酵微生物群落结构及功能分析的基础上，通过纯培养获得了 10 余株与醋酸发酵、风味物质等生成密切相关的功能性微生物。在此基础上，对其中 3 株功能微生物以不同添加策略对镇江香醋醋酸发酵过程进行了生物强化的工厂中试试验。通过功能微生物的强化可使镇江香醋醋醅提前成熟，将发酵周期从 20d 左右缩短至 15d，且保留了镇江香醋独特的风味品质，同时提高了镇江香醋中一些风味成分以及功能性物质的含量，如具有心脑血管保健功能的物质川芎嗪的前体物质的合成。该成果如实施产业化转化，可以在不添加现有工厂生产设备的情况下，提高产能 15% 以上，预期可以产生可观的经济效益。此外，对于传统固态酿醋多菌种混合发酵微生物群落分析的部分研究结果已在企业的实际生产过程中发酵异常的诊断与处理、固态发酵食醋的国家标准修订等方面得到应用。

2. 建立了利用生物催化制备手性化学品的绿色制造产业

通过对消旋 MPGM 的化学合成以及（-）-MPGM 到顺-羟基内酰胺的化学转化进行了考察，打通了消旋 MPGM 合成—酶法拆分制备（-）-MPGM—顺-羟基内酰胺合成的工艺流程，制备获得光学纯（ee > 99.9%）的顺羟基内酰胺，并与江苏华荣生物科技有限公司合作进行了 1t 规模的实验，收率 75%，成本可控制在 37.66 万元/t。目前正在筹建年产 200t 顺-羟基内酰胺的生产车间。

生物催化不对称氧化还原反应制备芳基手性醇关键技术的研究在前期获得耐高底（产）物或辅酶再生效率高的突变菌株的研究基础上，进一步深入研究了高立体选择性氧化还原酶，通过生物信息学等手段，从基因库中获得目的基因进行表达构建立体选择性氧化还原酶工具箱或从基因组获得同源基因簇进行表达获得效率更高的生物催化剂；考察了重组催化剂对不同羰基化合物底物的活性，建立酶谱-底物谱档案；通过构建不同反应体系，反应条件以及过程优化，提取精制工艺的比较，建立稳定、高效、高低物浓度的生物转化工艺；利用溶氧策略成功实现了生物催化剂在 150 L 规模的放大，在 200 L 反应釜中利

用原位萃取反应系统等技术，成功建立生物催化高效制备 *S*-苯基乙二醇和（R）-2-氯-1-（3-氯苯基）乙醇的公斤级规模中试生产线，完成生物催化剂发酵制备、生物催化转化、产物分离提取和精制工艺、溶剂回收利用等研究，建立完整的清洁生产工艺，为进一步放大工业化生产奠定基础。

3. 新一代工业生物技术的突破及其应用

（1）在基因工程操作技术、代谢网络改造和构建方面取得了突破。基于转座子基因敲除的重组红球菌构建与代谢研究，开发了转座酶耦合体外片段重组的新方法进行红球菌的转座研究；成功敲除了红色红球菌中导致副产物生成的酰胺酶基因，并在两家年产两万吨规模丙烯酰胺的企业成功实施了工业化应用；通过全局转录工程新方法获得高丙烯酰胺耐受性突变株。

（2）在发酵设备研发，发酵过程集成、工艺开发和优化控制技术方面取得了显著进步和突破。根据动物细胞培养的生理特性，专门开发了用于动物细胞培养的过程控制软件；设计了四气控制系统，对氮气、空气、氧气和二氧化碳进行自动控制，实现溶氧、pH 的自动控制；开发了基于多尺度代谢流分析的软件包；根据 CFD 模拟计算和其他设计，已成功研制了 75L、375L 规模的符合 cGMP 标准的动物细胞反应器，应用于北京某公司中试生产；目前关于符合 cGMP 标准的动物细胞反应器的产品标准的建立正在进行中，预计 2010 年完成。

（3）在分离介质开发技术上有较大突破。采用免疫吸附血液净化材料制备与规模化生产技术开发的合成膜透析器技术处于国际先进水平，具有自主知识产权，是国内目前唯一的自主品牌。目前透析器生产已获医疗器械产品注册证，注册证号国食药监械（准）字 2008 第 3451341；完成生产扩建，年产量可达 170 万支，打破了国外的垄断。完成蛋白 A 柱的生产开发，所试制产品已在南京军区总医院和齐鲁医院进行了临床试用，已完成临床验证评审及实施注册证的申请，现已进入技术审评阶段。此外，还完成了新型血液净化吸附材料的制备，包括配体的筛选以及载体与配体的偶联方法的建立，成功研制了高性能的胆红素吸附材料和内毒素吸附材料。

（二）发展趋势

面向国家重大战略需求，培育战略新型产业，将是今后相当一段时期内工业生物技术的战略任务。新一代工业生物技术应着重围绕新能源、新材料、新医药等产业提升的重大需求，努力实现关键技术和重要产品研制的新突破，重点在节能减排、

低碳经济、食品安全、产业提升与国际竞争能力提高等方面进行布局，力争实现高能耗、高污染的传统化学工艺向清洁、高效、绿色的生化工艺转变，实现能源与工业原料的石油资源向可再生的生物质资源转变，实现生物制造产业的粮食原料向非粮原料转变，实现传统发酵大国向生物制造强国转变，实现先进技术仿制向核心技术自主创新转变，实现分散式研发向产、学、研联盟转变。

（1）针对我国能源、资源、环境和农村发展等的战略需求，围绕生物能源、生物材料、生物化工、生物工艺等生物技术新兴产业的发展，传统产业改造和提高国家经济安全保障能力的需要，以新一代工业生物技术创新性研究和重大产品开发为重要目标，重点突破共性技术、关键技术、系统优化重大工业产品经济技术指标，开发具有自主知识产权与市场竞争能力的重大新产品与新技术体系。

（2）选择生产工艺污染重、能耗高的典型化学药物，农药原料或重大化学品产品，着力加强生物技术介入化学药物与中间体生产过程的技术研发，大幅减少化学工业的废水与废弃物产生，提高产品品质，降低生产成本，提高我国制药工业技术水平。

（3）积极实施石油化工原料的生物替代战略，发展生物能源、生物新材料与生物基化学品制造技术，降低工业制造对石油资源的依赖，促进我国能源与资源的可持续发展。以发展生物高技术为核心，结合现代化工技术和成熟工业技术，构建完整的石油基化学品的生物替代技术体系，研究和完善生物替代中的关键平台化合物的制造技术，促进生物基化学品制造技术的进步，优化生物基化学品制造的中游、下游工艺，为推动大规模的生物基化学品制造奠定技术基础。

（4）努力提高技术与产品研发的起点，抢占工业生物技术发展的战略高地，加强自主创新与引进、消化、吸收、再创新的能力，以新的高技术在能源、材料、食品、化工、医药等行业中打造几个世界第一的产业，拉动经济大幅增长。

（5）加强我国工业生物技术产业化进程，重点进行具有重大经济与环境效益和国家战略意义的重大产品的中试开发、产业化前期研发，并积极推动和大力促进成果的产业化，实现我国工业生物技术的跨越式发展，提高公众与社会对工业生物技术在可持续发展中具有重要地位的认同度。

第五章 能源生物技术

能源生物技术是指基于生物质资源生产各种生物能源产品所涉及的生物技术。大力发展能源生物技术是解决我国面临的石油资源短缺导致的能源紧张及石油基液体燃料大量消耗导致生态环境破坏这两方面严峻形势的重要途径。能源生物技术主要着眼于未来国家能源安全和石油资源替代两大战略目标，研究开发基于生物质资源综合利用生产燃料乙醇、生物柴油和生物燃气3种典型生物能源产品以及生物氢能等新型生物能源产品的重大关键技术，开展工业化生产试验研究与应用推广。

我国政府十分重视能源生物技术的发展，《国家中长期科学和技术发展规划纲要》（简称《中长期规划》）明确指出经过15年的努力，要在我国科学技术的若干重要方面实现8个目标，其中“目标三”是能源开发、节能技术和清洁能源技术取得突破，促进能源结构优化。能源放在了11个重点领域的首要位置，并把可再生能源低成本规模化开发利用列入其优先主题。《中华人民共和国国民经济和社会发展第十一个五年规划纲要》（简称《十一五规划》）第三篇第十二章也明确提出了要大力发展可再生能源，扩大燃料乙醇、生物柴油的生产能力。同时扶持发展生物能源还符合《中长期规划》中农业重点领域农林生物质综合开发利用优先主题的要求，也是实现《十一五规划》中建设社会主义新农村、建设资源节约型和环境友好型社会的有效途径。

由于生物能源产品是利润空间很小的大宗产品，通过创新技术开发提高生物能源产品的经济指标就显得尤其重要。生物质是生物能源生产的原料，以农作物秸秆为代表的第二代生物质资源虽然储量丰富，但加工转化成本高的问题仍然十分突出，研究开发能量密度高，加工转化成本低的陆生和水生能源作物正引起国内外关注。糖质和淀粉质原料第一代燃料乙醇生产技

术已经成熟，研究开发纤维素乙醇及以生物丁醇为代表的第二代高能量密度的新型生物燃料是今后国内外生物能源技术发展的方向。培育适宜于在边际土地种植生长的油料作物品种，开发基于木质纤维素类生物质资源的微生物油脂和富油藻类的大规模培养，以及解决好生物柴油副产物甘油的深加工和利用是解决油脂资源供给制约生物柴油发展瓶颈问题的出路。生物燃气（沼气）是有机质废弃物资源化利用的主要途径，筛选适宜于低温启动的高效菌群，提高装置的工程化水平，是提高普及率的关键。以微生物厌氧暗发酵制氢和藻类光解水制氢的生物制氢，并针对多元生物质废弃物的定向高效产氢是能源生物技术未来的重要研究领域和发展方向。

一、生物质与能源植物

（一）主要进展

生物质资源主要包括各类有机残余废弃物和专用能源作物两大类。有机残余废弃物包括农业残余物、林业残余物、畜禽排泄物、工业有机废弃物和有机生活垃圾。我国人口众多，人均土地十分有限，一方面要充分利用这些废弃的生物质资源，另一方面要成分利用边际土地，在“不与人争粮、不与粮争地”的原则下，积极发展能源作物研究和生产。

能源作物是指那些一年生和多年生栽培植物，用以生产固体、液体或气体能源原料。除可提供能源外，能源作物还是未来化工材料的重要来源。通常，根据作物主要的化学成分及其转化应用，将能源作物分为乙醇作物、柴油作物和木质纤维素作物三类。

通过“十一五”的科技创新，在生物质能源领域内的生物质高效降解、沼气规模化制备、植物质成型燃料等方面已有一批重大技术获得突破，同时在高产、高抗、高糖、高油的能源作物规模化培育方面，也形成一批特种新型能源植物种类的高效培育技术，主要包括黄连木、文冠果、麻疯树、光皮树、续随子等。

1. 系统开展了我国生物质资源容量评估，初步提出我国能源作物发展构想

中国工程院组织专家队伍对我国生物质资源和发展潜力进行了评估，这是迄今为止我国较为全面的研究。当前我国农业、林业、工业残余物可达 9.44 亿 t，其中作物秸秆占 54.2%；我国现有边际性土地资源 1.36 万 hm^2，其中宜农地占 26.6%，宜林地占 75.4%，当前的薪炭林、油料林和灌木林共 5.2 万 hm^2，能源林地的潜力较

大。研究认为，目前到2015年，木薯、甘薯和甜高粱等是我国主要的能源作物，甘蔗和甜菜是制糖和生产乙醇两用的作物。2016～2025年期间，将是乙醇原料作物、柴油油料植物和木质纤维素作物并举阶段，甜高粱、纤维高粱、木薯、菊芋、甜菜、灌木和多年生草本类纤维作物以及麻疯树、黄连木、文冠果、光皮树和续随子等油料作物的共同发展阶段。至2026年，以含糖和淀粉为主的能源作物的种植面积逐渐减少，木质纤维素作物将成为越来越主要的能源作物，其中灌木类包括柽柳、紫穗槐、柠条和蒿柳等，草本类包括纤维高粱、菊芋、柳枝稷和芒草等。

2. 以提高边际适应性和产量性状为目标的能源植物育种工作受到重视，高能量密度、高抗性木薯、甘薯品种取得突破

能源作物是一类新型作物，在高产和高能量品质方面的研究潜力仍然很大。由于我国人均土地和水资源相对不足，因而能源作物品种培育的一个重要的育种目标就是提高抗性，以适应在边际土地种植，主要是提高抗旱、抗盐碱和抗寒能力。此外，提高作物的抗病虫和耐瘠能力，也对增加生物质产量具有重要意义。我国在甜高粱、木薯、甘薯等能源专用品种的选育方面，尤其是在提高能量密度（如糖、淀粉含量）上已取得一定的成绩。育成的甜高粱能够在含盐量0.5%的盐碱地上能获得较高的产量，将成为新一代理想能源作物，其中甜高粱新品种吉甜3号已通过全国草品种审定委员会的审定；双低杂交油菜品种油研11号产量达到150kg/亩，增产8%，含油量最高达到52%，提高8%～10%。

3. 开展了生物质高效降解专用微生物筛选与构建，木质纤维素的组合处理技术有所突破

“十一五”期间开展的高活性纤维素酶生产菌种的筛选与构建，产漆酶、过氧化酶等降解木质素的真菌与真菌菌群的筛选与构建，高效共代谢五碳糖、六碳糖产乙醇、乳酸的基因工程菌构建技术，菌种改造和代谢工程技术等研究已初有成效，对纤维素、半纤维素、木质素降解分别达到了58%、82%和5.4%。与此同时，利用化学方法和微波辅助方法对木质纤维素进行协同处理，使半纤维素、纤维素全部水解时间缩短到72h内，形成了以化学—物理—微生物联合处理的低成本工艺。

4. 农林和工业废弃生物质的质能转换已进入规模化产业实施阶段，其示范带动和社会绩效显著

农林剩余物制备生物燃气关键技术取

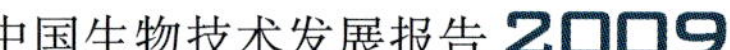

得阶段性成果，研究了焦油的凝结特性，建立了小型高温过滤实验系统，净化后的燃气杂质含量小于10mg/Nm^3，已经建立起200kW生物质气化发电中试装置和50Nm^3/h生物质制备合成气系统两条生产线。利用村镇农林剩余物直燃发电技术在山东高唐得到具体应用。已开发出三级厌氧高浓度酸化沼气生产装置，用于对大型养殖场的废弃生物质进行沼气转化。沼气规模化干法厌氧发酵技术取得突破，覆膜开敞槽生物反应器已进入实用化开发，研发的秸秆预处理产沼气菌剂和发酵添加剂提高沼气产量最高可达40%。已构建出既能抗土传病害，又能降解有机污染物的复合菌群，使畜禽粪便生产商品有机肥料进入到产业化开发阶段。建成年产5万t的油脂资源综合利用技术示范生产线，解决了传统生物柴油生产从间歇法向连续法转变的多项技术难题，新型甲酯化催化剂生产技术使油脂从原来的一次转化率由96%提高到99%。

（二）发展趋势

我国生物质能源产业近年来得到快速发展，但基础研究和应用研究还显得十分薄弱，与发达国家有一定的差距，主要表现在资源发掘还不够深入，产能性状不太突出，加工工艺尚不统一，产品标准不完善等诸多方面，尤其是特种能源植物，应用价值高的品种目前发现还不多。我国能源植物产业的发展，既要借鉴国外先进的技术和经验，又要强调自己的特色。

1. 适合边际土地栽培的特种能源作物具有重要的研究和开发价值

木质纤维素类能源作物多数都是多年生作物，生物质产量高，生产成本低，抗逆性强，生态适应范围广，有利于保持水土，增加土壤有机质含量，是更适宜于边际土地发展的能源作物类型。短期轮伐木本作物具有生物质产量高、抗逆性好、水肥要求少、种植成本低和生态效应显著等多方面优点，可作为专门的能源原料进行推广，其主要品种为硬木类的杨树、柳树、桉树、银槭、枫树等。

与木本作物相比，草本作物耐旱，收获成本较低，对环境负面影响较小，其中柳枝稷、象草、绊根草、百喜草和芒草奇岗等是最有潜力的能源作物之一，已在欧美得到广泛深入的研究，应加强其同类型植物的我国适生植物的研究和开发。

非粮原料的生物柴油也受到国外广泛重视，其原料生产也是限制发展的重要因素。草本作物主要包括续随子、蓖麻等，木本油料作物包括麻疯树、油棕榈等。但是，多数种类需要进一步改良品种和提高

栽培技术以增加油脂产量。

藻类是吸收 CO_2 将太阳光能转化为化学能的植物，含油微藻可在废弃地及其他没有农业利用价值的土地上进行大规模培养，因而有很好的应用前景。欧美的一些研究机构在研究含油微藻（microalgae）及其应用方面已有多年的历史，如利用废水和矿质养分较高的水资源进行微藻培养，其光能利用率和生产力分别达到5% 和 50t 干物重/（hm^2 · a），我国应加强这方面的研究。

2. 对非粮能源作物进行抗性和产量性状进行改良成为育种工作的热点

培育高度抗盐碱、抗干旱、抗病虫及具有水土保持功能的能源作物品种，如通过导入编码催化产生渗压剂的酶基因，导入清除活性氧酶基因，导入胁迫诱导的蛋白基因，是改良作物耐旱性或抗盐性研究的热点。

薯类基因的改良方面，可利用基因工程技术将细胞分裂素合成关键酶基因（ipt）导入的木薯品种，延长叶片持绿期，提高块根产量；为获得低糯型能源加工型木薯，可将与支链淀粉合成有关的关键酶基因转入到薯类作物，改良淀粉结构，提高有利于形成乙醇的淀粉含量。

此外，在辐射育种和杂交育种的基础上，研究转化适合能源利用的不育系是当前主要能源作物育种研究的重点。国外非常重视木质纤维素作物的分子育种，主要研究的作物包括杨树、柳枝稷和芒草等，如在杨树上主要采取了两条基因工程技术路线，一是整体降低木质素含量，二是改变木质素分子的 S/G（S-木质素结合松，易降解）。要实现这样的目标，就需要系统解析木质素形成的生物化学过程，找到决定 S、G 分子的基因群。

3. 形成多元化生物质加工技术体系，探索生物质资源基地和生产供应模式

积极开展微生物能量物质合成代谢功能优化改造、发酵工艺优化等技术研究，以木质纤维素等碳水化合物为原料，开发燃料乙醇、生物油脂、生物燃气、生物长链醇等生物能源新技术与新产品，促进能源多元化体系的形成，以生物质能源缓解石油资源压力。

要深入探索我国生物能源生产供应系统，构建生物质资源综合利用和生物能源技术体系，研发生物质资源高效综合利用产品与装备，培育生物质资源高效综合利用和生物能源产业。同时需要培养一支生物质高效利用和生物能源创新群体，尤其是培养不同层次和不同研究方向的技术型人才，使学科和产业持续地向前发展，达

到国际领先或先进水平。

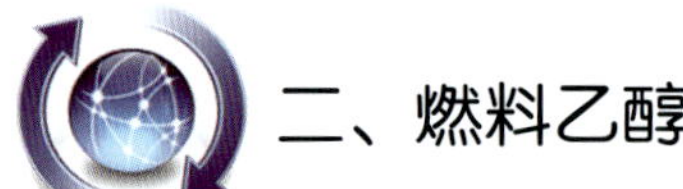

二、燃料乙醇

（一）主要进展

燃料乙醇已在全球范围蓬勃兴起，世界年产量已达到5000万t，且发展势头强劲。美国、巴西、欧盟、中国的产量均突破了100万t。我国自“十五”以来，国家发改委先后支持了5套燃料乙醇生产装置的建设，成为继美国、巴西之后世界第三大燃料乙醇生产国，实际年产量在150万t以上。但由于我国人口多、耕地少，大规模发展淀粉质原料燃料乙醇对粮食安全的影响比任何国家都突出，因此，在大规模的纤维素乙醇时代来临之前，需要积极发展非粮淀粉质燃料乙醇。中粮集团与中国石化合作已率先在广西建设20万t/a木薯燃料乙醇装置，借鉴吸收了薯类乙醇和玉米燃料乙醇的先进技术，整体技术已处于领先水平，但目前仍存在木薯原料预处理后杂质含量高、废水处理沼气产量低、装置整体能耗偏高等问题，需要进一步重点突破。

以糖质和淀粉质原料生产的第一代燃料乙醇，其技术已经成熟，在国内外都得到了迅速发展，但以储量丰富的农林废弃物为代表的木质纤维素类生物质生产第二代燃料乙醇，正处于技术开发和产业化示范阶段。我国近年来已建成多条纤维素乙醇示范生产线，其中具有代表性的有天冠集团在河南南阳建立的3000t纤维乙醇装置、华东理工大学建成的年产600t纤维乙醇的示范生产线、丰原集团采用固体发酵纤维素酶建成的300t规模的中试装置、中粮集团在黑龙江肇东建成的500t规模的纤维素乙醇中试装置、河南农大学与河南中科燎原公司合作建成的300t纤维素乙醇试验装置，此外，中国科学院过程工程研究所、天津工业生物技术研究所也开展了纤维素乙醇中试和技术集成研究。

我国规模不等的纤维素乙醇中试生产线，其总体能力达到5000t，主要以农作物秸秆为原料，吨乙醇生产的成本高达8000元以上，远高于玉米、薯类原料的生产成本和燃料乙醇的市场价格，因而总体生产能力不足100t。纤维素乙醇的发展迫切需要技术的突破。因此，围绕降低纤维素乙醇的成本，科技创新工作主要集中在生产过程涉及的原料预处理、纤维素酶解、混合糖发酵等几个主要环节上。

1. 纤维素原料预处理技术及其综合评价

迄今为止，国内外针对不同来源的原

料特点，研究开发了很多预处理技术，包括酸法、碱法、氨法和汽爆等在内的各种预处理技术，虽然技术路线不同，但目的相同，即破坏木质纤维素类生物质原料的物理化学结构，将半纤维素、纤维素和木质素剥离，为后续纤维素酶水解纤维素组分创造条件，提高酶解效率，以最小的综合成本来最大限度地获得半纤维素和纤维素中的糖。美国能源部可再生能源国家实验室（NREL）已建立了标准化的实验设计和数据报告模式，对不同原料和预处理技术路线的能耗，以及后续纤维素酶解效果和乙醇发酵的影响进行综合评价。其中最为基本的要求如下：①原料粉碎细度适中，以节省粉碎过程的能耗；②半纤维素水解得到的糖损耗低，以保证后续乙醇发酵的收率；③为纤维素酶解提供良好的条件，减少纤维素酶的用量；④毒性产物少，减少预处理后脱毒成本，有利于发酵。

2. 纤维素酶活力水平及其定向改造工作

尽管纤维素酶研究开发在过去的几年里取得了显著进展，酶活水平从 20 FPU/mL 已提高到目前的 40～50 FPU/mL，但与国际水平相比（150～200 FPU/mL），仍有较大的差距。

纤维素酶用于燃料乙醇生产的成本仍然太高。NREL 纤维素酶的研发的目标是到 2012 年，控制每加仑纤维素乙醇的纤维素酶成本在 10 美分以下，比目前成本降低 2/3。

纤维素的高效水解需要纤维素内切酶、外切酶和纤维二糖酶的协同作用，以 Genencor 为首的酶制剂大公司致力于高效复合纤维素的开发，一是通过研究这些酶的表达调控机制，对生产菌株进行定向改造，提高产酶水平；二是在酶蛋白分子水平上，研究酶的协调作用机制，进而调控发酵过程，获得酶解效率显著提高的复合纤维素酶；三是通过优化液体深层发酵过程，降低生产能耗。

3. 己糖、戊糖的混合发酵

木质纤维素类生物质糖类组成复杂，水解产物中除葡萄糖外，还含有木糖、阿拉伯糖、甘露糖、半乳糖等五碳糖，此外还含有很多对纤维素酶解和乙醇发酵具有强抑制作用的毒性物质。酿酒酵母不能发酵以木糖为主的五碳糖和其他诸多杂糖，但可以通过基因工程、代谢工程进行途径改造。中国科学院微生物研究所对树干毕赤酵母进行五碳糖和六碳糖的共代谢改造，经驯化后能够进行己糖戊糖共发酵，总糖利用率接近 90%，乙醇浓度可达 30g/L。而美国 Purdue 大学构建的酵母菌利用木糖

产乙醇浓度达到7% ~8%，NERL将大肠杆菌的木糖代谢途径转入具有乙醇发酵能力的假运动单孢菌，也实现了戊糖发酵，使发酵终点乙醇浓度提高到8% ~10%，吨产品秸秆消耗降低到4 ~5t。

在较高的温度下（40℃以上）进行乙醇发酵，不仅能够减少冷却水耗量，提高发酵速率，而且为乙醇的在线渗透耦合分离创造了条件。由中国科学院筛选得到的耐高温酵母能够在葡萄糖或混合糖中进行乙醇发酵，发酵36h乙醇浓度达52 ~53g/L。

4. 整合生物加工技术及热纤梭菌的研究

整合生物加工技术（consolidated bio-processing，CBP）被认为是最有希望的低成本纤维素乙醇生产路线。它通过将纤维素酶的生产、纤维素的酶水解、戊糖发酵与己糖发酵等四个原本分立的步骤及相应的反应器整合为同一步骤，即能够实现在同一反应器中完成降解到发酵的全过程，因此运行成本将大大降低。梭菌（Clostridia）和嗜热厌氧菌（Thermoanaerobacter）是现已发现的最有希望满足CBP要求的微生物类群。它们能够降解许多复杂的碳水化合物，如淀粉、纤维素、半纤维素和果胶等，并将不同的单糖（包括戊糖和己糖）发酵为乙醇。

热纤梭菌（*Clostridium thermocellum*）具有乙醇产生能力和高效的晶态纤维素降解能力，其纤维素降解体系一直是研究的热点，该菌具有高度组织化的纤维小体，附着在细胞壁表面，可以通过dockerin-cohesin的相互作用实现对晶态纤维素的高效降解，通过对热线梭菌的基因组分析，该菌含有73个纤维素类多糖物质降解酶基因，其中约51个是纤维小体酶成分。中国科学院微生物研究所开展了热线梭菌发酵玉米秸秆研究，在4 L的反应发酵体系中，纤维素降解率达到14.9%，乙醇的最终产量为2.32 g/L。

（二）发展趋势

我国以淀粉质原料生产燃料乙醇的生产技术已经基本成熟，具有一定的国际竞争力。未来通过技术创新降低淀粉质燃料乙醇的成本仍将是主要任务，应着重围绕实现燃料乙醇原料多元化、原料前处理综合利用、发酵工艺技术水平的提高、清洁生产技术等开展研究，并注重技术集成，进一步降低燃料乙醇的生产成本，提高综合效益。在继续利用粮食制造燃料乙醇的基础上，进一步开发以薯类淀粉、甘蔗、甜高粱、甜菜等为原料生产乙醇新技术。同时，应积极加强纤维素燃料乙醇的技术

研发与产业化进程。

1. 加强纤维素乙醇的混合发酵菌株的构建和发酵控制

国内在混合糖发酵菌株构建方面远落后于国外，至今没有构建出具有实用价值的工程菌株，已经建立的几套秸秆乙醇中试装置，全部采用常规酿酒酵母，发酵终点乙醇浓度仅为5%（V/V）左右，水解液中的五碳糖全部进入废糟液中，吨燃料乙醇生产秸秆消耗量6～7t。随着纤维素酶技术的发展，纤维素酶成本降低后，原料成本所占比例将会大幅度提高。如果我国在混合糖发酵技术方面不尽快取得突破，纤维素乙醇产业将不可能立足于自己的技术来发展。

2. 重视纤维素的整合生物加工技术的基础研究

整合生物加工技术（CBP）核心内容是利用现代生物技术进展提供的信息和工具，构建高效菌株，进而优化培养和发酵条件，提高纤维素乙醇生产的综合技术经济指标。CBP是纤维素乙醇开发的新途径，国内已经开展这方面的研究工作并取得初步进展，但距离产业化技术开发还有相当的距离。因此，要重视CBP的基础研究，追踪国际研究领域的热点和前沿，整合结构、功能信息和工艺特性，研究纤维素小体的细胞表面重建技术，通过理性改造和定向进化改善纤维素酶的活性，开发高效的木质纤维素降解酶系。

3. 突破木质纤维素原料的预处理和酶解工艺

比较不同预处理技术对具有代表性的木质纤维素原料的处理效果，包括化学、物理、生物及组合预处理，认识木质纤维素在预处理过程中的组分结构变化，降低预处理过程产生的发酵抑制物数量，建立木质纤维素预处理中试装置，为工业放大提供具有指导意义的基础技术数据。定量分析酶解过程中部分生物质的属性和预处理过程中化学成分对酶水解效率的影响，开发出高效、低能耗、少抑制物的预处理工艺。

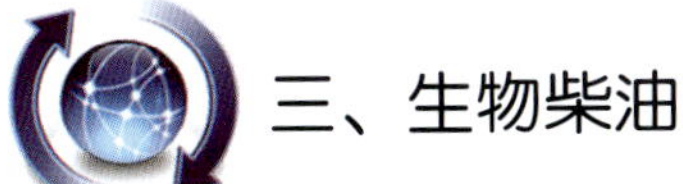

三、生物柴油

（一）主要进展

生物柴油是典型的绿色能源，它以大豆和油菜籽等油料作物、油棕和黄连木等油料林木果实、工程微藻等油料水生植物以及动物油脂、废餐饮油等为原料制成的

液体燃料，是优质的石油柴油代用品。大力发展生物柴油对经济可持续发展，推进能源替代，减轻环境压力，控制城市大气污染具有重要的战略意义。

我国政府对发展生物柴油非常重视，并制定了相关政策促进其发展。2004 年，科技部启动了“十五”国家科技攻关计划“生物燃料油技术开发”项目，2005 年，十届全国人大会通过了《可再生能源法》，明确指出要大力发展生物柴油。国家发改委把“工业规模生物柴油生产及过程控制关键技术”列入“节约和替代石油关键技术”中。2006 年，财政部、国家发展改革委、农业部、国家税务总局和国家林业局联合下发了《关于发展生物能源和生物化工财税扶持政策的实施意见》，其中也包括生物柴油。2007 年我国正式实施《柴油机燃料调和用生物柴油》（BD100）国家标准（GB/T 20828—2007）。根据国家“十一五”规划目标，我国 2010 年生物柴油的年产量为 200 万 t。目前，我国已有数十家生物柴油企业，每年生产能力超过 300 万 t。

1. 超临界法制备生物柴油

与欧美等发达国家相比，我国生物柴油产油发展较晚，但发展速度很快。中国石油化工集团、清华大学、中国农业科学院、中国科学技术大学、江苏石油学院、四川大学、北京化工大学、华中科技大学等研究机构和大学纷纷启动生物柴油技术工艺的研究开发，取得了一系列重要阶段性成果。

据不完全统计，目前国内生物柴油的生产主要是民营企业采用传统的化学催化法以垃圾油、废酸油、木本油料植物为原料合成生物柴油（图 2-31）。我国进行生物柴油生产的企业主要有海南正和生物能源公司、四川古杉油脂化工公司、福建卓越新能源发展公司、湖南海纳百川生物工程有限公司等。海南正和生物能源有限公司早在 2001 年 9 月就建成了年产 1 万 t 的生物柴油试验厂；四川古杉油脂化学公司利用植物油和泔水油为原料生产生物柴油；2002 年 9 月，福建省龙岩市建成了年产 2 万 t 的生物柴油装置；中石化已在石家庄建立年产 3000t 的生物柴油中试生产装置。但由于超临界法制备生物柴油需要高温高压，对设备要求很高，因此要大规模应用于工业生产，还需要进一步的研究。

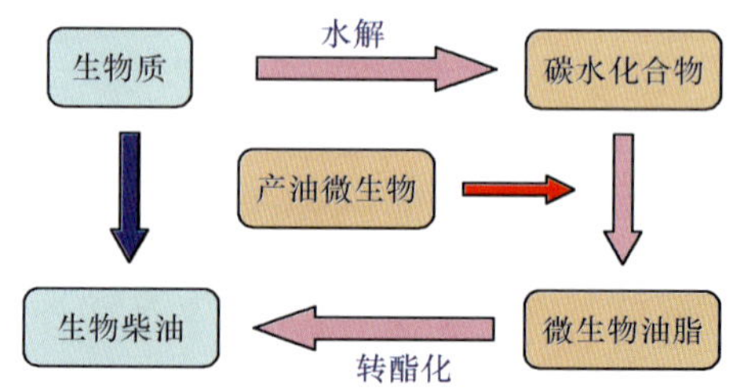

图 2-31　从生物物质到生物柴油的基本流程示意图

2. 脂肪酶法制备生物柴油

北京化工大学一直致力于酶制剂的开发，开发的酶法相关技术已先后在秦皇岛和上海实现了生物柴油的万吨级产业化；清华大学开发的酶法制备生物柴油新工艺，突破了传统酶法工艺制备生物柴油的技术瓶颈。清华大学同湖南海纳百川生物工程有限公司合作，建成了全球首套酶法工业化生产生物柴油装置，改造后生产能力达4万 t/a，运行结果表明该酶法新工艺在经济上可与目前广泛采用的化学工艺竞争，具有很好的应用推广前景，目前一德国企业已同清华大学签订了该技术的实施许可合同（图 2-32）。

图 2-32　生物酶法生产生物柴油产业化装置

3. 微藻制取生物柴油

清华大学微藻生物能源研究室发明了微藻异养发酵生产生物柴油的新技术，其技术特征在于：通过对一种特别藻株特殊品系的筛选和代谢途径的改变，*Chlorella protothecoides* 0710 strain 由光合自养转变为化能异养，细胞由绿变黄，生长繁殖更快，油脂含量提高 3 ~ 4 倍，达细胞干重的 61% 以上。该研究室又将工业界成熟的发酵技术应用于高油脂异养微藻的生产，进一步提高发酵规模和细胞密度，细胞发酵密度超过了 100g/L，获取了大量异养干藻粉后提取油脂，经转酯化反应生成了高质量的生物柴油。该技术的主要创新点在于微藻异养发酵生产生物柴油新技术，打通了以糖、淀粉、有机废水、二氧化碳等为原料、工业自动化条件下高效生产生物柴油的新途径。异养藻细胞发酵产量和油脂含量不断创造新高（细胞干重 100 g/L，含油量 60%），提高了该技术工业化生产的经济性。目前正在研究在发酵前引入利用 CO_2 和光合作用来减少糖或淀粉的消耗，以降低成本的同时减少温室气体的排放。

（二）发展趋势

尽管生物柴油产业作为新兴的高科技能源产业已开始展示出广阔的发展前景，但与发达国家相比，目前我国生物柴油发展中存在原料资源供给等诸多问题需要尽快解决，生物柴油产业的健康发展应综合考虑以下问题。

1. 原料油的来源问题

我国目前所种植的传统油料作物大豆、

油菜、花生等主要用于食用油，生物柴油的原料主要是废弃油脂，但废弃油脂过于分散，收集困难，总量有限，难以实现生物柴油的大规模生产。为此，需要加强对油料作物的改良和创新研究，培育高产、高含油量且环境适应性强的生物柴油专用品种以满足对原料的大量需求。此外，利用废弃生物质资源发酵法生产微生物油脂的工作在我国也已经开展，因地制宜实现原料多元化，是我国生物柴油产业发展的关键。

2. 生产技术与工艺问题

我国生物柴油研究开发与先进国家美国、德国等存在较大差距。现阶段我国生物柴油生产工艺存在醇耗量大、产物难分离、生产过程中有废酸或废碱液排放污染环境等缺点。一些清洁生产工艺如生物酶法以及超临界流体体系日益受到关注，但其长足发展需国家相关部门重视和支持。

3. 标准实施以及国家政策方面

目前我国生物柴油产业的发展刚刚起步，国家缺少这方面的规划与优惠政策，很大程度上导致已经制定的相应技术标准和指标体系难以应用到实际流通领域中去。为此，国家必须加大对生物柴油科技的投入，制定生物柴油发展规划和鼓励生物柴油发展的配套优惠政策，促进我国生物柴油科学研究和产业化的快速发展，以在新能源革命中占有一席之地。

4. 副产物甘油的深度加工问题

在生物柴油的生产过程中，会产生一定量（最高可达 10%）的副产物甘油，若生产数百万吨甚至千万吨的生物柴油，将产生数十万吨至百万吨的副产物甘油，因此必须考虑甘油的利用问题。

四、生物燃气

（一）主要进展

生物燃气作为一种可再生能源，其主要成分为甲烷，最突出特点就是清洁，能有效地利用有机垃圾、人畜粪便、废弃农作物秸秆等低劣生物质原料。由于生物燃气符合可持续发展的要求，以及其具备的绿色、清洁、环保等特性，日本、美国等发达国家和欧盟越来越青睐于生物燃气的使用，并已在气体储存、运输和输送方面奠定了良好的工作基础。2006 年，欧盟地区生物燃气的产量约为 530 万 t 石油当量，同比增长 13.6%，并已开始作为汽车燃料进行规模应用。据估算，目前我国仅禽畜

粪便资源总量就有约8.5亿t，若将其转化为生物燃气可折合超过7840万t标准煤。因此，如果能将我国巨量的低劣生物质全部转化为生物燃气，同时产生的沼渣、沼液可用作优质农家肥，实现生态农业的良性化发展，在产生可观的绿色能源的同时，还可产生显著的环境效益、生态效益，可谓一举多得。

近年来，我国生物燃气的研究和应用也得到较快发展，中国科学院过程工程研究所、南京工业大学、江南大学、中国农业大学、北京环境科学研究院、清华大学、北京化工大学、西安交通大学等单位在厌氧消化理论、微生物学、工艺开发以及厌氧消化的工程应用方面都处于国内先进水平。尤其在农村以户为单位的小型沼气池在世界范围处于领先地位。目前我国户用沼气池达到了2800多万口，大中型沼气设施达到了8000多处，沼气年利用量达到了约120亿m^3。

1. 沼气规模化干法厌氧发酵技术取得突破

现有的沼气发酵可以分为湿发酵和干发酵。传统的沼气发酵均采用湿法技术，总固体含量在10%以下。这就要求反应器体积很大，消化后的脱水过程费用大大增加了成本。由于湿法技术发酵耗能高、处理干物质的成本高等一系列缺点，限制了其适应的范围和地域。因而，沼气的干发酵研究日益收到重视。在干发酵中总固体含量为22%～40%，与湿发酵相比，要求的反应器体积小得多，有机质的去除率也高得多。拥有自主知识产权的覆膜开敞槽生物反应器把沼气干法厌氧发酵技术提升到了实用化的层面，研发的秸秆预处理产沼气菌剂和发酵添加剂明显提高了沼气产量，最高达到了40%。农林剩余物制备生物燃气关键技术取得阶段性成果，研究了焦油的凝结特性，建立了小型高温过滤实验系统，应用结果表明，净化后的燃气杂质含量小于10mg/Nm^3，已经建立起200kW生物质气化发电中试装置和50Nm^3/h生物质制备合成气系统两条生产线。

2. 秸秆生物气化工程试运行获得成功

秸秆生物气化是秸秆在厌氧条件下经微生物发酵而产生沼气的工程，可使用稻草、麦秸、玉米秸等多种秸秆，也可与农村生活垃圾、果蔬废物、粪便等混合发酵，原料组合非常灵活，来源充足，有着更为广阔的发展空间和发展潜力。利用秸秆生物气化比用畜禽粪便生产沼气具有原料来源充足，沼液零排放，直接作为有机肥料使用的沼渣可长期储存、运输方便、价格较便宜等优势。

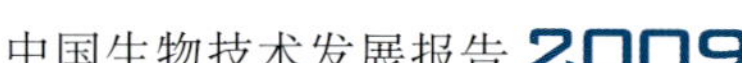

北京化工大学科研团队攻关的秸秆生物气化关键技术取得突破性进展，破解了不能完全以秸秆为原料生产沼气的难题，使秸秆产气量提高了50%～120%，为实现秸秆规模化生产沼气奠定了基础。利用秸秆生产沼气需要解决两个关键问题：开发简单、快速、高效的秸秆化学预处理技术；研制适合秸秆物料特性的高效厌氧发酵反应器。该团队发明的常温、固态化学预处理技术可在厌氧发酵前对秸秆进行快速化学处理，预先把秸秆转化成易于消化的“食料”，使秸秆的产气量提高50%～120%，解决了秸秆木质纤维素含量较高、不易被厌氧菌消化、厌氧发酵产气量低、经济效益差等问题。此外，针对秸秆密度小、体积大、不具有流动性以及传热传质效果差等问题，研制出一种新型反应器。该反应器采用组合式强化搅拌系统，可实现机械化进出料和自动化高效搅拌；同时，采用带太阳能温室的半地下式反应器结构，可把部分太阳能和地热能转化成沼气能，大大提高了系统的能源转化效率和能效比。山东泰安、德州等地已利用该技术建成了多个完全以秸秆为原料的厌氧发酵生产沼气的集中供气示范项目，下一步还将再建16个沼气工程。另外，正在洛阳投资5000万元进行产业化生产。与传统的秸秆热解气化技术相比，生物气化反应条件温和，产出效益高，且不产生有害副产品，但由于秸秆的木质纤维素含量高、消化率低、产气量少，此前一直不能完全以秸秆为原料生产沼气。

3. 太湖蓝藻生物燃气资源化利用工程取得进展

蓝藻污染及其治理已经成为我国许多湖泊面临的巨大环保问题。打捞是治理太湖蓝藻的有效手段，但捞上岸的蓝藻如何处理，却成了难题。无锡市积极探索蓝藻的无害化、资源化利用的后处理问题，2008年3月起选择了南洋公司和唯琼农庄两个试验点，并分别与江南大学和江苏省农业科学院合作，合力攻克蓝藻发电课题。混合一定比例的猪粪，通过厌氧发酵产生沼气，1t蓝藻可发电40多千瓦时。2008年6月中旬，无锡市首套蓝藻产沼气设备在无锡市南洋农畜业有限公司点火发电。该设备投产后每日可处理蓝藻300t，年消耗蓝藻3万～4万t。为湖泊蓝藻的污染治理和资源化利用提供了一个良好的范例。

（二）发展趋势

结合国家“十一五”国家科技支撑计划已获得支持的相关沼气工程项目，着眼于国家能源战略发展需要，在巩固前期研究成果的基础上，集中解决攻克沼气生产

的关键共性技术，建立符合我国国情的沼气能源技术体系，全面提升我国沼气产业化水平，真正形成沼气产业链模式。“十二五”期间我国沼气技术研发应集中于以下几个方面。

（1）以厌氧发酵生化代谢过程理论为指导，探索各功能菌群的耦联代谢关系，构建低温高效沼气发酵生物促进剂，营造适宜的沼气发酵反应系统，从微生物发酵代谢水平调控沼气生产潜力；进一步培育完善我国沼气发酵已有产品，如沼气发酵添加剂、沼气甲烷菌剂、秸秆产沼气复合菌剂的开发和产业化发展，扩大沼气发酵原料使用范围和产气效率。

（2）干发酵等新工艺的规模示范和应用，针对不同的发酵物料，研究干发酵等工艺中物料发酵过程中传质规律、传热规律及限制因子。探索厌氧生物热产生规律及微生物活性、产气效率与发酵温度的关系，推算沼气发酵过程热量平衡，找出经济高效的发酵温度。研究适合干发酵的配套装置和设备，建立一套完整的高效沼气干发酵成套技术。

（3）针对不同的发酵原料性质和工艺类型，研究沼气工程中每种专用设备制造技术，开发专用的沼气生产配套设备。从安装简易、投资低、操作简单等多方面考虑，进行沼气发酵装置标准化、规范化开发设计，其组装技术实现模块化操作。同时开展装置和设备的工厂化生产技术，实行专业化、规模化生产，以保证建造质量，降低工程成本。

（4）研究沼气提纯压缩和罐装技术与设备，通过罐装气的车用或民用，提升沼气的附加值和扩大沼气的使用范围。

（5）开展沼气燃料电池、沼气液化、沼气化工等高品位利用研究，为未来沼气产业的纵深发展奠定基础。

（6）开展以秸秆为原料的沼气发酵技术攻关。考虑到我国有大量的秸秆资源，以及《可再生能源法》实施对可再生能源发电的促进作用，以秸秆为原料发酵产沼气会重新受到沼气发电企业的重视。因此，需要尽快开展以秸秆为原料的沼气发酵技术攻关，包括秸秆前处理技术、高效厌氧发酵微生物的筛选与培育、新型秸秆厌氧发酵工艺、秸秆厌氧发酵示范工程等。

五、生物制氢

（一）主要进展

氢气是一种可再生、高热值的清洁能源，在燃烧时只产生水作为产物，而不产生氮氧化物、硫化物和颗粒等大气污染物

或二氧化碳等温室气体。氢气与传统的能源物质相比，能量密度高，热转化效率是碳水化合物的2.5倍、甲醇和乙醇的5倍、石油的2倍。所以，氢气作为一种理想的“绿色能源”，有可能成为21世纪重要燃料之一。通常的制氢方法如水电解法、水煤气转化法、甲烷裂解法都需大量的能耗，而生物法制氢相对成本低廉，克服了其他制氢方法高能耗的弊端，还能以污染物为原料进行生产，促进可持续发展。

1. 发酵制氢微生物的研究

新的产氢菌种筛选主要有两个目标，高的氢气转化率和更为广泛的底物利用范围。多年来的研究发现，产氢菌种主要包括肠杆菌属（*Enterobacter*）、梭菌属（*Clostridium*）、埃希氏肠杆菌属（*Escherichia*）和杆菌属（*Bacillus*）这四类。其中尤以肠杆菌属和梭菌属研究得最多。梭菌属产氢率最高可达到2.36 mol H_2/mol 葡萄糖；产气肠杆菌属最大产氢率可达3 mol H_2/mol 葡萄糖。除了对传统的产氢菌种的进行深入研究外，建立产氢菌数据库，并从中筛选高转化率和更广底物利用范围的菌株是近年来发酵制氢研究的一个重要方向。此外，极端嗜热产氢菌的筛选及其底物利用范围拓展，将废纸浆、富含木质纤维等物质转化为氢气的研究也在进行中。另外，现代生物信息学的手段也被用来获取产氢菌株。研究者通过基因组数据库搜索的方式，筛选出多株可能的产氢细菌，如极端嗜热菌 *Aquifex aeolicus*，能够降解高氯酸盐的 *Wolinella succinogenes* 等13株细菌。

2. 氢酶基因研究及对产氢菌的改造

发酵生物制氢的研究已逐渐渗透到微生物细胞的分子水平，通过氢酶的改造来实现对产氢的根本强化的研究已初见端倪。

目前已经有超过200种的氢酶基因序列可以在基因库上获得，但是仍然有大量已知的产氢菌株的氢酶基因尚未克隆，寻找更多的氢酶基因也是生物制氢研究的重要方向。氢酶不仅可以用于产氢，还可以用于氢气的生物监测器、重金属的还原和辅酶再生等。

不同的氢酶具有不同的功能，因此分类较为复杂。虽然很多基因得到测序，但是其功能尚不清楚。常见产氢细菌的氢酶基因逐渐得到解析，但是研究仍然不够系统深入。目前，研究的比较清楚的是大肠杆菌的氢酶Ⅰ、Ⅱ、Ⅲ、Ⅳ的基因，它们都属于Ni-Fe氢酶，关于这四种氢酶的功能也有大量研究，其中氢酶Ⅲ、Ⅳ都和产氢有关。

梭菌属的氢酶都属于铁氢酶，目前有其中3株所具有的铁氢酶得到测序，但是

关于其附属基因、调控机制还不清楚。梭菌的铁氢酶已经克隆成功，并异源表达到光合细菌内，强化了光合菌的产氢过程。有学者在 *C. paraputrificum* 中实现了铁氢酶的同源表达，产氢速度达到野生型菌株的 1.8 倍。

3. 有机废水发酵法生物制氢示范工程

哈尔滨工业大学任南琪教授研究组经过多年潜心研究，在发酵法生物制氢方面取得了显著成就。在早期提出了以厌氧活性污泥为制氢生产者，利用碳水化合物为原料的发酵法生物制氢技术。该法避免了利用纯菌种进行生物制氢所必需的纯菌分离、扩大培养、接种与固定化等一系列配套技术和设备，在大幅度降低生物制氢成本的同时，也提高了生产工艺的可操作性，在技术上更易满足工业化生产的要求。该研究组进一步通过选育得到了高效转化细菌，建立了非固定化连续流混合菌发酵方法，并解决了规模化制氢所面临的反应器放大、生物传质、水力流态等技术瓶颈问题，研发并设计出一套“有机废水发酵法生物制氢”工艺系统。在哈尔滨开发区建成了世界上首座年产氢气 40 万 m^3 的示范基地，作为国家“863”计划有机废水发酵法生物制氢技术生产性示范工程，这个基地率先使用了这套工艺系统，单台设备日产氢能力 $347m^3$，建立了国际上第一条发酵法生物制氢生产线，并且在规模上也创造了世界之最。这项成果的取得，使国际生物制氢产业化目标提前了 10 年，使我国具备了实现规模化制氢的技术与设备，实现了工程菌生产的产业化，而且具备了占有国际市场的潜力。

（二）发展趋势

目前我国生物制氢研究尽管取得了较大成就，但需要解决的问题及研究重点主要可概括为以下几个方面。

1. 加大产氢微生物资源开发的力度

大规模选育高产氢能力、高底物利用范围的微生物及突变株，建立快速有效的微生物筛选方法；在系统生物学水平上，进一步深入研究微生物的产氢机理，尤其是氢气产生的代谢途径、调节机制、关键酶的作用过程，以期实现酶的体外表达和更高效产氢；利用遗传工程手段（基因敲除、转基因）改良菌种性能的研究力度，进行高效产氢基因工程菌或菌群的构建工作，并从微生物生态学、宏基因组学等角度调控产氢代谢取向，促进高产氢。

2. 开发规模化生物制氢工艺

进一步开发廉价有效的生物制氢的原

料，充分利用天然生物质、工农业废弃物、有机废水、养殖厂废水等可再生资源进行生物制氢；强化混合微生物体系的稳定运行和生态调控，提高混合菌群的产氢速率和产氢能力；强化耦合产氢工艺系统研究，如暗发酵-光发酵耦合、暗发酵-微生物电解产氢工艺耦合、产氢-产甲烷工艺耦合等，进一步提高原料利用率，实现产氢能力最大化；探索规模化生物制氢关键技术及发展模式，开发关键工业化装备及配套装备。

3. 针对多元生物质废弃物的定向高效产氢生物技术的研发

大规模选育能直接利用生物质废弃物发酵产氢的高效产氢微生物，优化产氢工艺条件，建立最佳的共降解生物质废弃物产氢菌群，提高原料利用效率和目标产物收率；开发多种微生物细胞固定化、微生物耐受逆境的生物技术，增强微生物对生物质废弃物水解液中抑制成分的耐受能力，提高产氢稳定性，实现高产氢速率、产氢量和连续稳定的生物制氢过程；开发吸附、中和等方法减少或消除代谢物中抑制物的抑制作用，结合多种高效、无污染、低成本的预处理方法，针对不同类型的生物质进行处理。探索高效的预处理模型进行选择、设计以及优化预处理工艺，实现反应过程及反应器选择的最佳匹配。

第六章 材料生物技术

材料生物技术是指利用可再生生物质，包括农作物、树木和其他植物及其残体和内含物为原料，通过生物以及化学转化技术制造的一类新型材料。生物材料是新材料产业的重要组成部分，也是石油基材料的升级替代产品。最近几年，由于可能的石油危机以及不断升高的环保要求，与国际上大多数国家一样，我国政府和各种投资机构加大了对环境友好的生物材料研发的投入，特别是用可再生原料，通过生物转化获得生物高分子材料或者单体，然后进一步开发各种应用产品的企业、高校和研究机构越来越多。在聚羟基脂肪酸酯PHA、聚乳酸PLA、聚丁二酸丁二醇PBS和聚氨基酸等技术研发上取得了长足的进步，形成了一批规模企业。在特种高分子材料方面，我国高校和企业合作，利用微生物转化得到了以苯环为基本结构的单体，目前正在开发一系列含苯的高性能材料。在2008年举行的夏季奥运会上，在运动员村使用了环保的生物可降解材料作为包装材料，体现了绿色奥运的概念。同时，国家还实行了有偿使用塑料袋的措施，进一步加强了对环保的支持。

除了低附加值的环保包装材料之外，聚羟基脂肪酸酯PHA和聚乳酸PLA等也被国内外的公司开发成高附加值的医用植入材料，我国在这个领域也产生了许多学术、应用和专利成果，可以认为，在材料生物技术领域，我国与世界先进水平的差距不大，在一些方面甚至是领先的。

材料生物技术的发展取决于一些核心技术的成功开发，在PHA材料方面，快速生长、高效合成PHA的微生物菌种的获得是关键；在PLA领域，获得高转化率和能够高产乳酸的生产菌以及从乳酸合成丙交酯到聚乳酸的聚合技术的放大也十分关键。聚丁二酸丁二醇PBS的原料目前还来源于石油，开发微生物发酵生产丁二酸是保持PBS可持续发展的关键。而聚氨基酸的大

量生产更加依赖于高产的微生物菌株。同时，获得特殊的单体用于合成特殊高分子材料，是材料科学与生命科学的交叉学科，将产生许多无法用普通的化学方法获得的高附加值特种高分子材料，包括高强度、导电性、耐高温等。材料通过生物改性后，可以在可生物相容性和生物降解性方面取得提高，更合适作为生物材料，同时，在医药用生物材料方面，我国的学术进步很大，但由于漫长和昂贵的临床应用申报过程，很少有我国自主研发的医药用生物材料走完这个过程，进入市场。

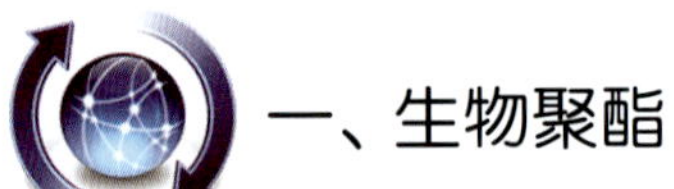

一、生物聚酯

（一）主要进展

生物基材料是指利用生物质为原料，通过生物、化学或物理等手段结合制造的新型高分子材料。由于生物基材料的原料是植物固定 CO_2 产生的生物质，发展生物基材料能很大程度地降低高分子材料生产对石油等化石类资源的依赖，减少 CO_2 的排放。

从理论上讲，以生物质为原料，通过生物或化学转化加工各种平台化合物，进而合成生物基材料可完全替代三大合成高分子材料。据中国石油和化学工业协会统计，2008 年我国三大合成高分子材料产量约为 5600 万 t，若采用生物基材料替代，能够减少石油资源消耗约 2 亿 t，减少 CO_2 排放约 1.76 亿 t。目前，生物基材料发展最快的领域是生物基塑料，有预测显示，到 2020 年全球仅生物基塑料的市场规模将可达到 100 亿美元。

近几年，我国在淀粉基材料、聚乳酸 PLA、聚羟基脂肪酸酯 PHA 和聚丁二酸丁二醇 PBS 以及二氧化碳聚合物等生物材料的生产和应用开发取得了快速发展，引起了国内外材料界的广泛关注。

特别在聚乳酸（PLA）方面，我国有 12 家的生产和研发企业。其中浙江海正集团形成了千吨的生产规模，正在努力进行生产规模的扩大。在聚羟基脂肪酸酯（PHA）方面，国内拥有 10 家生产和研发企业，接近国际上的所有的 PHA 生产厂家的总数。其中，浙江天安是目前国内外最大的生产厂商，年产 PHA（3-羟基丁酸和 3-羟基戊酸共聚物 PHBV）2000t。天津国韵生物材料公司今年将建成 1 万 t 生产 3-羟基丁酸和 4-羟基丁酸共聚物（P3HB4HB）材料的产业化基地。许多从事发酵的企业如石药和华药也开始参与了 PHA 的产业化研发。在聚丁二酸丁二酯（PBS）方面，国内外最大的生产厂家是中国科学院理化研究所参与的浙江杭州鑫富药业有限公司，拥有 2 万 t 的

生产规模。另外，安徽安庆和兴化工公司目前有100t的生产规模，可以快速扩大成千吨规模的生产能力。在二氧化碳共聚物方面，最近中国海洋石油总公司与中国科学院长春应用化学研究所以及内蒙古蒙西公司合作在海南投资一亿多元建设二氧化碳共聚物生产基地。这将成为目前国际上最大的二氧化碳共聚物生产公司。

1. 聚羟基脂肪酸酯（PHA）

我国在研究、开发和应用可持续发展的环境友好生物材料领域已经积累了相当多的基础，包括长春应化所、清华大学、天津大学和同济大学等单位在聚羟基脂肪酸酯PHA领域的研发工作以及国内业已形成2000t的生产能力，这为生产PHA做好了技术和物质储备。特别是最近天津国韵生物材料公司与荷兰DSM公司等合作投资两千万美元建立一个1万t的PHA的工厂，成为目前仅次于美国Metabolix公司和ADM公司合作的5万t工厂的另一大工厂。天津国韵生物材料公司通过与清华大学和汕头大学的合作，利用P（3HB-4HB）为基材开发了环保的水凝胶、热敏胶、高强度的纤维等新产品。同时，通过自身的努力，国韵生物材料公司还开发了以该PHA为基材的泡沫塑料，可用于制作一次性餐盒。

在基础研究方面，清华大学研究了PHA的手性单体作为药物或手性合成的中间体，发现其中的3-羟基丁酸及其衍生物具有很好地提高小鼠记忆力的功效，PHA膜蛋白可用于某些微量蛋白的分离、PHA合成基因还可用于调节微生物新陈代谢、PHA合成基因对微生物在逆境的生存能力有很大影响，可以用于改造工业微生物菌株，提高微生物发酵的效率（图2-33）。

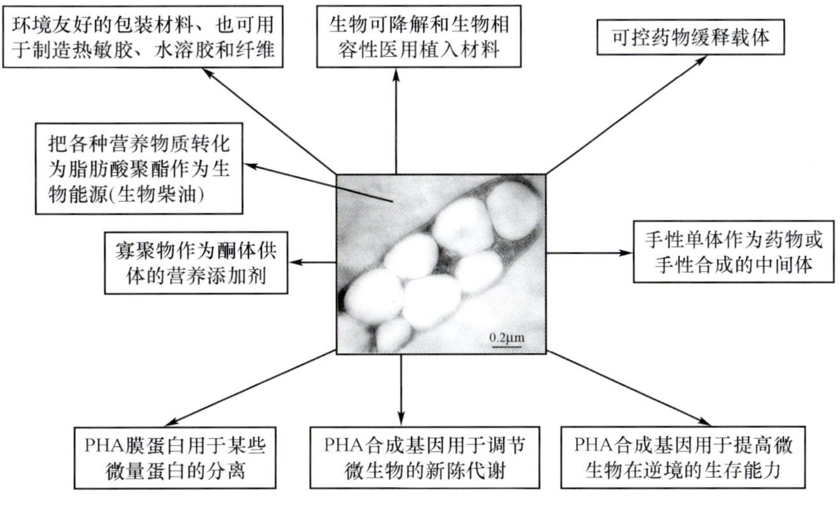

图2-33　PHA的应用

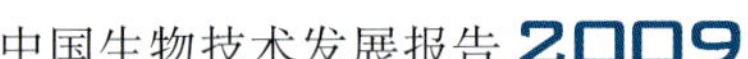

此外，清华大学与汕头大学合作，成功地把 PHA 甲酯化单体用作燃料添加剂，并提供了一种从活性污泥中获得廉价 PHA 甲酯化单体作为燃料的方法，可能能解决与人争粮、与粮争地的问题。

虽然 PHA 研究和产业化取得了一些进展，但必须看到，目前的 PHA 生产成本还高于以石油原料为基础的塑料。大量的研究工作必须集中在提高原料转化为 PHA 的效率以及发现新的 PHA 材料上。我国科技工作者最近的研究成功地使 PHA 实现大规模应用的目标接近了许多，已经能够工业化生产一系列的 PHA 材料，包括江苏蓝天集团与清华大学合作的聚羟基脂肪酸 PHB，宁波天安生物材料公司与中国科学院合作的羟基丁酸与羟基戊酸共聚物 PHBV 以及清华大学与鲁抗集团合作的羟基丁酸与羟基己酸共聚物 PHBHHx，以及清华大学、汕头大学与天津国韵生物材料公司合作的 P3HB4HB 材料。在 PHA 作为生物医用材料方面，我国微生物、分子生物学、发酵工程、化学工程和高分子、材料科学领域的科学工作者通过三个五年计划的奋斗，在总体水平上已经不在发达国家之下。

然而，现阶段 PLA 和 PHA 等环境友好材料属于新兴的材料产业，还不能与大量生产的以石油工业为基础的塑料材料进行直接的竞争。为了扶植这个新兴工业的发展，政府应当大力鼓励使用可再生资源为原料的材料，增加开发自主知识产权的科研投入。在产业化方面，可以通过整合国内研发和产业化力量，加快一至两种有自主知识产权新材料的产业化。

2. 聚乳酸（PLA）

中国科学院长春应用化学研究所、同济大学等已在 PLA 领域开展了大量的研发工作，为加快 PLA 和 PHA 研发与生产做好了技术储备。浙江海正集团有限公司与中国科学院长春应用化学研究所合作，在开环聚合制备聚乳酸生产技术方面已经拥有 30t/a 的生产能力，计划扩产达到 5000t/a。上海同杰良生物材料有限公司是由同济大学和上海新立微生物公司合作成立，是目前国内唯一一家既有乳酸最新技术又有聚乳酸技术的实体。该公司通过“一步法”制取聚乳酸，得到了理想的生产成本。“一步法”将乳酸合成为聚乳酸粒子，生产成本大大降低，由此聚乳酸具备了推广应用和产业化的条件。该公司已形成百吨级聚乳酸“一步法”生产线，并计划投资超过 1 亿人民币，希望在 3 年左右内将产能提升到万吨级。

3. 聚丁二酸丁二醇（PBS）

在应用研究方面，目前清华大学和中

国科学院理化技术研究所实现了PBS的产业化生产；北京化工大学、中国科学院上海有机化学研究所、北京理工大学、天津大学、四川大学、华东理工大学等单位也从事了PBS的有关实验室合成研究。清华大学化工系从1999年开始研究PBS类生物降解塑料的合成、结晶和降解性能。2007年在安徽安庆和兴化工有限公司建成了5000t/a的PBS生产装置，生产的树脂已经提供给多家企业使用。与其他国内外厂家相比，清华大学生产的PBS的突出优点是在相同重均分子质量的情况下，具有最好的流动性，非常适于加工薄壁制品和进行填充改性，而且产品的四氢呋喃含量低。2008年，该项目受到国家发改委“可完全降解塑料项目”的重点扶持。目前清华大学和安庆和兴化工有限公司正在建设PBS年产10 000t的生产装置，预计将于下半年完工并投入运行。中国科学院理化技术研究所于在20世纪90年代末开始研究PBS聚合，采用一步法聚合PBS工艺，开发了特种纳米微孔载体材料负载Ti-Sn的复合高效催化体系，通过预缩聚和真空缩聚两釜分步聚合工艺，直接聚合得到了高分子质量的PBS产品。为了解决反应副产物四氢呋喃对设备的腐蚀，在生产线中引入了冷阱，通过冷阱冷凝随抽真空时带出的副产物四氢呋喃。在产业化方面，中国科学院理化技术研究所在浙江杭州鑫富药业有限公司改建了PBS年产3000t的生产装置，并于2007年底投入试运行。广州金发科技股份有限公司聚（丁二酸丁二酯-co-己二酸丁二酯）（PBSA）的产量为300t/a，正在建设PBSA年产5000t的生产装置。

清华大学PBS的研究重点是PBS的合成、改性和加工以及降解研究。合成方面，主要是开发具有自主知识产权的催化剂、聚合工艺，提高聚合物的分子质量。采取的PBS生产工艺为酯化、缩聚和终聚，催化剂为复配的稀土催化剂，具有活性高、水解稳定性好的特点。由于采用了低温酯化的工艺，可以最大程度地减少副产物四氢呋喃的生成，其含量小于0.4%。直接聚合制备的PBS重均分子质量达到18万。产品的吹膜性能好，加工窗口宽，可在150～200℃进行挤出吹膜。合适的分子质量分布还保证了树脂有良好的流动性能。PBS树脂已大量提供给制品厂家，用于和淀粉、聚乳酸等进行共混，和淀粉、聚乳酸表现出较好的工艺相容性，已制备出一次性餐具、耐克鞋托等，用于出口，受到了用户的好评。

目前，清华大学正和南京工业大学等单位合作，尝试用生物法合成的丁二酸来制备PBS。PBS的脂肪族二元酸、二元醇

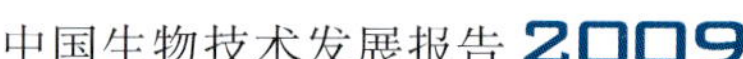

原料，既可以通过石油化工产品满足需求，也可通过纤维素、奶业副产物、葡萄糖、果糖、乳糖等自然界可再生农作物产物，经生物发酵途径生产，从而实现来自自然、回归自然的绿色循环生产。每生产 100 万 t 丁二酸产品，可固定二氧化碳 42 万 t。进一步从源头生物质考虑，用于发酵的碳水化合物是植物通过光合作用固定二氧化碳的产物，这一步每生产 100 万 t 丁二酸产品，固定二氧化碳 65 万 t。这一方案，可以同时达到二氧化碳减排和可降解生物材料制造的目标。而且采用生物发酵工艺生产的原料，还可大幅降低原料成本，从而进一步降低 PBS 成本。

中国科学院理化技术研究所工程塑料国家工程研究中心的 PBS 研究组在 20 世纪 90 年代末根据当时市场需求开始研发生物降解材料，并在 PBS 合成、改性到制品加工及应用等领域开展研究。该中心开发了特种纳米微孔载体材料负载 Ti-Sn 的复合高效催化体系，大大改善了催化剂的催化活性。在此基础上，通过采用预缩聚和真空缩聚两釜分步聚合的新工艺，直接聚合得到了高相对分子质量的 PBS。中心还开展了在线釜内改性、合金化、有机和无机填充物填充等改性研究，开发了系列 PBS 降解塑料。

（二）发展趋势

1. 聚羟基脂肪酸酯（PHA）

我国在有关 PHA 的研究领域和产业化不落后于国际的前沿。为了迎接 PHA 产业化的高潮，我国应该采取以下措施，来促进 PHA 的产业化发展。

（1）继续加大对 PHA 研发的投入，开发降低 PHA 生产成本的关键技术。重视专利申请和保护。

（2）在产业化过程中继续加大国家的支持和投入。

（3）在政策方面继续支持环保产业的发展，如我国 2008 年 6 月 1 日发布的“限塑令”，除了能够减少石油塑料所引起的“白色污染”之外，下一阶段应该出台“使用环保的生物塑料”的政策，以发展我国的“生物质工程”，即“生物塑料”产业，从而使我国能减少对石油的过度依赖。

2. 聚乳酸（PLA）

目前我国聚乳酸产业的发展还存在如下问题，我国生物质塑料生产在技术和产品应用上还处于研发和探索初期，但生物质塑料和石油塑料目前的政策却基本相同，这对生物质塑料产业的发展极其不利。美国 NatureWorks 公司进口低价聚乳酸，而我

国政府征收25%的税收，最终聚乳酸成本一般要比聚乙烯（PE）和聚丙烯（PP）成本高50%～100%，因此，我国聚乳酸仍被限制于高端、低容量的市场。聚乳酸树脂应用广泛，但是我国加工与应用技术缺乏，因此，如何形成系列化制品加工技术（如挤出拉伸、纺丝、吹膜、注塑等技术）、材料改性技术（如共聚、共混、纳米复合、接枝改性等），都是亟待解决的技术。

目前国内聚乳酸的应用十分有限，产业化正处于萌芽状态。而且缺乏立法、强制措施来限制非生物降解产品的使用，合成聚乳酸成本高、性能较低，阻碍了其发展，申请的专利也甚少。虽然如此，但随着国内乳酸技术的提高和产业化进程的发展，聚乳酸研究技术的提高和信息交流的相互影响，国人关注和重视聚乳酸技术的研发热情和投资热情将会迅速提高，非粮农作物－乳酸－聚乳酸－各类生物降解产品，这一巨大的产业链将会在未来几年中在我国形成。聚乳酸也将在这一发展过程中得到发展。

3. 聚丁二酸丁二醇（PBS）

数量庞大的废弃塑料，尤其是难以回收或不可回收的废弃塑料，为PBS等生物降解塑料提供了巨大的产业市场。据资料统计，目前全世界每年产生塑料废弃物约5000万t。按10%的比例进行计算，目前难以回收或不可回收的塑料废弃物总量每年就会高达500万t。PBS被认为是生物全降解塑料领域最具发展前途的产品之一，因其卓越的性价比，估计目前全球市场规模在100万t/a。

目前的重点研究方向是进一步研究分子结构、加工性能以及制品性能的关系。进一步提高PBS的分子质量，通过形成支化结构提高材料的熔体强度，从而提高吹塑薄膜的纵向撕裂强度和抗冲击强度。通过共聚或者添加促进降解的助剂，从而在保证力学性能的同时可以获得不同的降解速率，以满足不同用途的需要。研究其和其他可降解聚合物（如聚乳酸、淀粉和纤维素等）的共混改性，一方面提高综合性能，提高材料的强度和刚度，另一方面降低成本。逐步使用来源于非粮生物质资源的原料，如使用生物发酵法生产的丁二酸，以及用生物发酵法生产的丁二酸制备己二酸和丁二醇，减少对石油等化石资源的依赖，降低生产成本，真正实现循环经济、减排二氧化碳的双重目标。

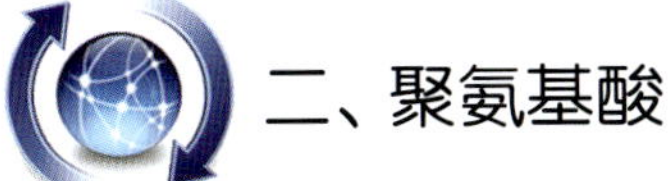

二、聚氨基酸

聚氨基酸是指由一种氨基酸通过酰胺键连接而成的聚合物，它们与蛋白质不同，

是由于蛋白质是由不同的氨基酸残基组成的。由于这类高分子来自非石油资源，具有很好的水溶性、生物相容性、生物可降解性和结构易修饰性等优点，在医药、化工、环保和农业等领域显示出十分广阔的应用前景。目前开发的聚氨基酸产品主要有：γ-聚谷氨酸（γ-PGA）、聚天冬氨酸（PASP）、ε-聚赖氨酸（ε-PL）和聚精氨酸（PAA）等。

1. γ-聚谷氨酸（γ-PGA）

γ-PGA 早期的研究重点主要围绕产品的生产技术方面，如生产条件的优化等方面，而随着 γ-PGA 优良性能的逐步发掘，如优良的生物相容性、生物可降解性、可食性等优良特征，对它的研究已开始慢慢向其应用领域的方向转变，因此开发出其不同的应用，尤其在化妆品、水处理、医药、化工、食品等领域，将具有非常好的市场前景。

我国在 γ-PGA 领域的研究相对起步较晚，与其他国家和机构相比还是存在一定的差距。尽管如此，我国已经日益重视于这一方面的研究，国内研究也开始进入快速发展阶段。从事此方面研究的高校与单位主要有南京工业大学、浙江大学、华中农业大学、江南大学、南开大学等，研究领域涵盖了各级学科，从产品的开发到下游的分离纯化步骤。由于 γ-PGA 具有十分巨大的应用潜力，它的后续产品的开发也是一重要的研究方向，它在医用材料和高吸水树脂材料方面的应用潜力也最为巨大。台湾味丹集团也已开发出不同分子质量（高、低）和不同等级（饲料级、食品级、化妆品级）γ-PGA 系列产品，以适应不同用途的需要。

目前，我国 γ-PGA 研究正进入中试阶段，南京工业大学在国内率先开发出经济、高效并适合工业化生产的 γ-PGA 生产与分离纯化技术，在国内首次获得高纯度颗粒状成形的 γ-PGA 成品，其质量指标已达到化妆品级的要求，达到国际同类产品的水平，现已与企业合作成功进行了 $6m^3$ 发酵规模的发酵生产，并开发其在肥料增效剂、化妆品、吸水树脂和水处理剂领域的应用，为国内首家商品销售的单位。

2. ε-聚赖氨酸（ε-PL）

聚赖氨酸技术在国内还处于实验室阶段，ε-多聚赖氨酸生物防腐剂的开发和生产还属空白，如果能重点扶持这一技术，将会在未来几年创造出可观的经济效益。分析国内外市场，对生物防腐剂 ε-PL 的需求将不断增加，其作为生物食品防腐剂在未来食品加工领域有广阔的市场前景。目前，ε-PL 新产品的开发主要包括酒精制

剂、有机酸制剂、甘油酯制剂、甘氨酸制剂等。

ε-PL 研究机构主要包括天津科技大学、南京工业大学、黑龙江大学、南京师范大学等单位，但在国内尚未形成 ε-PL 的规模生产能力。2009 年，以南京工业大学为技术支撑，与江西企业合作申报 ε-PL 高技术产业化项目获得国家发改委立项支持，预期将建成我国首个 ε-PL 生产企业。

3. 聚天冬氨酸（PASP）

PASP 可以归为聚碳酸酯，通常用作水溶性阴离子分散剂。1994 年，这类高分子的全球年需求为 26 500t，预计需求会随着国内生产总值的增长而增加。从 1997 年起，工业化产量的 PASP 即可从市场上买到，而且已经成功应用于许多领域。冷却水系统的水垢抑制剂、环境温和的去垢剂、腐蚀抑制剂、矿浆液化以及纺织业中的钙结合剂等。

目前，国内 PASP 主要研究单位包括中国科学院、复旦大学、南京大学、南开大学、上海交通大学等。其中北京化工大学和河南洛阳企业建立年产 500t 生产线，主要开发 PASP 在肥料增效、水处理剂和高吸水性树脂方面的应用。

三、特种高分子材料

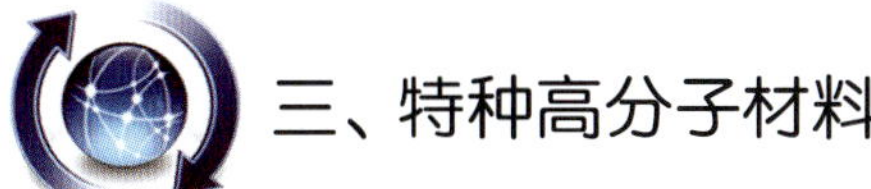

（一）主要进展

有许多生物参与合成的特种高分子材料，比如聚对苯（简称聚苯）、蛋白聚合物等，我国这方面的研究尚处于初始阶段。

1. 聚对苯

聚苯化合物是指苯分子或其衍生物通过苯环上的碳原子直接相连，形成的高分子聚合物。目前聚苯类化合物中研究和应用最广的是聚对苯，其结构如图 2-34 所示。

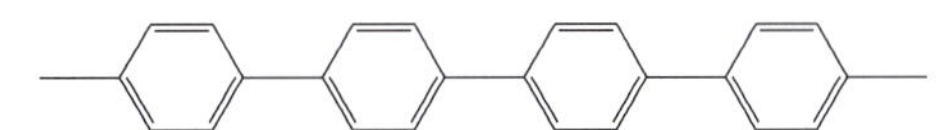

图 2-34　聚对苯的化学结构

聚对苯具有稳定性好、耐高温高压、耐腐蚀、强度高、阻燃、耐久性好、耐腐蚀、电性能好等一系列优异的综合性能，因此在电子工业和航天航空等领域具有广阔的应用前途，在制药和化学工业中也有着潜在的价值。中国在聚苯研究领域发表的论文数量也较多，为 143 篇，仅次于美国和德国，然而这些文章绝大多数都是关于聚苯硫醚、聚苯醚等聚酯类化合物，这一方面说明我国在聚酯类的研究和生产上

具有一定的优势，另一方面说明在关于聚对苯这种尖端科技产品的研究上还有欠缺。

由于聚对苯的特殊性，所以仅从科研公开信息难以找出中国和其他国家之间的差距。但从我们自身角度看，我国还没有成熟的机构和队伍从事聚对苯的研究，也没有形成产业，这是当前我们面临的最大问题，也是我们以后的重点发展方向。清华大学和南京大学是国内主要进行聚对苯材料研究的单位。有关聚对苯产业和相关企业，由于这类高分子材料尚处于研发阶段，还没有实现大规模生产和使用，属于新兴材料产业。同时，聚对苯还是一个机械性能很差的材料，通过产生一些衍生物，可以改善材料的性能，从而获得应用。

2. 蛋白聚合物

（1）蚕丝性能与丝素蛋白结构的关系研究取得突破。蚕丝的主要成分是丝素蛋白，研究表明丝素蛋白具有良好的生物相容性，无毒，无刺激性，可生物降解，在生物医学领域有着广泛应用。由于蚕丝可大量采集，来源广泛，几乎很少采用微生物进行生产。然而蚕丝在性能上也存在着不耐皱、易变黄等缺陷，因此目前丝素蛋白的微生物合成研究主要集中在研究蚕丝性能与丝素蛋白结构的关系，以期改进蚕丝的性能，使之更适合于生物医学工程的应用。苏州大学的研究人员与上海细胞生化所合作，通过基因工程技术研究丝素蛋白的肽段与蚕丝性能的关系，以来源于丝素蛋白 H 链结晶区的 GAGAGS 氨基酸序列为基础，设计并合成（GAGAGS)$_8$ 的肽段基因，并将其转入毕赤酵母中分泌表达，获得了 0.202g/L 的表达量。

（2）蛛丝蛋白生物合成取得重大进展。福建师范大学在棒络新妇蛛拖丝蛋白的微生物合成领域也做了大量的研究。基于拖丝蛋白高度重复序列和部分 cDNA 序列，合成蜘蛛拖丝蛋白基因单体，通过头尾相连的构建策略，得到拖丝蛋白多聚体。在此基础上，进一步应用基因工程的方法，在拖丝蛋白基因序列中引入细胞黏附因子 RGD 密码子，人工设计合成特殊的 RGD 蜘蛛拖丝蛋白基因单体序列，加倍成 16 聚体，实现了重组蛛丝蛋白在大肠杆菌细胞的高效表达，同时建立了一套简便、快速、低成本的分离纯化方法。通过高密度发酵，获得了大量的重组蛛丝蛋白。通过添加甘氨酸与丙氨酸，降低培养温度，优化了高密度发酵的条件，最终重组蛛丝蛋白的表达量占菌体总蛋白的 20.8%。又构建了 32 聚体、64 聚体 RGD 蛛丝蛋白基因，并在大肠杆菌中获得了较好的表达。在获得了大量重组蛛丝蛋白之后，进行了一系列的重组蛛丝蛋白作为医用高分子材料的生物相容性研

究。此外，中国农业大学和中国科学院动物研究所也在重组蛛丝蛋白的表达方面有报道。潘红春等克隆到悦目金蛛大壶状腺丝蛋白基因，并将该基因连接到表达载体上，转入大肠杆菌进行表达，表达量为40mg/L。

（二）发展趋势

1. 聚苯化合物

（1）开发新的单体合成聚苯的途径，如DHCD芳构化得到聚苯，此途径相对于其他化学聚合方法，为聚苯生产成本的降低提供了可能性，因为DHCD可以通过微生物发酵大量生产。

（2）开发新型高分子材料：由于聚对苯有亲电性能，不能用作极性材料（如金属的表面镀层材料），因此开发带有侧链的聚苯衍生物有着极大的应用潜力，而加入的侧链也有可能为材料带来新的性质，如带有酸性硫酸基团的聚对苯［sulfonated poly (p-phenylene)，SPP］，在保持高度的氧化稳定性和机械性能的同时可以用作质子交换膜的材料。从合成聚对苯的单体出发也可以得到其他新型材料，如DHCD与乙酸酐得到DHCD-DA，DHCD-DA再与丙烯酸丁酯聚合得到一种PDHCDDA-co-BA的共聚物。这种共聚物在单体组成百分比不同时表现出不同的材料性质。由此可见，在聚苯研究领域有着巨大的发展前景，加大投资和研发力度，早日实现产业化将是我们今后发展的重点方向。

2. 蛋白聚合物

微生物合成具有可利用再生资源、低污染、易控制、可对蛋白质高分子进行分子设计的优点，但是仍然存在着一些问题，主要体现在两个方面。首先，微生物合成蛋白质类医用高分子目前很少可进行工业化生产，商品化的产品较少，难以与传统的化学合成法竞争；其次，微生物合成的思路方法比较单一，难以对蛋白质高分子进行高通量的筛选。

人类进入21世纪以来，生物技术特别是分子生物学取得了突飞猛进的发展，这为解决微生物合成存在的问题提供了新思路：①对天然蛋白质高分子的结构与功能的关系展开深入研究，以期发现新的重复性结构单元；②开展将天然蛋白质高分子的重复性结构单元与其他材料的功能氨基酸序列嵌段的研究，以期开发出新一代的功能医用高分子材料；③开展蛋白质高分子的多聚体基因在微生物宿主中高效表达的研究，以期实现工业化；④加强基因工程蛋白质高分子的生物医学研究，如用于组织工程支架与药物载体的研究，以期达到商品化的目的。目前国内在这一领域的

研究报道还很少，研究水平也落后于美国、日本等发达国家，由于这一领域是高分子材料学和生物学特别是分子生物学的交叉，各专业学科的学者应加强相互合作，实现优势互补，以加快该领域的研究进展。

四、新型高分子单体的微生物合成

（一）主要进展

目前用微生物合成的可聚合的单体主要有：D-，R-乳酸、1,4-丁二酸、3-,4-,5-羟基脂肪酸、1,3-丙二醇、生物乙烯、顺-1,2-二羟基-3,5-环己二烯（*cis*-1,2-dihydroxy-cyclohexa-3,5-diene，DHCD）及其衍生物、3-羟基丙酸等。这些单体我国都有进行生产或研究的单位。但是，除了R-乳酸聚合得到的聚乳酸之外，我国还没有形成规模化的材料产业。下面选择两个具有广阔应用前景的新型微生物合成的高分子单体进行说明。

1. 顺二醇化合物

顺二醇化合物，以DHCD为代表，其最成功的应用就在于用以合成高分子质量的聚对苯（poly-para-phynel，PPP），同时还可用DHCD与其他单体聚合成高强度的共聚物。这一用途使DHCD具有了商业化生产的价值，目前已经由清华大学实现了半工业化生产。

国内学者使用恶臭假单胞菌KT2442作为宿主菌，用重组质粒pSPM01过表达甲苯双加氧酶，重组菌KT2442（pSPM01）转化苯以生产DHCD，产量达到了接近60g/L的水平，生产DHCD的成本大为降低，已在山东鲁抗集团实现了初步的工业化生产。

2. 聚3-羟基丙酸（3HP）

我国聚3-羟基丙酸［P（3-HP）］的研究机构、人员落后于发达国家。按国家发表论文数量看，我国只有6篇。在中文科技期刊数据库检索，国内发表的有关3-羟基丙酸的文章也只有10篇，且大多为对国外研究进展的描述，尚未有人发表过3HP的生产报道。

（二）发展趋势

1. 顺二醇化合物

作为高分子聚酯、高强度材料的单体、手性药物中间体，DHCD及其衍生物可广泛用于军事、医学、农业等领域，具有广阔的市场前景。对此，有关DHCD的研究和生产的重点发展方向应包括以下几个方面。

（1）DHCD 的高产量低成本的产业化生产。

（2）DHCD 产品的下游操作，即高分子材料的合成、手性药物的合成等。

（3）研发 DHCD 的类似物或者与其他物质合成新型高分子材料，如 DHCDC、DHCD-DA 的生产等。

2. 聚 3-羟基丙酸（3HP）

有人预计，3HP 的市场潜力高达数十亿美元。针对这一商业契机，3HP 的生产即将成为继石油资源之后新化工平台产品的研究热门。美国能源部 2004 年的一份报告将 3-羟基丙酸列为 12 种最具潜力的生物基平台化工品之一。微生物法生产 3HP 与化学合成法相比具有选择性好、转化率高、产物分离简单、无环境污染问题、可利用再生资源等优点，是一种技术上可行、经济上有竞争力的生产方法。而如何运用现代生物基因工程技术获得高产的基因工程菌是微生物法的关键，也是今后一段时间 3-羟基丙酸研究的重点。

五、材料的生物改性

（一）主要进展

生物材料必须具有可满足植入需求的机械性能，并要易于加工成形，可进行工业化的生产。除这些基本的要求外，一种良好的材料还必须具有生物相容性，不同的植入需求对材料的生物相容性的要求也各不相同，材料的生物相容性的评价取决于其应用。例如，血液接触材料要求材料具有较好的血液相容性即抗血细胞和蛋白质的黏附能力，而组织和器官修复用的材料则要求材料具有一定的组织相容性和细胞亲和性。对材料进行生物改性，主要是从材料的实际应用出发，采取不同的方法对材料的表界面进行仿生化修饰。

我国在材料改性领域的研究较为活跃。我国科学家在该领域的研究涵盖了血管组织工程材料、骨组织工程材料、软骨组织工程材料、神经组织工程材料等各个领域。主要进展可以归纳为以下几个方面。

1. 表面改性提高生物材料血液相容性取得重大进展

我国学者原创性提出“维持血液凝血系统核心蛋白构象不变”生物材料抗凝血新观点，并以此为出发点，通过离子束浸没表面改性技术，使钛合金表面 Ti-O 膜具有宽禁带的电子结构，从而避免了引起凝血系统核心蛋白构象变化而激活凝血系统，得到了抗凝血性远优于市售抗凝血性最好的各向同性碳涂层 Ti-O 膜，并开始应用于

血管支架和人工心脏瓣膜。通过高分子表面接枝双亲性官能团而研发的小口径人造血管，亦正在临床试验中。

2. 生物材料表面纳-微米构筑技术不断进步

我国学者在生物材料表面纳-微米构筑技术及其对材料生物相容性的影响方面做出了令人瞩目的成绩。中国科学院硅酸盐研究所丁传贤、刘传勇等研制成功可供实用的电弧等离子喷涂设备并用于改善钛合金材料的生物相容性；厦门大学林昌健等通过电化学的方法，在生物材料表面成功构筑了可控纳-微米精细结构，为材料表面改性提供了新的思路和方法。

3. 生物材料仿生化设计及组织诱导性

四川大学张兴栋院士在国际率先发现并确证无生命的多孔磷酸钙陶瓷可具有活性生物物质特有的诱导骨再生的作用，提出通过材料自身优化设计可赋予其诱导新骨形成的生物功能，建立原创性生物材料骨诱导理论雏形，进一步提出“组织诱导生物材料”，开创了生物材料学及产业发展新方向。于国内率先开展生物活性人工骨（牙）及涂层植入体研究，对促进我国生物活性人工骨和植入体跨入国际先进水平作出了贡献。清华大学冯庆玲和崔福斋等根据天然骨的结构特征仿生合成了纳米羟基磷灰石/胶原复合骨替代材料，并检测了其对骨的修复性能。结果表明，此复合材料成分与微结构具有天然骨的某些特征，用这种复合材料压制成的致密种植体植入骨髓腔后，可被骨内部吸收，并诱导骨组织再生，从而实现损伤或病变骨组织的永久修复。最近，他们进一步研究了材料表面化学官能团的种类和数量对材料组织诱导性的影响，为生物材料的理性设计提供了新的思路。邱凯等将自组装短肽形成的水凝胶与多孔聚磷酸钙复合，构建出仿生骨基质材料，纳米自组装短肽水凝胶可以为细胞提供生长的微环境，同时多孔可降解聚磷酸钙不仅能提供足够的力学强度，同时降解出的钙、磷元素可成为成骨细胞的钙、磷源。这些基础研究给骨仿生材料的设计以极大的启示。四川大学但卫华教授实验小组研发的 3D-SC 组织工程材料，就是把猪皮经过一系列特殊的物理、化学方法和生物技术处理，脱去细胞等抗原成分，制造出具有良好生物相容性的、适当生物降解性的、可应用于临床的人工皮肤材料。陈兵等用猪的皮肤成纤维细胞作为种子细胞构建的组织工程化肌腱，其组织学、胶原排列与正常肌腱均相似。

（二）发展趋势

目前，材料改性研究的重点在于如

何使材料具有生物活性，即材料的仿生化设计。这类生物活性复合材料能够激发、主动诱导人体组织的自身修复、再生能力，从而达到使病变组织、器官最终完全或主要是由再生的自身天然健康组织或器官所取代，这将成为生物医学材料未来发展最具有活力的方向之一。如何通过材料的生物化改性使已有材料或新开发的材料具备该性能成为生物活性材料则是生物材料改性研究的主要发展方向。

材料生物化改性的相关技术近年来发展很快，除了上述的表面涂层技术、等离子体处理、接枝聚合、生长因子应用等技术外，新的技术也不断涌现。例如，纳米技术在材料修饰领域的应用，及材料表面的微观形貌修饰即 micropattern 等技术都是当前该领域新的热点。

虽然材料生物化改性研究取得了很大成就，但相关问题依然存在。每种改性的技术都存在自己的弱点，如表面修饰技术欠缺稳定性，生长因子复合材料的生物安全性有待考证等。由于材料的生物化修饰横跨了材料科学和生物科学两大领域，属于交叉学科领域，是复杂的系统工程，但材料和生物学领域及其他领域的研究进展，都有可能推动材料改性的发展。

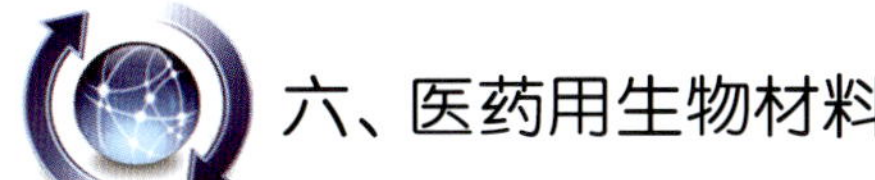

六、医药用生物材料

（一）主要进展

生物材料是用来对于生物体进行诊断、治疗、修复或替换其病损组织、器官或增进其功能的新型高技术材料，是材料科学技术中的一个正在发展的新领域。

生物医用材料按材料的种类可分为高分子材料、无机材料及金属材料三大类。金属材料主要用作骨科、牙科植入材料，人工心脏瓣膜，心血管支架，植入电极等。无机材料则主要用作骨修复材料、齿科材料等。有机高分子材料由于其具有良好的生物相容性、可调节的理化性能、易加工生产等特点，在某些领域有着其他材料不可替代的作用，在过去几十年间被广泛研究开发。20 世纪 70 年代之后，临床上的巨大需求导致生物医用高分子这一新兴学科分支的快速发展，各种新型生物医用高分子材料和新的应用相继出现，目前生物医用高分子材料主要用于药物控制释放、基因治疗、组织工程等领域。

生物医用材料的研究与开发对社会发展具有极其重要的意义。在我国，社会人口老龄化，心脑血管疾病、癌症、艾滋病

以及传染性疾病和常见病的预防与治疗都使生物医学材料及制品存在着巨大的潜在市场，特别是随着国民经济的发展和人民生活水平的提高，对生物医学材料和制品的需求急速增高。生物医用材料的研究与开发对国民经济发展也有着不可忽视的重要作用。生物医用材料具有很高的附加值，正在成长为21世纪世界经济的一个支柱。在我国，医药用生物材料研究日益受到重视，开展医药用生物材料研究的科研单位很多，科研队伍也十分强大。我国在医药用生物材料领域的应用研究和基础研究都在并肩发展，而基础研究相对更加活跃。

1. 生物医学材料

生物医学材料包括骨、牙及关节系统用的生物活性修复替换材料，牙用人工材料和体内植入物，组织工程血管、人工心瓣膜等心血管系统替换材料和制品，软骨、骨、肌腱、皮肤、眼角膜等结构性组织，用于微创手术的材料和结构，介入导管和器件，介入性治疗材料，血浆代用品，血液净化材料和体外循环装置，医学材料表面处理设备。

2. 生物材料及产品

生物材料及产品包括用生物质生产的聚乳酸、聚羟基烷酸、聚氨基酸和聚有机酸等生物可降解材料，可降解高分子材料与淀粉共混的环境友好材料，新型炭质吸附材料，新型绿色生态可降解聚乳酸纤维，生物法多元醇纤维，生物化学品（包括生物乙烯、乳酸、1，3-丙二醇、丁醇系列产品，丁二酸、琥珀酸以及各种具有特定性能的有机酸产品），各种溶剂和医药中间体等。

虽然我国在生物材料的基础研究已取得了一系列进展，与国际前沿相比，我国的生物材料应用尚处于初级阶段。在当今处于知识老化和更新同步的时代中，生物医用材料将更新医用材料的概念，创立新的基础理论，建立新的研究领域，研制新一代产品，开辟新的治疗途径，生物医用材料的研究具有非常广阔的前景。

我国生物医用材料及制品的需求巨大。一是目前的需求，我国医疗器械产业近十年来虽以高达15%～18%的年增长率持续增长，但市场年增长率却高达20%～27%，而且所占国际市场份额不到3%，远不能满足13亿人口的需求。生物相容性材料和制品的需求量与实际用量存在差异更大。二是从潜在需求来看，就医疗器械的人年均消耗额计，我国仅为7美元左右，美国则高达300美元以上。

3. 药物控制释放系统

在中国药物释放技术在整个药品市场

中的份额目前还非常低。药物释放技术在中国具有巨大而充满潜力的市场，可以被广泛应用到生物制品和中药领域，也会成为制药工业发展的强大动力引擎。中国有13亿人口，2002年药品市场达140亿美元。预计经过几年的发展，含有药物释放技术的产品将达14亿美元。

创新制剂的研究开发尤其适合中国企业。近年来，国外开发一个新药的周期一般需要八九年时间，资金投入七八亿美元，开发风险越来越大，中国企业很难有这种实力。在这种情况下，对已经上市的药品进行剂型改革，将其开发成服用方便、附加值较高的控缓释制剂，不失为新药开发的一种有效的补充手段。现在市场上畅销的某些“重磅炸弹”（年销售额超过10亿美元）药物，多是20世纪90年代申请的专利。随着这些药物专利到期或即将到期，这些药品将成为释药系统研发首选的目标。

4. 组织工程

在我国，组织工程产业才刚刚起步。2005年国家组织工程研究中心启动建设，标志着我国组织工程研究走向初步临床应用阶段和产业化。组织工程国家研究中心联合上海交通大学医学院、上海交通大学附属第九人民医院等多家单位组成，并建有专门的组织工程医院。研究中心结合组织工程研发、生产及临床应用，逐步实现组织工程的规模化产业。

（二）发展趋势

生物医用高分子材料重点研究和应用领域是生物医用高分子新材料及制备新方法、高分子药物控制释放材料、基因治疗的高分子基因载体和高分子组织工程材料的研发及医学应用。

第七章 环境生物技术

经济的快速发展带来的“三废”大量排放及农药污染使我国环境难以承载，环境容量已成制约我国经济可持续发展的主要瓶颈。环境生物技术具有温和性、高效性、能耗低、无二次污染等特点，已广泛应用于环境污染治理与修复，不仅可净化污染物改善环境，而且可实现资源与能源再生利用，对支撑我国低碳经济急需的节能减排、清洁生产、循环经济技术十分重要。

目前我国环境生物技术研究和开发主要集中在污染控制生物过程、环境生物过程监测与控制、污染治理的新技术新工艺、生物修复与生态修复及微生物多样性等方面，2009 年在研究和应用都取得了可喜进展，对遏制环境污染作出了贡献。

一、污染控制生物过程

（一）主要进展

国内污染控制生物过程的研究遵循生物资源开发及菌剂产品研制—生物反应动力学与污染物降解机理机制—新型的生物反应器的研发这一路径，重点集中在有毒、有害、难降解污染物净化，脱氮除磷，重金属吸附等水污染生物治理，固体废物资源化与能源化生物过程，废气生物净化过程，土壤生物修复过程中功能微生物与制剂，生物降解过程反应动力学与降解途径，高效新型生物反应器等方面。

1. 环境生物资源及其相关产品的开发

针对有毒、有害、难降解污染物，中国科学院知识创新工程重要方向项目资助课题“环境微生物制剂研制与生产关键技术研究”在有毒、有害、难降解污染物相关微生物资源和菌剂产品开发上取得了丰硕的成果。该项目筛选到各种污染物降解菌 300 余株，研制了天然气废水降解菌剂等 4 种污染物处理制剂，开发了 3 种降解土壤农药的降解酶制剂。该项目还与生物公司合作，建成了年生产规模 1500t 的菌剂

生产车间，进行了规模化生产，使液体菌剂生产成本降低到5元/kg。

脱氮除磷相关菌剂的研发主要集中在氨氧化、亚硝化、硝化和反硝化等过程。如对一些异养硝化细菌的分离，其可在脱氮的同时实现氨氮和COD的去除。此外，国内还开展了以反硝化聚磷菌为代表的各种聚磷菌的筛选工作，以期开发其脱氮除磷的功效。

重金属吸收转化，特别是生物吸附剂方面，主要研究开发了衣藻、黑藻、酵母、活性污泥等各种材料的吸附性能。湖南大学采用黑藻吸附剂对含 Zn^{2+} 废水进行了研究，在一定条件下，黑藻对 Zn^{2+} 的吸附率为85%，并且发现黑藻对 Zn^{2+} 的吸附是阳离子交换过程。在污泥重金属的去除领域，研究较多的是氧化硫硫杆菌与氧化亚铁硫杆菌，主要采用的是生物淋滤技术。例如，分离出高度嗜酸的氧化硫硫杆菌，接种该菌株进行污泥生物淋滤可有效溶出污泥中的重金属。用氧化亚铁硫杆菌作为生物沥滤反应的主体细菌，能够将原始污泥中占80%以上硫化物形态Cu转化成交换态。中国科学院成都生物研究所使用硫酸盐还原菌治理重金属污染，并开发生物硫铁复合材料对含铬废水进行资源化处理，处理后污泥中铬（Cr_2O_3）含量达到40.47%，铬铁比达到6.98，可资源化利用。

在固体废物处理菌剂研究领域，我国很多单位开发出了一系列固废处理相关产品，取得了很好的环境和经济效益，如北京合百意生态能源有限公司和中国科学院成都生物研究所合作研发的“绿秸灵”秸秆预处理菌剂等。

2. 生物反应动力学与降解机制研究

有了好的生物资源和菌剂产品后，其使用方式、降解污染物的机理和动力学过程、影响效率的关键因素又成为了必须解决的问题。

通过研究污染物降解转化动力学过程，可以深入了解污染物降解特征，优化污染物降解系统和条件，达到提高效率、节能减排的效果。国内学者相继对多种污染物在生物反应器或自然条件下的生物降解过程进行了动力学分析，得到了许多具有参考价值的数据。例如，进行了微生物固定化降解喹啉的动力学研究，发现固定化微生物降解喹啉的动力学方程遵循一级反应，降解速率常数随着喹啉初始质量浓度的升高而减小。

在污染物降解机理方面，国内近期研究集中于一些难降解有毒污染物的生物转化机制研究。例如，在对4-硝基酚代谢途径及其机理的研究中，中国科学院武汉病毒研究所以 *Pseudomonas* sp. WBC-3 菌株为

对象，发现其通过对苯二酚途径降解4-硝基酚。与苯三酚代谢途径相比，WBC-3菌株中无论是代谢途径、酶和基因，还是代谢操纵子的结构特点都与之完全不同。在卤素取代基芳烃化合物代谢机理研究中，中国科学院微生物研究所的学者分离得到了多株氯代硝基苯降解菌株，并首次在分子水平上系统报道了其代谢过程相关的酶和基因。另外，有机磷等农药、重金属污染物的降解转化机理也是研究的热点。

3. 新型生物反应器

拥有好的生物资源，弄清其降解规律后，如何设计一个好的反应器，最大效力地发挥其生物功能，是接下来研究的任务。在高有机浓度难降解废水生物处理领域，研究较多的是及上流式厌氧污泥床（UASB）和内循环（IC）反应器。UASB反应器具有污泥浓度高、有机负荷高、水力停留时间长、无混合搅拌设备等优点，其被大量运用于难降解废水处理中，如垃圾渗滤液、制药废水、淀粉废水、印染废水、啤酒厂废水，取得了不错的效果。IC反应器是在UASB反应器的基础上发展起来的，它由2层UASB反应器串联而成，具有抗冲击、处理容量高、投资少、占地省、运行稳定等优点。在造纸废水处理IC反应器的启动试验中，其COD去除率维持在73%～75%，水力停留时间可缩短为3 h，COD容积负荷可达25 kgCOD/（m^3·d）。

（二）发展趋势

污染环境的生物过程研究是环境生物技术的核心内容，随着社会经济的不断进步，污染物的种类越来越复杂，特别是一些典型常用大宗化学品的大量使用，给环境造成了很大的压力，其生物代谢过程机制的研究将成为热点。此外，高危有毒有害化学品虽然使用较少，但是环境危害巨大，其相关的生物代谢机制研究亦需要加强。生物转化中广泛存在共代谢现象，因此，污染物生物降解过程中的共代谢机理、降解过程的中间步骤、降解过程的中间产物的结构性质和某些降解中间产物的毒性都将是未来研究的课题。污染物生物降解转化动力学研究领域在我国比较薄弱，未来应充分结合最新的数学理论，建立更加符合实际的、可以推广运用的模型。生物处理本身是一个温和的过程，但其过程还是有一定的碳排放量，在污染物的生物处理过程中，如何减少温室气体的排放是一个十分新颖和具有前瞻性的课题。这方面，可以综合考虑厌氧、好氧等工艺的特点，科学搭配，开发二氧化碳固定新技术新工艺，控制污染物处理过程中碳排放，力争

在生物处理本身过程中形成“循环经济”的模式。

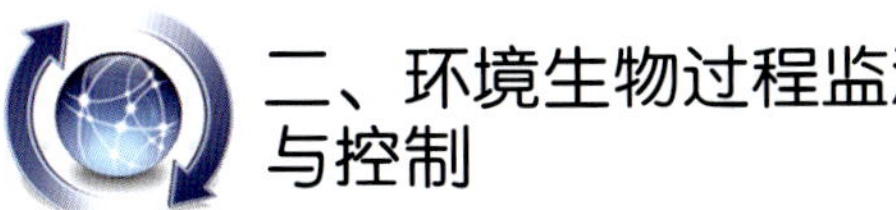

二、环境生物过程监测与控制

（一）主要进展

环境污染监测主要方法有化学法、生物法等，其一般是指通过化学或者生物反应对环境中特殊污染物进行定性和定量。在应对当今的污染事件中，传统的化学方法存在较大的缺陷，如不能检测出所有毒性物质，有浓度分析下限，不能将有毒物浓度和生物的毒害作用相联系等。生物检测方法随生命科学技术的迅猛发展而愈来愈占有更为重要的地位。该领域研究的热点包括单一与复体污染物的生物毒性检测、污染处理系统微生物种群检测、水体健康的生物检测、固体废弃物生物处理过程监测控制技术等。

1. 单一与复体污染物的生物毒性检测

在单一污染物的生物毒性检测研究领域，化学生物传感与计量学国家重点实验室开发了一系列生物传感器，研制了一系列生物传感检测方法，如环境中痕量 Cr（VI）、Hg（II）、苯肼及有机氯农药毒莠定的高灵敏生物传感检测技术等。在复体污染物的生物毒性检测研究中，国内已有单位初步探索将人工智能模式识别技术与发光微生物监测技术相结合，以期在突发环境污染事件中能快速判断出污染物的种类和污染程度，以及可能污染源。

2. 污染处理系统微生物种群的检测

污染处理系统微生物种群检测对于稳定生物处理系统，提高生物处理效率有很大的意义。中国科学院成都生物研究所等单位的学者运用现代分子生物学方法，建立了废水处理系统中微生物种群常规监测及调控的方法，并对污染处理生物强化系统中功能菌进行了长期的追踪，发现外加功能菌在系统中是稳定存在的。为了做到反应器的实时准确调控，快速的微生物种群检测技术必须先行突破，国内已有采用荧光原位杂交技术和流式细胞术对活性污泥细胞悬浊液进行微生物细胞检测分析的报道。

3. 水体健康的生物检测

水体的健康状况分析也是生物监测的一大运用领域。水体的理化指标虽然在一定程度上能反映水体的性质，但是其很难界定水体的毒性和健康程度，生物监测的优点是能确定环境污染物的生物毒害作用，

在反映水体微量污染物、POP 和复合污染物方面有着不可替代的优势。在天然水体的健康状况分析中，国内已有对苏州河等水域着生生物群落结构进行分析的研究，并将其和水域的水质相联系。华东师范大学等研究机构开展了各种发光弧菌的研究，并开发成可以商业使用的检测体系及仪器。在水体健康的动物检测方面，中国科学院成都生物研究所利用两栖动物对环境的高度敏感性，采用蝌蚪的行为特征进行了污染物分布及毒性的研究，取得了很好的效果。

4. 固体废物生物处理监测控制技术

固体废物生物处理系统的实时监测及自动控制一直是难点，国际上没有成行的设备可用。中国科学院地理研究所的科学家经过努力攻关，开发出了适合堆肥用的温度、水分、氧气监测探头，实现了污泥堆肥处理的自动化实时监测，解决了堆肥产业中普遍存在的臭气污染问题。西北农林科技大学采用 BIOLOG 微平板技术分析了堆体微生物群落的变化，并采用主成分分析法解释了 BIOLOG 数据，取得了理想结果。此外，国内还进行了基于生物传感技术的堆肥系统微生物降解酶活性及生物表面活性剂的跟踪监测研究，基于基因传感技术的堆肥系统微生物种群动态和功能基因（如 *lip* 基因）的跟踪监测研究等。

（二）发展趋势

由于生物监测的对象为复杂的环境生态系统及生物体自身所存在的复杂多样性问题，且由于监测结果准确度及表达等原因的限制，使得生物监测在实际运用中还面临着许多问题。例如，监测方法的标准化，由于生物方法本身和技术上的限制，很难消除其他因素的影响并将其标准化，这大大影响了其在环境监测中的运用。水体的健康度指标是一个全新的概念，其已被证实是科学有效的，但是水体的健康度现在还没有一个科学详尽的标准，建立基于生物检测技术的水体健康度体系也是接下来需要开展的工作。河流水体的功能划分也应建立相关的健康度指标，以真实可信的表征评估水体的可利用程度。

现已有的生物检测方法侧重于环境安全的毒性及其早期预警，而不能针对突发性事故污染进行快速的现场诊断，并判断污染物的种类以及可能的污染源。因此，采集污染物生物反应分类指纹，构建污染物生物反应分类指纹数据库，建立一种可以分辨污染物种类的生物监测技术尤为必要。可以综合环境微生物学、分子生物学、计算机科学等学科优势，开发新一代的生物监测技术及设备。生物监测的灵敏性和

专一性较低、需时较长、反应终点难以确定等缺点也有待克服。

生物监测是未来环境监测的一种重要方法，今后还需要从技术、标准化、管理等方面进行深入的研究。此外，任何一种分析方法都有其应用的局限性，如何综合生物监测和理化检测的优势，实现互补，将是以后研究中需要注意的地方。

三、污染治理的新技术、新工艺

（一）主要进展

污染物生物降解及转化需要通过一定的技术和工艺手段实现其过程，而技术和工艺手段对污染物的生物降解效率有很大的影响，其研究也是环境生物技术基础研究和应用研究的桥梁，具有十分重要的意义。该领域研究热点主要有城市污水的提标工艺改进、工业有机废水高效处理工艺、脱氮除磷新工艺、重金属废水处理处理与资源化利用新工艺、固体废物生物处理与资源化利用新工艺、废气生物处理新工艺等。

1. 城市污水的提标工艺改进

在城市污水处理领域，目前我国已基本形成以氧化沟、序批式活性污泥法（SBR）和厌氧-缺氧-好氧法（AAO）为代表的3大主流工艺，取得了很好的效果。同时城市污水处理也存在一些问题，如投资大、运行费用高、能耗高；脱氮除磷工艺技术复杂，去除率低、稳定性差；传统的处理工艺出水难以达到较高的标准等。因此，城市废水的提标工艺改进是现今污水治理研究领域的重要任务。我国常州、无锡等城市相继启动了一批污水处理厂的提标改造工程，其改造一般是强化脱氮除磷功能，后续工段增加高级处理设施等，目标是使出水水质稳定达到一级A标。针对我国城市污水处理常见的3种工艺，研究人员开发了相对应的升级改造策略。如AAO工艺中对原有生物池改造增加污泥停留时间，增加污水深度处理步骤，增加除臭设施和加药除磷设施等；氧化沟工艺的生物段采用回流污泥曝气及缺氧曝气工艺，采用盘式微过滤器并增加除臭和化学除磷设备；SBR工艺中增加厌、缺氧段，增设填料，增设化学除磷设备，增设混凝工艺等。

2. 化工园区污水治理新技术

随着各地化工园区的大量建设，化工园区污水治理又成为了一个新的课题。现有常规技术难以满足园区废水达标处理的

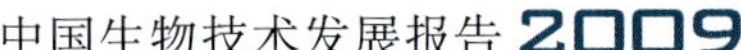

需求，尤其是在已建成的园区污水处理设施中，能够正常运行的不超过5%。南京大学开发了集中污水多重循环协同生物强化（MRCT）处理新工艺，园区化工废水经电解进行预处理，然后经过高效生物流动床反应器或间歇式曝气生物颗粒床反应器进行生化处理，最后废水通过臭氧－活性炭工艺进行深度处理。该工艺不仅实现了优势菌群的定向调控，还实现了对污水中毒性污染物的消减，其示范工程取得了很好的效果。

3. 工业有机废水高效处理工艺

工业有机废水总量多、危害大、难处理，是环境生物技术研究的重点和热点。国内在高有机浓度难降解废水厌氧生物处理领域，得到研究较多的是 UASB 和 IC 反应器。在生物强化领域，中国科学院成都生物研究所完成了多个品系微生物菌剂的开发，并将其运用于天然气、炼油及制革废水的处理研究中，取得了很好的效果。例如，川中油气矿磨溪天然气净化厂和川西北气矿天然气净化厂的废水处理装置投加天然气废水降解菌剂后，COD 和氨氮的去除率分别达到94.25%和73.05%，出水水质满足《污水综合排放标准》（GB8978—1996）中一级排放标准，目前生物强化系统已经稳定运行 1 年多，期间污水全部回用，实现了废水的零排放并且极大地降低了剩余污泥产量，取得了良好的经济效益和环境效益。在有机工业废水组合处理新工艺研究领域，科学家采用电解絮-UASB-MBR 组合工艺处理萘普生混合废水，电解过程可使 COD 实现 20% 左右的去除率，同时使废水 BOD 有较大幅度的提高，增大了可生化性；絮凝过程对 COD 约有 20% 的去除率；UASB 单元对有机污染物有较大幅度地削减，去除率约 75.8%～80%，最终出水的 COD 可降至 100mg/L 以下。

4. 脱氮除磷新工艺

随着废水外排指标的严格，废水脱氮除磷相关工艺越来越受到重视。厌氧氨氧化被视为很有应用前景的脱氮技术，中国科学院成都生物研究所采用 SBBR 反应器对猪场废水进行短程硝化反硝化—厌氧氨氧化联合脱氮，短程硝化反硝化预处理可为厌氧氨氧化创造良好的进水条件。在除磷工艺研究方面，华南师范大学采用 A/A/MBBR 工艺处理由粪便液和生活污水组成的混合污水，通过实验选定最优运行条件后，脱氮除磷效果及对有机物的去除效果均稳定而良好，出水氨氮、总氮、总磷和 COD 达到了国家一级 A 排放标准。

5. 重金属废水处理与资源化利用新工艺

采用生物法处理重金属并实现资源化是近期研究的趋势，中国科学院成都生物研究所在硫酸盐还原菌治理重金属的基础上，研究获得了生物硫铁复合材料，并申请了关于处理含铬废水及资源化的专利，该复合材料对Cr（Ⅵ）具有较好的还原作用，在对含铬废水处理中，不仅能达标排放，而且处理后污泥达到冶金级（湿法冶炼铬）铬矿标准和化工级铬矿标准，可资源化利用。

6. 固体废物生物处理与资源化利用新工艺

在固体废弃物生物处理研究领域，研究人员本着“变废为宝”的原则，进行了一系列固废能源化、肥料化的研究，既消解了污染物，又取得了较好的经济效益。中国科学院青岛生物能源与过程研究所开展了固含率和稀释率对餐厨垃圾水解酸化过程的影响研究，整个消解过程中丙酸产量较低，有较多的乙醇、乙酸和丁酸产生，这种脂肪酸组成有利于防止产甲烷过程中丙酸抑制现象的发生。北京嘉博文生物科技有限公司开发了微生物资源循环新技术，1t餐厨垃圾、过期食品等有机废弃物经过8h左右高温好氧发酵，能生产出0.6t高能量、高活性、高蛋白的活性微生物菌群。哈尔滨工业大学开展了将餐厨垃圾转化为乳酸丁酯，再经熔融固相聚合生成聚乳酸的研究，开发的工艺可省去乳酸丁酯水解生成乳酸的工序，简化了聚乳酸合成路线，避免了反应设备的腐蚀，降低了餐厨垃圾制取聚乳酸的生产成本。

7. 废气生物处理新工艺

生物技术在恶臭气体，含硫气体的处理中也有较多的运用与研究，其主要工艺集中在生物洗涤、生物过滤和生物滴滤上。国内在一些污水处理厂近期已经开始加装废气处理设备，以减小废水处理中对周围大气环境的污染。在有机废气的生物处理研究中，学者使用甲苯作为模式污染物，以粒状活性炭为滤料，对生物过滤法净化有机废气进行了连续稳态试验研究，结果表明，生物滤塔对甲苯废气有一定的降解效果，最高降解效率可达90%以上。

（二）发展趋势

新技术和新工艺是环境生物技术最终的实现形式，其研究开发有利于将科研成果向实际生产的转化，是环境生物技术中重要的组成部分。随着社会经济的发展，一些新的污染物也将会出现，如何开发出新的生物反应器或者改进现有的生物反应器，使之能适应复杂多变的污染物，是今后需要研究的方向之一。另外，生物反应器的研究应该向着小型化、高效化、低能耗、抗冲击的方向发展，吸收综合各种生物反应器的优点，逐步改善生物反应器的效能。在实际运用中，生物反应器内反应情况的实时监测及科学调控也是现今面临的一大挑战。生物体和反应器是不可分割的两部分，反应器可以视为生物体的“栖息地”，“栖息地”的环境直接影响了生物体的降解效率，开发适合于生物体发挥最佳效能的反应器和工艺也将成为今后研发的热点。应综合运用理化方法和生物方法，发挥各种工艺技术的优势，以目标污染物为导向，科学选择并组合使用各种工艺，达到最佳效果。

四、生物修复与生态修复

（一）主要进展

生物修复指一切以利用生物为主体的环境污染的治理技术。一般分为植物修复、动物修复和微生物修复 3 种类型，按照处理的对象，主要可分为重金属污染修复和有机污染生物修复。该领域研究热点集中在有毒有害金属污染土壤的生物修复、有机污染的生物修复、水体环境的生物修复、各种生态修复技术。

1. 有毒有害金属污染土壤的生物修复

植物原位修复是一种新兴的低成本修复技术，而使用适宜的重金属耐受性植物根际促生菌可提高植物修复的效率。青岛科技大学开展了根际促生菌与植物的协同修复研究，污染区金属耐受性植物根际促生菌能更好地维持土壤肥力，其除具有金属解毒和移除作用外，根际菌还可产生益生物质和铁载体等促进植物生长。在微生物原位修复领域，中国科学院沈阳应用生态研究所学者对黑曲霉利用各种廉价碳源替代蔗糖产酸修复重金属污染土壤的效果进行了研究，杨树叶、桃树叶、土豆皮去除重金属效果较好。利用微生物进行重金属污染的异位修复技术研究也成为当今的热点研究领域，使用包括流化床、生物转盘、生物电化学反应器等的生物反应器，并通过连续或分批添加营养源以保证细胞的活性。生物表面活性剂有助于重金属从土壤中的溶出和脱附，这些生物特性是提高重金属污染修复效率的重要因素。

2. 有机污染的生物修复

有机污染也是土壤的一大污染源，可

以筛选各种有机物高效降解微生物，并通过进行实际的现场试验，对其进行科学修复。例如，以枯草芽孢杆菌为接种微生物，研究微生物对沉积物和湿地土壤吸附多环芳烃菲、苯并芘过程的影响，结果表明枯草芽孢杆菌对菲与苯并芘都可进行吸附或生物降解，其可以消除菲 98%，消除苯并芘 85%。中国科学院动物研究所采用有机磷水解酶基因工程菌高密度发酵技术生产出 3 种剂型的农药解毒酶产品，并运用于果蔬残留农药的解毒上。该项目在山东省安丘和河北省香河分别建立了 5 亩大葱示范田和 20 亩韭菜示范田，处理以后的作物（大葱和韭菜）上农残含量均低于国家最大残留限量标准。在土壤有机污染的异位修复研究领域，有研究利用泥浆反应器处理炸药 TNT，通过定期添加污染土壤的操作，反应器达到稳定后，TNT 由最初的约 8000mg/kg 降低到检测界限（0.5mg/kg）以下。有机污染土壤生物异位修复还常采用固体发酵法，研究表明添加麦秸、棉花或其混合物可以提高生物发酵效率，利用白腐菌 *Pleurotus pulmonarius* 的固体发酵可以有效地分解除草剂阿特拉津；固体发酵反应器还可有效地用于处理聚氯联苯（PCB）、氯代乙烯、芘污染的土壤。

3. 水体环境的生物修复

对于地表水体，科学家使用植物、动物和微生物对水体进行了修复试验，取得了比较好的结果。例如，筛选适合于在受污染水体中生长的植物，采用原位围隔高羊茅草坪浮床来净化重污染河道水体等，结果表明其对富营养化水体中的氮、磷、COD 等均具有极强的去除能力，并能有效提高水体透明度。另外，可以通过调整鱼群结构，保护和发展植食性的浮游动物，利用浮游动物滤食浮游藻类，从而控制藻类的过度生长，增加水体透明度。国内已有在苏州重污染河道里放养黄尾密鲴以改善重污染水体水质的研究。微生物也是一种可以考虑用于水环境修复的生物，其具有费用省、环境影响小、不会产生“二次污染”或污染物转移等优点。运用微生物技术和新型复合酶制剂对城市黑臭河道及受污染景观水体进行生物修复的研究表明，合适的微生物制剂对受污染水体有明显的净化效果。

4. 生态修复

生态修复的基本内涵是在人为辅助控制下，利用生态系统演替和自我恢复能力，使被扰动和损害的生态系统（土壤、植物和野生动物等）恢复到接近于它受干扰前的自然状态。国内近期生态修复研究主要集中在废弃工矿区的生态修复、河流流域生态修复、湿地生态修复及地震灾后生态

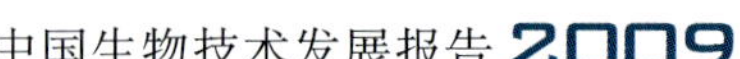

修复等。例如，选择构树、臭椿、大叶女贞、栾树为锑矿区重金属复合富集植物，并运用于锑矿区生态修复，目前试验地树种存活率为 85% ~90% ，效果良好。河流生态修复一般采用工程措施和生物措施相结合的方式，我国在长江、潮河等大小河流流域进行了生态修复工程，都取得了很好的生态及经济效益。2008 年汶川大地震后，川西很多山地地貌受到了破坏，其相应的生态修复亦提上日程。震后不久，环境保护部联合四川、甘肃、陕西三省人民政府就共同编制了《汶川地震灾后生态修复规划》，确定了自然保护区管护能力恢复重建工程、珍稀濒危物种栖息地恢复示范工程、生态功能恢复示范工程、生态修复示范工程、土壤污染修复示范工程、生态监测工程等 6 大类优先实施的重建项目。整个灾后生态重建工程实施至今，生态修复进展顺利，取得了很好的生态效益。

（二）发展趋势

生物修复技术用于治理环境污染是当前环境科学研究的重要领域之一，应该对具有生物修复功能的各种动物、植物、微生物进行系统的研究，对其资源进行调查收集，建立环境修复生物数据库。生物修复是一种治理效率高、治理费用低、现场可操作性强的方法。目前植物修复有一些缺点，如时间漫长等，只有将植物修复、生物修复、物理修复和化学修复科学地结合起来，才能更好地发挥各个学科的优势。另外，虽然生物修复的二次污染小，但其造成的污染也不应被忽视，植物修复中如何避免二次污染、植物收获后如何处理也将是今后研究的任务。产业化是污染环境修复研究的目标，现今污染环境生物修复还难以达到产业化的标准和要求。

另外，随着我国城市面积的急剧扩大，土地资源越来越紧张，而以前处于城市郊区的大量的工厂，大多通过搬迁置换等方式，腾退出了大量的土地。但这些土地由于以前被用于工业生产而使其带有一定的污染而无法使用，造成巨大的损失。如近期著名的武汉“毒土地”退地事件，在社会上造成了恶劣的影响。可以预见，随着城市化进程加快，此类事件还会发生，如何针对此类土地进行生物修复，开发相应的生物处理技术，将是今后面临的课题，并为解决土地资源短缺问题做出贡献。

五、微生物多样性

（一）主要进展

目前生物技术应用于环境保护中主要

是利用微生物作为环境污染控制的生物，而微生物多样性研究及相关的调控技术又是其中的重点。该领域研究热点有现代分子生物学技术与生物多样性、自然环境的环境微生物多样性、生物处理系统的生物多样性、生物多样性与环境微生物菌剂等。

1. 现代分子生物学技术与生物多样性

现代分子生物学技术的大量运用极大促进了微生物多样性的研究。现今对微生物多样性和未培养微生物的研究主要采取宏基因组学（metagenomics）的方法进行。国内许多研究机构相继启动了各种环境中微生物多样性的研究，期间开发了许多实用的、新颖的环境微生物多样性研究技术。例如，四川农业大学将 ERIC-PCR 扩增片段和 DGGE 技术相结合，开发了一种优于琼脂糖凝胶电泳的 ERIC-PCR 扩增片段分析技术。该技术可以使微生物多样性的分析更加有效，提高了 ERIC-PCR 扩增片段的电泳分辨率。台湾大学的科学家将土壤样品包埋在低熔点琼脂糖中进行微生物细胞裂解，然后通过脉冲电泳进行 DNA 提取分离，最后用电洗脱得到高分子质量的环境总 DNA 样品，可达到 0.1 ~ 1 Mb，无需进一步纯化步骤即可进行后续研究。宏蛋白质组学（metaproteome，或称元蛋白质组学）研究技术是新出现的一种概念和研究技术。该技术的基础是环境样品总蛋白质的提取，河南农业大学使用柠檬酸和 SDS 对土壤样品中的蛋白质进行了分级抽提，取得了比较好的效果，得到的总蛋白质可以用于 1D 和 2D 蛋白质电泳。该技术为环境样品总蛋白质的提取提供了一个很好的参考路径。

2. 自然环境的环境微生物多样性

中国科学院生态环境研究中心的科学家研究了各种环境土壤中氨氧化细菌和氨氧化古菌组成及数量。在对高氮草地土壤的研究中发现，硝化作用是由氨氧化细菌而不是氨氧化古菌驱动的。这一重要成果在国际权威杂志 *Nature Geoscience* 发表，对深入认识土壤生态系统中氨氧化细菌和氨氧化古菌的生境及对氮素循环和养分转化的贡献具有重要意义。

鉴于中国国内活跃的自然环境微生物多样性研究，国际著名的微生物生态学杂志 *FEMS Microbiology Ecology* 于 2009 年 11 月出版了中国专刊，介绍了中国在微生物多样性研究中各种成果及进展。其中共收录了 53 篇各具特色的论文，包括有关冰川环境微生物多样性的综述、分子数据的多变量统计分析方法、微量热法评估微生物群落的活性、碱性土壤中甲烷氧化菌的

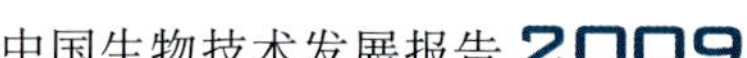

活动、珠穆朗玛峰高海拔地区土壤中的氨氧化细菌及古菌研究发、接种根瘤菌间作对于植物根际微生物组成和丰度的影响等。

3. 生物处理系统的生物多样性

生物处理系统中微生物多样性直接与处理系统的效率及稳定性相关，是生物处理系统研究的核心。近期有很多相关的研究报道，如处理中国传统医药工业废水的ABR反应器中微生物的生态结构分析，Cd（Ⅱ）和Cu（Ⅱ）对2-氯酚降解反应器中微生物特征的影响研究，非离子表面活性剂对活性污泥微生物菌群长期发展变化的影响研究等。对于固废处理领域，西北农林科技大学研究了链霉菌对小麦秸秆堆肥中微生物群落和酶活性的影响，研究发现接种链霉菌菌剂，改变了堆体中细菌群落结构组成，堆体细菌总代谢活性和细菌群落多样性均增加。

4. 生物多样性与环境微生物菌剂

在微生物菌剂的使用过程中有关的微生物多样性问题也是近期研究的一个热点。现在国内已经有研究表明，当活性菌剂加入到处理生物系统中后，新加入的细菌即在系统中占主要地位，如保持环境稳定，其也可以较长期的存在。但是外加细菌和本土微生物详细的相互作用过程及机理还有待研究。

（二）发展趋势

微生物多样性研究一直是环境生物学研究的一个重点和热点，特别是宏基因组研究技术面世后，更是掀起了一波探索环境中未培养微生物资源及其功能的热潮。可以预见，其相关研究将越来越受到重视，而其产生的成果所具有的巨大的经济价值将直接刺激其研发活动的活跃。

在微生物多样性研究中，新型高效的环境微生物多样性研究技术的开发是其基础。现主流的DGGE等技术都具有其自身的缺陷，如何更加完整全面地描述一个给定环境中的所有微生物仍然是一个巨大的挑战。此外，环境微生物的研究将逐步涉及其复杂功能的研究，而对其功能的研究最直接的对象就是各种蛋白质。研究环境微生物功能的宏蛋白质组学技术现在亦处于萌芽状态，环境样品总蛋白质的提取仍然是一个很大的挑战，而其相关的蛋白质分析技术及数据库也极度匮乏。虽然研究的道路困难重重，但可以预见，宏蛋白质组学的研究必将同宏基因组研究一样，在研究技术进步的推动下得到长足的发展。

过去的生物研究，包括微生物研究在内，多从单个物种切入进行深入探索，而现在迅速拓展到种群水平上，系统研究已成主要趋势。自然功能的实现（如污染物的降解）一般是由微生物群落完成，各种微生物在其中各司其职，密切配合，形成各种各样的相互作用关系，构成特殊的代谢途径。如何解析微生物群落中各种微生物的组成及丰度，如何解析微生物群落中的物质流、能量流和信息流，最后综合以上研究结果，系统的揭示微生物群落的奥秘，将是今后需要解决的问题。

第八章 海洋生物技术

海洋生物技术目的是将生物技术应用于海洋生物资源的探索与开发中。我国的海洋生物技术发展自始至终都与国际发展保持同步，经过“九五”、“十五”、“十一五”3个五年计划的连续支持，研究水平和技术成果已经接近发达国家水平，主要表现在6个方面：海水养殖的种质保存与育种技术、水产养殖动植物的病害防治、新培养设施方法体系与设施、海物生物制品、功能基因组学与基因工程技术、耐盐陆生植物的培育。

海洋生物技术的核心是种质问题，将海洋生物技术应用于可持续的海洋生物资源发展主要包括种质保存与育种技术、病害控制、新培养设施方法体系与设施的研发以及生物制品工程技术。自1980年代开始的遗传工程技术应用于海洋生物资源开发以后，随着近30年的发展，世界海洋生物技术的发展已经由传统的渔业资源技术、海水养殖、海藻化工以及海洋功能食品逐步扩展到深海生物资源开发、海岸带生物资源保护、可持续海水养殖、海洋生物能源等多个领域。对虾类、鱼类、贝类等海水养殖品种的病害防治基础研究，集中在免疫调控和机制、水产养殖生物的食品安全；在海水养殖品种的开发方面，在传统的水产开发基础上，又对螺类、麒麟菜、蟹类的养殖、栽培技术进行了研究。

建立了我国东海和南海的海洋微生物库，对黄海地区的海洋细菌资源进行了深入调查研究，得到很多份具有大力开发价值、具有我国源头知识产权的微生物资源。建立了海洋微生物天然产物高通量活性筛选技术平台。筛选了一批海洋来源的抗生素资源、海藻寡糖来源的植物疫苗，以及具有良好药用价值的海洋先导化合物资源。

对深海生物资源中生源要素参与的嗜热、嗜压、嗜冷机制进行了深入研究，对来源于深海的多种蛋白酶性质进行了研究，取得了很好的结果。对参与甲烷代谢的海

洋微生物类群及其与环境的应对机制进行了研究。

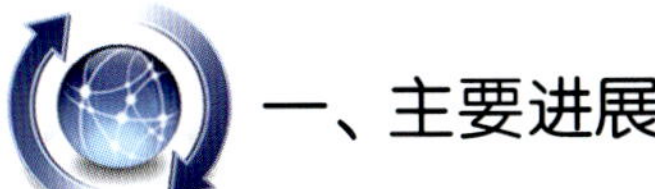

一、主要进展

（一）海洋微生物资源

构建了中国东海和南海微生物资源库。从我国海域分离获得了50 000余株海洋微生物，依托有关单位，分别建立了中国东海和南海微生物资源库，为海洋微生物资源的长期利用与开发奠定了良好的基础。从山东近海采集各种样品，进行海洋细菌的分离、纯化、保藏、鉴定工作，现在实验室保藏海洋细菌超过3000株。

（二）海洋微生物制品

建立了海洋微生物天然产物高通量活性筛选技术平台。依托国家新药筛选中心和各相关研究单位，围绕肿瘤、中枢神经系统疾病、代谢性疾病、炎症和感染性疾病等，建立了分子、细胞和整体动物的活性筛选模型近100种，形成了以高通量筛选为初筛、二级（功能性）和三级（动物及药代/毒性）筛选为复筛的海洋天然产物活性筛选评价技术平台。

对我国南海沿海的30余种海洋无脊椎动物（软体、海绵、珊瑚等）、10余种海洋/陆生植物（海藻、红树林、热带植物等）、3种海洋生物中共生/附生菌进行较系统的化学、化学生态学及药理学研究、先导化合物的结构修饰和生物转化研究，以及有开发前景的先导化合物的半合成或全合成研究。

海洋微生物制品研究开发取得长足进步。海洋碱性蛋白酶、溶菌酶和脂肪酶实现产业化；分离获得了一批海洋微生物来源新颖酶制剂（低温纤维素酶、几丁质酶、*N*-乙酰氨基葡萄糖苷酶、琼胶酶、海洋适冷蛋白酶等）并进行了产业化前期研究。微生物农药康宁霉素已获得农业部生物肥料生产证书，海洋芽孢杆菌制剂基本完成产品的中试研究和抗病虫害功效研究。

（三）创新海洋药物

筛选获得一大批海洋微生物天然产物和先导化合物。利用分子、细胞和动物活性筛选模型，结合化学筛选，获得了近4000株活性微生物菌株；利用活性追踪结合色谱技术和波谱学方法，研究了活性菌发酵产物中的化学成分，共获得了1000余个活性化合物（其中新活性化合物近200个），已有20余种高活性新化合物作为药物先导化合物正在进行进一步的研究与开发。

现代生物技术在海洋微生物产品的研究开发方面获得实际应用。成功构建了8个300～5274 m海洋深度的宏基因组文库和1个红树林土壤宏基因组文库；初步解析了产新型大环内酯海洋微生物 *pks* 基因簇，为海洋微生物药源产物通过组合生物合成与改造奠定了基础；通过核糖体工程技术，获得了高产放线菌紫红素、利福平和阿维霉素的海洋微生物菌株。

海洋微生物药物研究获得新的进展。海洋微藻来源抗肿瘤制剂 K-001 已完成 II 期临床试验；海洋真菌来源抗肿瘤多糖制剂 YCP 完成全部规范的临床前研究；新型大环内酯、ACT-007 和南强菌素等已完成中试研究和初步的体内药效与毒性评价。

（四）水产养殖动植物的种质资源与病害防治

通过新西兰鲍（*Haliotis iris*）的引种驯化及全年可控育苗技术研究，将该品种成功引入我国北方，并成功进行了新西兰鲍自交和与本地皱纹盘鲍的双向杂交试验性育苗。杂交苗已经显示出生长速度快和抗逆性强的特点，有望培育出优良的鲍鱼新品种并尽快转化应用和推广。

开展了脉红螺规模化室内育苗与生态养殖技术研究，已取得关键性突破，稚螺浮游幼体的培育获得了成功。前期下海的稚螺浮游幼体生长速度快，由下海时不足700μm 的幼体经过短短 2 个月可生长达到接近 5cm。

目前对琼枝麒麟菜（*Betaphycus gelatinum*）的生物学特性、种苗选育与繁殖、养殖模式、施肥与管理等进行了系统研究，并与企业合作开展琼枝麒麟菜养殖试验与示范，养殖面积已达200 亩。

（五）深海生物资源的保护、开发与利用

已经完成了深海极端嗜热嗜压菌 *Pyrococcus yayanosii* CH1 全基因组测序，极端培养条件测试证实，该菌株不仅是已知最嗜压的微生物，也可能是最耐热的微生物。从已经完成的基因组序列分析看，这一类微生物起源于30 亿年前早期地球环境，是起源最早的古菌之一。

在海洋微生物参与的甲烷代谢过程中，研究了一类广泛存在的功能未知 MCG 古菌，通过对环境基因组序列的分析，发现了专门转运折叠后蛋白的双精氨酸转运系统，可能的 NhaP-type Na^+/H^+ 反转运系统和动力敏感基因，这两类基因都与环境的应对机制有关，具有保护细胞对抗高盐和高渗透压的能力；另外，还发现了与污染物儿茶酚和原儿茶酚降解相关的

基因，此基因在芳香族化合物降解中意义重大。

在海洋微生物酶学研究方面取得了一系列有重要影响的创新性成绩：揭示了参与深海有机氮降解的细菌及蛋白酶多样性；发现了一系列新型多结构域的适冷丝氨酸胶原蛋白酶、新型 M12 家族的金属弹性蛋白酶、新型低温耐盐丝氨酸蛋白酶；阐明了新型多结构域的丝氨酸胶原蛋白酶降解胶原蛋白的机制，发现 M12 家族的金属弹性蛋白酶不仅能够高效降解弹性蛋白，还对胶原蛋白具有很好的膨胀作用，对胶原蛋白酶降解胶原蛋白具有很好的协同作用；揭示了 M4 家族金属蛋白酶的适冷与进化的分子机制。这些新型蛋白酶在生物技术领域将具有很好的应用前景。

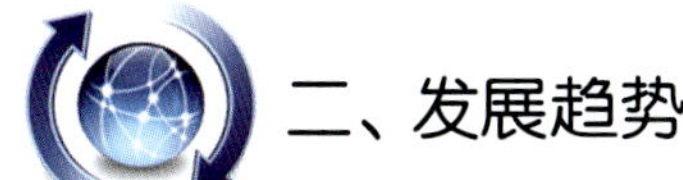

二、发展趋势

目前，面对全球性气候变化、能源危机、食品短缺、环境恶化等多种挑战，迫切需要我们发展“环境友好”的海洋生物技术。尤其是发展包括海藻、海草和红树林等海洋植物的生物固碳、生物能源以及生物修复技术；注重海水养殖主要品种的病害防治，发展复合型海水养殖系统；注重发展与能源经济发展相协调的海洋生物制品领域。立足于健康的海水养殖业，开发新型海洋生物制品，走向大洋，开拓深海生物资源，实现可持续的海洋生物技术发展。

第九章 生物资源与生物安全

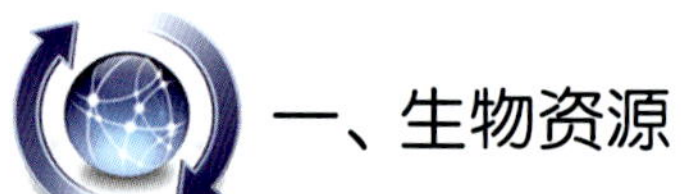

一、生物资源

以我国多样的特殊生境和极端环境中，蕴藏着的丰富的拥有特殊功能或特殊基因和代谢产物的特殊生物资源为基础，依托我国生物技术和人才优势，针对我国特殊生物资源缺乏系统挖掘、利用程度与效率低下、流失日趋严重的严峻现实，围绕我国环境恶化、食物与健康安全和能源资源短缺等重大问题，系统挖掘与我国国民健康、社会经济可持续发展密切相关的特殊微生物、植物和动物等重要资源，加快提高我国特殊生物资源的系统挖掘与开发和可持续利用效率，将我国生物资源优势转化为生物技术和产业发展的优势，为提升我国生物技术自主创新能力和加速其产业发展提供支撑和保障。

2009 年度在“特殊生物资源替代产品研发及规模化生产技术”项目支持下重点开展多拉菌素、瑞拉菌素、埃博霉素、雷帕霉素、食药用菌等特殊生物资源产品高效规模化生产关键技术研究；北冬虫夏草、甘草、紫杉醇、蛇足石杉、青蒿素等特殊生物资源替代品高效生产关键技术研究；萝芙木、马蓝、龙血树、多孔菌、被毛孢等特殊生物资源活性物质规模化挖掘以及活性物质抗病毒和肿瘤活性分析。

“特殊环境微生物资源的开发利用技术”研究高通量的特殊微生物分离、培养、筛选技术，建立了特殊环境微生物发掘的大规模分离分析技术平台，建立了基于元基因组研究的分子生态学多样性检测、大通量基因功能筛选和生物信息学分析技术的大规模环境微生物群落的基因资源的分离和鉴定技术体系。建立了焦化、印染、农药等典型工业污染环境及辐射污染区域、白蚁居群、中国牦牛瘤胃和产甲烷厌氧发酵系统的微生物元基因组克隆文库。分离

鉴定耐盐、耐碱、耐高温、耐低温、耐辐射的极端微生物，获得一批特殊微生物菌株，建立特殊微生物菌种资源库。筛选克隆具有极端特性的淀粉酶、纤维素酶、半纤维素酶、蛋白酶、脂肪酶等极端酶基因。分离鉴定耐盐碱基因、耐热蛋白基因、耐冷基因、耐辐射等功能基因。完整克隆控制木糖利用途径的高效功能基因等。

“特殊生境植物资源的开发利用”选择高山离子芥、短柄草、星星草、牛耳草、蜈蚣草、商陆以及特殊生境中抗逆性的藻类、地衣和苔藓等植物资源为研究对象，立足于我国野生基因资源的开发利用这一现实问题，获取拥有自主知识产权与产业化价值的野生功能基因，探索利用基因工程育种技术培育新型耐逆境植物的技术体系。

（一）特殊生物资源替代产品研发及规模化生产技术

1. 2009 年主要进展

“特殊生物资源替代产品研发及规模化生产技术”项目是以我国特有珍稀菌物、特殊微生物和有重要价值的野生药用植物资源为研究对象，针对特殊生物资源缺乏系统挖掘、开发利用率低、规模化小等问题，利用代谢物高通量分析技术、规模化培养技术、组合生物合成技术以及工程菌构建和改造技术等，开展产品的规模化、标准化生产及技术研发，突破特殊生物资源规模化的关键技术，实现特殊生物资源的规模化生产与应用。

项目自 2007 年立项实施以来，总体研究进展良好，取得了一系列重要研究成果。2009 年的主要进展如下。

（1）北京大学承担的“珍稀药用植物马蓝等抗病毒物质规模化发掘”课题，构建备选化合物库和初筛抗病毒及抗肿瘤活性物质：从马蓝、云南萝芙木、灯台树、米仔兰、长柄异木患、苦木、鸭胆子等 13 种特有野生植物及微生物中分离到产量足够用于抗病毒和抗肿瘤活性初筛的物质 1195 种，其中新化合物共计约 175 种。应用烟草花叶病毒（TMV）三类筛选模型对化合物库中的 370 种化合物进行了抑制活性筛选，获得具有较高抑制活性的化合物 37 个；对 10 个有较高抑制活性的化合物进行了结构鉴定；开展了 2 个化合物的作用机制初步研究，发现鸦胆子和苦木中的化合物可能抑制了病毒外壳蛋白的表达；采用 MTT 法对化合物库中的约 900 个化合物进行抗肿瘤活性筛选，获得约 60 种具有抗肿瘤活性的化合物，其中 7 个化合物的抗肿瘤活性较高；应用 FACS 检测 7 个化合物对宫颈癌、乳腺癌等肿瘤细胞凋亡及其细胞周期的影响，初步发现3种化合物主要通过阻滞肿瘤细胞的细胞周期而发挥抗肿瘤生物活性的作用。

建立了呼肠孤病毒细胞筛选模型。研究表明RDV P2蛋白具有膜融合功能，介导病毒进入细胞。论文已于2007年发表在*PNAS*杂志，该成果已申请专利1项，申请号200710176619.8。

建立了轮状病毒抗病毒化物筛选和分析模型。已经具有轮状病毒SA11和WA株病毒，二者在MA104细胞中均可以复制。掌握了病毒浓缩富集及一系列检测病毒复制的方法，包括倍比稀释法和免疫荧光检测病毒的滴度，通过ELISA检测病毒蛋白浓度，通过Western blotting检测病毒蛋白表达等。

建立了基于细胞信号传导的药物筛选模型。包括TGF响应细胞模型、Wnt响应细胞模型、STAT响应细胞模型和FGF响应细胞模型。分别将响应上述信号通路的质粒转染到MvlLu、HepG2和293等不同细胞，经G418筛选，得到稳定细胞克隆15个。

以上15个稳定细胞系均采用Luciferase报告系统，经化合物处理后，应用Luiciferase报告系统检测具有抗肿瘤细胞活性的化合物对上述细胞模型的影响，研究发现化合物作用的信号通路，阐明化合物的作用机制，另外为确定化合物的作用靶点提供依据。

（2）南开大学承担的“紫杉醇、埃博霉素和青蒿素等规模化生产关键技术”课题，获得了紫杉醇高产菌株，产量可提高到约800μg/L，处于国际领先水平；埃博霉素产量达到180 mg/L，进行了发酵罐验证，规模达到5t；获得高产青蒿素转基因株系2株，含量提高到1.4%，进行了试管苗的200亩扩大栽培试验。

课题通过大规模筛选产紫杉醇真菌，共得到超过20株的产紫杉醇真菌，获得紫杉醇高产菌株NK17；在国际上率先建立了产紫杉醇真菌的高效基因操作技术，包括基因转化、基因敲除、过表达技术；构建紫杉醇产生真菌的遗传选择标记和载体2个；建立了紫杉醇产生菌的原生质球/PEG转化技术，农杆菌介导的高效转化技术；得到高产菌株2株，其中1株产量可提高到约800μg/L，接近工业化发酵水平，处于国际先进水平；建立了产紫杉醇真菌NK17的10L规模发酵工艺，是目前国际上达到的最大规模；率先克隆得到2个真菌紫杉醇合成的关键基因，功能正在分析中。

构建了转基因产青蒿素的表达载体和转基因技术平台；掌握了GX和QT这2个品种青蒿的农杆菌转基因技术；获得高产转基因株系2株，两株青蒿有效组分产率

分别增加了40%~80%和200%~300%；筛选得到青蒿素含量提高1.2%的株系2个；建立了青蒿的快速繁殖技术，具备20万株的繁殖能力；对青蒿素含量最高的株系进行了试管苗的200亩扩大栽培试验，与实生苗相比，效益得到了显著的提高；优化了青蒿素提取工艺，超声强化非挥发性室温离子液体提取分离技术取得进展，以替代现有青蒿素提取技术，实现了青蒿素初步纯化，纯度为93.4%。

通过响应面设计法对野生菌株So0157-2的高产突变株生产埃博霉素的发酵培养基成分进行了优化，通过两个阶段的优化，埃博霉素产量分别提高70.3%和76.3%，并进行了发酵罐验证；埃博霉素产生菌实现了分散并高密度生长（细胞密度$1\times10^8 \rightarrow 1\times10^{10}$），发酵的周期大幅度缩短（12~15d→5~7d），显著提高了埃博霉素的发酵水平；建立了黏细菌诱动质粒接合转移的转化技术；堆囊菌的黏粒文库完成构建，并筛选到100个含PKS的阳性克隆；对埃博霉素产生菌的遗传操作系统——穿梭质粒的遗传稳定性控制区进行了分析；分离得到多种由黏细菌产生的新型埃博霉素糖苷类抗肿瘤新化合物，并分析了其产生条件。

（3）西北农林科技大学承担的“瑞拉菌素和多拉菌素等产品的规模化生产关键技术”课题，构建了瑞拉菌素工程菌株RL-G10，可提高菌体生长量10%，有效成分含量达到1.2%，发酵效价达到5000U/mL以上；构建了多拉菌素工程菌株GDF3-26，效价可达230u，纯度达到90%以上，并完成5t、30t中试以及5t的生产。

课题通过化学诱变和紫外诱变获得遗传稳定的正诱变菌株，其中紫外诱变菌株毒力为出发菌株的3倍；获得成功转入*VHb*基因的瑞拉菌素产生菌重组菌株RL-G10，可提高菌体生长量增长10%；效价达到5000U/mL；有效成分含量达到1.2%；建成了年产800t瑞拉菌素的生产设备和工艺路线；在江苏等四省地水稻上进行稻瘟病田间防治试验，瑞拉菌素防效可达89%，高于对照药剂三环唑的防效85.0%；瑞拉菌素对油菜白粉病的防治效果可达到80%；瑞拉菌素对水稻、小麦等20多种主要作物具有生物安全性。

利用基因组改组技术获得GDF3-26菌株，效价达230U/mL；中国科学院上海植物生理研究所联合浙江海正药业有限公司完成GDF3-26菌株5t、30t发酵生产中试，发酵单位达1000mg/L；多拉菌素5t生产线于今年正式投产。

实现人工合成淫羊藿素中试级别的实验室生产，合成量达2~3kg；进行合成新化合物的体外雌激素受体试验；进行小鼠

OVX（去除卵巢）骨质疏松模型的动物实验，获得的优势化合物不少于2个。

构建了白色链霉菌JA3453菌株的基因组文库；获得并验证了巠唑霉素生物合成的完整基因簇；提出了巠唑霉素的生物合成模型——巠唑霉素PKS的非线性模型；发现DNA修饰能够增强链霉菌产生抗生素的能力。

（4）北京未名凯拓农业生物技术有限公司承担的“甘草和蛇足石杉珍稀药用植物人工替代品规模化生产关键技术”课题，建立了甘草毛状根高效诱导技术体系，诱导率达97%；获得总黄酮产率超过4%的毛状根株系8个，甘草总黄酮含量最高达29.77%，远远高出指标4%的要求；发现部分株系可高效合成具有抗菌、抗癌功能的甘草查尔酮A，最高可达0.09g/L，作为防腐剂售价为18万元/t，20t反应器年产值可达3600万元。成功诱导获得了合成高附加值光甘草定毛状根株系，经特殊诱导子处理甘草毛状根每升可获得0.02g光甘草啶黄酮。

课题建立了甘草人工替代关键技术平台，创制和完善了3个技术体系，即高效积累甘草黄酮产物的插入位点突变技术体系、过表达次生代谢关键酶基因提高甘草黄酮含量关键技术、特殊诱导子处理促进液体培养基高度积累甘草黄酮技术体系。同时取得了以下几个亮点，包括：诱导液体培养基中甘草总黄酮的纯化富集、诱导子处理的甘草毛状根高效合成甘草查耳酮A与光甘草定、濒危珍稀及高附加值药用植物共性技术平台建设。

特殊诱导子处理甘草毛状根提高甘草毛状根培养液中总黄酮几十到近百倍。利用甘草生物反应器技术平台，成功诱导获得了合成高附加值光甘草定毛状根株系，经特殊诱导子处理甘草毛状根每升可获得0.02g光甘草啶黄酮，以100t反应器计，可生产40%光甘草啶黄酮5kg，每年收获24次。光甘草啶的年产量能够达到120kg，光甘草啶的年产值达到1560万，表明以甘草为模型的毛状根生物反应器技术体系是成功的，而且具有产业化价值。

光甘草定替代生产反应器的成功提示我们毛状根生物反应器可作为一种共性技术应用于其他许多珍贵药用植物，目前我们已经开展了红豆杉、蛇足石杉等药用植物的毛状根诱导。共性技术平台向其他多种濒危珍稀及高附加值药用植物延伸，预示该技术平台将打开生物医药产业崭新的一页，形成一个新兴产业方向。

（5）中国科学院微生物研究所承担的“特殊食药用真菌资源挖掘及规模化关键技术”课题，从3000株特境真菌冬虫夏草定殖、植物内生以及极端环境真菌中共3000

个样品代谢产物库和1500个馏分库中，得到新结构化合物300多个。部分新结构化合物具有独特的新骨架类型，以及显著的生物活性，如抗肿瘤、抗真菌、抗HIV-1等；已完成2个抗肿瘤分子的体内活性验证、作用机制研究，及急性毒性试验。并建立了自由基清除剂、抗癌活性、抗单胺氧化酶和抗菌活性、免疫调节模型在内的多模型高通量活性物质筛选体系。

采取物理方法刺激出菇，实现了羊肚菌能够在大田进行人工商业化栽培，该项目的成功，可带来每年200亿元以上的经济收益；构建了缘盖牛肝菌菌根苗合成技术，培育200株菌根苗；实现黑孢块菌菌根苗的规模化培养和接种，培养和生产黑孢块菌菌根苗500株。

建立了一个共享数据信息平台。该信息平台实现了以下几个功能：①开通研究单位信息管理权限，使得数据的更新效率得以提高；②开通专业审核管理权限，确保了数据的正确性和完整性；③添加了项目信息发布，提高了项目沟通的及时性。该网站已经初步建立，并在局域网内进行了试运行，共收集数据944条。

（6）上海国宝企业发展中心承担的“北冬虫夏草人工替代品规模化生产关键技术”课题，完成了北冬虫夏草替代产品经质谱分析，与野生虫草一致，虫草素含量长期稳定在1.2%以上，进行了可形成年产70t北冬虫夏草生产能力的多批次试产工作，质量指标达标率达到90%以上。

开展了规模化培育北冬虫夏草的关键技术研究。完成菌种、培养基、营养液的优化配伍和组分方案，并为大规模培育北冬虫夏草进行了菌种储备；已明确和完善光照、湿度、温度和洁净要求对北冬虫夏草生长的关系与控制办法；规模化培育北冬虫夏草的器皿和配套设施已定型，如使用塑料培养盒代替玻璃瓶进行北冬虫夏草培养，使单位空间的产量提高3倍以上，生物转化率从原来6.8%提高到7.5%，能耗降低55%；根据野外北冬虫夏草在不同生长周期所需的光照强度，实行工厂化生产光控调节，使单位产量能耗降低60%；进行了大规模工厂化培育北冬虫夏草所需厂房的技术改造，各生产工艺步骤所需的装备设计、定型和试产；根据GMP管理要求对生产工艺、操作规程、控制方法等进行修正和完善，进行了可形成年产70t北冬虫夏草生产能力的多批次试产工作，质量指标均达到课题目标要求。

以该课题规模化培育的北冬虫夏草为原料，开发“虫草活力素胶囊”，并委托上海医药工业研究院根据新药申报要求开展临床前药效、药理、毒理和稳定性试验，研究结果显示产品对肺癌、肝癌、乳腺癌、

恶性肉瘤、白血病具有明显抑制作用，并具有对放、化疗有明显的协同增效和减毒作用，且无毒副作用。这为新药重大创制提示了极为广阔的前景。

2. 发展趋势和动态

随着多种重要动植物和微生物基因组图谱的完成，以及不断完善的功能基因组学、蛋白质组学、结构基因组学、生物信息学、代谢组学、大规模高通量的筛选技术以及转基因新物种创制等新的关键技术平台，大幅度提升了特殊生物资源开发利用的能力和水平。

动植物、微生物产生的特殊生物活性物质，许多具有重要的药用价值，据统计，目前临床使用的药物或其衍生物有一半来自特殊生物资源。药用特殊活性物质在近代医药等发展过程中扮演了关键角色，产生了巨大的经济价值和深远的社会影响。例如，现代麻醉药的先驱可卡因（cocaine），提取于金鸡纳树皮的奎宁（抗疟疾），第一个抗生素——青霉素，抗癌药物紫杉醇，等等。目前销售量最大的抗癌新药紫杉醇（Taxol）是美国 Bristal-Mayer Squib 和 NCI 长期合作在太平洋红豆杉中发现，仅 2006 年，加拿大 Bioxel 公司数据显示紫杉醇年销售额是 40 亿美元；德国最早发现重要抗癌化合物埃博霉素（Epothilones）的产生菌是来自非洲 Zambesi 河岸的黏细菌菌株；抗癌药物长春花碱和长春花新碱系美国 Eli Lilly 公司从产于马达加斯加的长春花（*Catharanthus roseus*）中发现，用于治疗绒毛膜癌、Hodgkin's 病、白血病、淋巴癌和小细胞肺癌；抗癌药物喜树碱（Camptothecin）于 1966 年由美国人 M. E. Wall 和 M. C. Wani 报道，最初从产于我国的植物喜树（*Camptotheca acuminata*）的树干和树皮中分离得到；最近的一例是抗禽流感有效药物“达菲”（Tamiflu）。特殊活性生物质的筛查还向深海、植物共生、地层深处和高空生物圈等过去难以到达的领域深入。

肿瘤尤其是恶性肿瘤对人类的健康构成了严重的威胁。近年来对特殊生物资源的开发与利用的深入，发现很多特殊生物资源的功能性化合物具有抑制多种肿瘤的作用。例如，紫杉醇具有广谱抗肿瘤作用，尤其对乳腺癌、卵巢癌、肺癌、食道癌和结肠癌疗效好、副作用小，对类风湿性关节炎、中风、早老性痴呆和先天性多囊肾病等疾病也有一定的疗效；与紫杉醇相似，具有促微管聚合活性的化合物埃博霉素也是抗肿瘤药物。2003 年抗癌药市场销售价值 350 亿美元，2010 年以前将成长为 600 亿美元，年增长率为 8%。但这些活性物质的获得大都以来珍贵的野生自然资源，而

且存在着产量低、周期长、资源严重短缺等问题。可以说，一个成功药用活性物质就是一座工厂和一个产业。药用特殊生物资源开发仍然是21世纪生物资源开发的主要目标之一，是经济与社会可持续发展的重要资源，孕育着巨大的产业前景与经济效益，已经成为21世纪国际间资源竞争的战略重点之一。

人类轮状病毒（HRV）是呼肠孤病毒科成员，是婴幼儿感染性腹泻的主要病原。据WTO报告，几乎所有3~5岁的儿童均被感染过；全球每年因HRV感染致死的病例超过100万，发展中国家每年有1.2亿例腹泻是由HRV引起。HRV引起的儿童严重腹泻占住院病例的1/3，每年死亡人数为87.3万人。腹泻在我国婴幼儿死因中居第二位，每年3亿人次婴幼儿患急性腹泻，至少引起1万婴幼儿死亡。目前尚无针对HRV腹泻的特效治疗药物，只能对症补液治疗。因此开发应用安全有效的疫苗对降低HRV腹泻的发病率和死亡率具有重要的作用。由于研发疫苗的技术能力仍有限，可能会引起其他相关疾病（如肠套叠等）；另外，因为HRV基因有11个节段，在自然感染或实验室感染中均可发生重配，因此会由于不同株系间的节段重配或基因突变而产生新的株系，从而降低疫苗的特异性；并且研发疫苗需要巨大的费用，投入市场后又因其较高的费用而在发展中国家受到限制。

我国蕴藏着特殊的生物资源，但在特殊生物资源开发利用方面存在缺乏系统挖掘、利用效率偏低、流失日益严重等问题。而在特殊生境或极端环境下形成的特殊生物资源拥有特殊的基因及其表达产物，是人类的珍贵遗传资源宝库。许多特殊生物资源中的功能性活性物质具有抗癌、抗病毒等重要作用。因此，加强我国特殊生物资源及其替代产品的规模化生产的关键技术研究，深度挖掘特殊生物资源的特殊功能性活性物质，筛选更高效的抗病毒、抗肿瘤等的功能性活性物质，对于保护我国的特殊生物资源，形成我国在特殊生物资源领域的多重知识产权保护，增强我国在相关产业中的国际竞争力有决定性的意义，同时将产生巨大的社会和经济效益。

（二）特殊环境微生物资源的开发利用技术

1. 2009年主要进展

“特殊环境微生物资源的开发利用技术”自2007年实施以来，研究高通量的特殊微生物分离、培养、筛选技术，建立了特殊环境微生物发掘的大规模分离分析技术平台，建立了基于元基因组研究的分子

生态学多样性检测、大通量基因功能筛选和生物信息学分析技术在内的大规模环境微生物群落的基因资源的分离和鉴定技术体系；建立了焦化、印染、农药等典型工业污染环境及辐射污染区域、白蚁居群、中国牦牛瘤胃和产甲烷厌氧发酵系统的微生物元基因组克隆文库。分离鉴定耐盐、耐碱、耐高温、耐低温、耐辐射的极端微生物，获得一批特殊微生物菌株，建立特殊微生物菌种资源库。筛选克隆具有极端特性的淀粉酶、纤维素酶、半纤维素酶、蛋白酶、脂肪酶等极端酶基因。分离鉴定耐盐碱基因、耐热蛋白基因、耐冷基因、耐辐射等功能基因；完整克隆控制木糖利用途径的高效功能基因等。

（1）北京大学承担的“典型工业污染环境微生物资源的开发利用”课题，开发了采油微生物制剂和抑制硫酸盐还原微生物的腐蚀作用的微生物制剂。

在大量收集污染治理微生物菌株基础上，开发了高效微生物菌剂，包括能够降解石油化工废水、焦化废水、染料废水、采油废水，以及能够厌氧降解石油烃、抑制硫酸盐还原危害并提高石油采收率的微生物菌剂。研究了采油微生物制剂，协助大港和大庆油田进行了现场应用研究，总增油约 6 万 t。利用该研究开发的生物制剂能够有效地抑制硫酸盐还原微生物的腐蚀作用，并且节约成本。如果该制剂能够在大庆油田全面应用，将可能产生每年 1 亿元的产值，在全国推广将具有每年约 3 亿元的市场。

（2）中国农业科学院生物技术研究所承担的“农药污染环境微生物资源的开发利用”课题，完成了土壤农药污染微生物修复技术和抗草甘膦转基因玉米品系的建立。

利用农药残留微生物降解技术可以有效地修复土壤中的农药污染，并已在中试规模推广应用，尤其在有机磷农药污染环境的修复方面具有明显的效果，该技术获得了 2007 年教育部技术发明奖二等奖。“一种毒死蜱农药残留降解菌及其生产的菌剂”获得国家专利授权，专利号 ZL 2005100225449。在环太湖地区与宜兴市农林局合作在水稻上推广应用农药残留微生物降解技术 10 000 亩，消除防治稻飞虱、稻纵卷叶螟使用毒死蜱、噻嗪酮等以及土壤中六六六、DDT 残留，并提高了稻米的品质。在江苏姜堰市六六六、DDT 残留严重的水稻田土壤进行了 1000 亩以上的土壤修复，经过 1 个月修复降解效率达到 60% 以上，经过半年降解效率达到 95% ~99% 以上；稻米中的六六六、DDT 残留降解效率也达到 95% ~99% 以上，米的品质改善，产量增加 4% ~7 % 。

获得了能够耐受草甘膦的转基因棉花、油菜、水稻、玉米、大豆、小麦等。在目前已启动的国家专基因重大专项中，转基因抗除草剂玉米、水稻、大豆、棉花、小麦等5个重大项目均与该课题签订了基因使用许可合同。利用该课题克隆的抗草甘膦基因构建的转基因棉花和油菜已进入生物安全评价的中间试验阶段，转基因抗草甘膦玉米已批准进入环境释放。

为加快高抗草苷膦基因的应用，中国农业科学院生物技术研究所和四川禾本生物工程有限公司就抗草甘磷 EPSP 合酶基因所有权转让协议，并于2009年与中国第一家成功登陆美国“纳斯达克”资本市场的高技术企业北京奥瑞金国丰生物技术有限公司签订了三方开发抗草甘膦基因的技术合作协议。由奥瑞金研制培育的转基因抗草甘膦玉米2009年已批准在北京市和海南省进行生物安全评价的环境释放试验。高技术成果与企业大资本的密切合作，将快速推进具有我国自主知识产权的高抗草甘膦基因的产业化。

（3）中国科学院微生物研究所承担的“极端环境微生物资源的开发利用”课题，开发了新型极端酶产品。

利用基因文库构建和 PCR 方法，从极端微生物中克隆表达了6个新型极端酶基因，包括低温蛋白酶、耐有机溶剂蛋白酶、碱性淀粉酶、高温脂肪酶、高温甘露聚糖酶和高温葡萄糖苷酶，它们的基因序列与已报道的相应酶序列具有较低的相似性，并且这些酶具有优良的性能预示着很好的应用前景。基于蛋白的一级结构、三级结构和酶学性质等数据，建立了1个新水解酶家族和1个新型蛋白酶。分离自嗜酸热菌的酸性甘露聚糖酶 Man963 基因，尚找不到任何具有同源性的基因。底物专一性及动力学常数分析表明，Man963 是一个对甘露糖苷键特异的酶，并且有转糖苷酶功能。此成果可为认识生物大分子行为原理提供素材，为生物能源、生物质转化和洗涤剂添加剂等提供技术支持。

（4）浙江大学承担的“核辐射环境微生物资源的开发利用”课题，开发了高效抗氧化功能的特有类胡萝卜素产品。

从新疆戈壁沙漠土壤样品中分离到100多株耐辐射、抗重金属、抗干旱以及耐高盐微生物菌株，其中一株具有能耐受10 kGy以上的新种定名为 *Deinococcus gobiensis*，并申请专利（200810057559.2）。选取放射性污染区典型区域，沿辐射强度的变化趋势采集土壤样本40余份，共分离培养出细菌与放线菌120株，建立了世界最大的辐射抗性超过10kGy 的微生物菌种资源库。并对这些微生物菌株进行耐辐射特性实验及16S rDNA 测序与对比分析等，从

中发现两株具有较强抗辐射特性的新种：*Streptomyces radiopugnans*、*Lechevalieria xinjiangensis*。

从高抗辐射微生物中分离具有高效抗氧化功能的特有类胡萝卜素等有效新成分并探明了其功能，鉴定了参与特有类胡萝卜素合成代谢的相关酶基因4个。并将耐辐射菌基因转化到易于发酵和生产控制的非类胡萝卜素产生菌——大肠杆菌中。构建了耐辐射奇球菌类胡萝卜素合成相关基因的高效表达载体pET28I、pUC19-sdY和pUC19-OsdY，实现了*CrtI*、*CrtY*和*CrtO*基因转基因大肠杆菌，获得了两个工程菌株，构建了分别合成番茄红素和4-羰基-γ-胡萝卜素的工程菌株，为获得用于合成类胡萝卜素的基因工程菌株提供了基础，并已得到了相应的生物产品。另外，课题组发现一株耐辐射特性菌株，其发酵胞外产物具有良好的抗紫外线辐射、抗氧化特性，通过实验室发酵工艺及产物特性等方面的研究，已初步获得实验生产制剂。

2. 发展趋势和动态

（1）极端微生物技术正逐步成为重要发展方向之一。极端微生物适应了不同的苛刻条件，是自然界提供给我们的最后的尚未充分开发的生物遗传资源宝库。极端微生物遗传信息的开发不仅可产生新产物，并可以突破当前生物技术领域中的一些局限，建立新的生物技术手段。极端微生物技术的发展将使人类在工业、农业、健康、环境、能源及新材料各领域的生物技术能力发生重大变革。世界经济强国都充分认识到极端微生物的研究与应用将是取得现代生物技术优势的重要途径。美国、日本、欧洲在极端微生物研究开发方面进行着激烈的竞争。

（2）功能基因组等现代生物技术的发展及多学科交叉渗透为特殊微生物资源的高效利用提供了重要的技术支撑。微生物基因组研究是目前生物基因组研究最前列、最活跃的领域。2009年全球有979种原核微生物，其中包括300多种农业微生物基因组完成测序，还有2024种原核微生物基因组目前正在进行测序。此外，在目前完成或正在进行基因组测序的682种真核生物中，24种真核生物（包括10种真菌）完成了全基因组测序。与工业、农业、环境保护、能源安全和人口健康密切相关的重要微生物，特别是作物病原微生物基因组研究成为下一步研究的重点。现代生命科学与技术研究手段在特殊生物资源开发利用中得到广泛的应用。完备的功能基因组学、蛋白质组学、结构基因组学、生物信息学、代谢组学、大规模高通量筛选等新的关键技术平台，为特殊微生物资源开

发利用研究带来了新的机遇，大幅度提升了特殊微生物资源开发利用的水平。

（3）特殊微生物资源开发与利用成为生物技术创新的核心与焦点。特殊微生物资源的利用主要包括基因、蛋白、代谢物、细胞和个体等多个层次。新功能基因、新活性物质的发现与利用是特殊微生物资源开发与利用的核心与焦点。随着我国经济社会的发展和人口的增长，生物资源的有限性与社会需求的无限性之间矛盾日益突出。利用高新技术可持续地开发利用特殊生物资源，已成为决定我国可持续发展与国家安全的重要趋势。针对极端环境中生存的难培养微生物进行以基因组DNA为研究对象的微生物分子生态学和元基因组学是国际上新兴的学科方向。美国能源部投资超过1亿美金启动的“从基因组到生命”计划，开展能源与环境的系统微生物学研究。典型污染环境中蕴藏着大量的能降解某些特定污染物的菌种，将它们从环境中提取、分离、并加以基因修饰等改造后，投入到废水中对有机污染物进行有效降解，成为美国和欧洲废水治理的重要途径。针对有机废弃物中的纤维素、蛋白质、脂类和淀粉四大成分，用特殊微生物进行降解转化，形成氢气、沼气、乙醇和生物柴油等新型生物能源和工业原料等再生资源也成为国际间竞争开发利用的热点。

（三）特殊生境植物资源的开发利用

1. 2009年主要进展

“特殊生境植物资源的开发利用”项目的总体目标是选择高山离子芥、短柄草、星星草、牛耳草、蜈蚣草、商陆以及特殊生境中抗逆性的藻类、地衣和苔藓等植物资源为研究对象，立足于我国野生基因资源的开发利用这一现实问题，获取拥有自主知识产权与产业化价值的野生功能基因，探索利用基因工程育种技术培育新型耐逆境植物的技术体系，为我国资源节约型社会的建设和可持续发展提供重要的技术支撑。该项目实施以来，取得了一系列重大成果，2009年的主要进展如下。

（1）中国科学院植物研究所承担的“特殊植物耐低温功能基因的开发与利用”课题，以二穗短柄草（*Brachypodium distachyon*）中抗寒性强的品种ABR5及用于基因组全序列测定的品种BD21为材料构建超表达cDNA文库，筛选耐冷基因，得到28株对冷处理表现出抗性的植株，2009年度已经得到T2代种子。利用Solexa技术筛选二穗短柄草中耐冷相关miRNA，在构建的图谱中经比较发现冷处理后有约1/3的miRNA的表达量发生大于3倍的变化，已经利用其中4个miRNA的前体序列构建

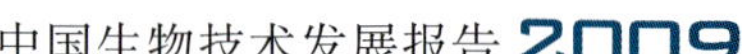

超表达载体转化短柄草，2009年度已经完成了转基因植株的筛选，同时利用软件预测miRNA的靶基因，准备对其功能及作用机制进行更深入的研究。利用SSH和cDNA芯片技术鉴定出了200多个在高山离子芥受到低温胁迫处理后表达量发生显著变化的基因，并利用RACE方法克隆了5个新的全长的cDNA，并分别对其功能进行鉴定；利用双向电泳技术，比较了不同低温处理下高山离子芥蛋白质表达水平的差异，发现表达水平发生显著差异的蛋白点60多个，已克隆编码相对应蛋白的全长基因4个，并对其功能进行了研究，更多抗寒相关基因克隆和功能鉴定工作正在顺利开展。建立了1个新疆雪莲叶片的cDNA文库，1个新疆雪莲的低温表达基因的表达文库，建立了雪莲高效的遗传转化体系，从雪莲中克隆了的抗寒基因10个，并对其中的6个完成了初步的功能分析，表现出了较好的抗寒特性。其中2个基因已申请国家的发明专利，并用于加工番茄和棉花的遗传转化。

（2）北京师范大学生命科学学院承担的“特殊低等植物抗逆基因的开发与利用”课题，获得了高海拔与高纬度的极地以及干旱荒漠和盐渍土壤与滩涂等特殊生境中的强生存力与抗逆性的藻类、地衣和苔藓等低等植物资源。其中，极端生境地衣共生菌20种，地衣共生藻10种，耐寒与抗旱苔藓3种，抗干旱蕨类5种，抗重金属污染污染蕨类8种。同时，鉴定确立了蓝藻 *Synehcococcus* sp. PCC 7002、沙漠生境强抗旱的地衣共生菌藻 *Astrothelium* sp. M265、南北极抗寒地衣型真菌菌株 *Sphaerophorus globosus* NJ2402、强耐寒和高抗旱性的西藏藻苔（*Takakia iepidozioides*）和毛尖紫萼藓（*Grimmia pilifera* P. Beauv.）为重要抗逆基因克隆的种质资源实验材料，建立小立碗藓抗逆基因及其机制研究的新模式材料系统。突破了基于低等植物资源的特殊新功能基因的规模化筛选与目标性鉴定、快速繁殖与驯化培养系统及其转基因植物研究体系等开发利用的关键技术，并建立其系统挖掘与利用的集成型技术平台。建立蓝藻 *Synehcococcus* sp. PCC 7002 全套突变体库；建立了筛选优良抗逆地衣共生菌和共生藻的方法体系，并构建了我国干旱沙漠地衣优势种、南北极耐寒地衣优势种和海洋潮间带耐盐地衣优势类群等共生菌藻的cDNA表达文库和粟酒裂殖酵母表达系统；建立了西藏藻苔和毛尖紫萼藓等材料的无菌培养体系、低温与干旱逆境应答实验系统，以及差异功能基因组学和蛋白质组学等技术，并建立了结合基因芯片的抗逆基因高通量筛选技术体系。

在上述抗逆基因系统挖掘与利用的集

成型技术平台建立的基础上，筛选到来源藻类的重要候选耐盐碱新基因 10 个，来源地衣的重要候选抗逆新基因 8 个和来源苔藓重要候选耐寒与抗旱新基因 10 个。目前正在实施将获得的藻类耐盐碱新基因、地衣耐寒、耐盐碱和抗旱新基因和苔藓耐寒与抗旱新基因导入拟南芥等模式植物体中，通过遗传学和生理学与生物化学的方法，分析与鉴定重要的抗逆候选新基因的生物学功能，部分新功能基因开始实施目标性转化工作。

（3）中国科学院植物研究所承担的“特殊植物耐盐碱功能基因的开发与利用”课题，完成星星草 cDNA 文库的测序以及生物芯片的制备和杂交，建立了星星草组织培养再生体系；利用蛋白质组技术筛选鉴定出 123 个 NaCl 盐胁迫相关蛋白质；完成小盐芥 cDNA 文库的构建，利用其转化拟南芥获得 1000 多个转基因株系，筛选获得 6 株候选耐盐株系，克隆到 6 个耐盐相关基因，初步完成耐盐相关基因 *ThST*3 的功能分析，并证实 *ThST*3 基因可提高经济作物的耐盐性；从耐盐碱植物山菠菜中克隆到 4 个耐盐碱相关的 PHD-finger 类转录因子基因并进行了序列分析和深入的功能研究；筛选到 3 个拟南芥逆境响应突变体并完成 *par*1 突变体的鉴定。

（4）中国科学院遗传与发育生物学研究所承担的“特殊植物重金属富集相关功能基因的开发与利用”课题，发现美洲商陆根叶细胞壁对重金属积累作用明显；对几个高抗/富集镉、砷等重金属的几个重要基因（披碱草质子泵基因 *EdHP*1、美洲商陆基因 *PaMT*2、烯醇酶基因 *PaENL*、蜈蚣草砷酸还原酶基因 *PvAUF*1）的功能研究取得进展。

2. 发展趋势和动态

（1）低温、干旱、高盐和重金属是危害植物生长和影响农作物产量的主要逆境因素。近年来研究植物的抗逆机制并利用基因工程策略增加植物体的抗逆性已取得一定进展。随着分子生物学、植物生理学和细胞学的发展，对植物抗寒分子机理的研究取得了显著进展。目前，以拟南芥作为研究模型，发现植物在低温反应过程中主要有两条途径：ABA 依赖途径和非 ABA 依赖途径。前者包括 ABA 应答元件和带有 bZip 基序的 ABA 应答元件结合蛋白，后者是包括 ICE（inducer of CBF expression）和 CBF（CRT/DRE-binding factor）等重要元件的冷应答反应。最新研究表明，在植物温度感知行为中起关键作用的成分是一种名为 H2A. Z 的特异性组蛋白，CAMTA（calmodulin binding transcription activator）蛋白很可能在钙离子信号与 ICE/CBF 冷应

答反应链二者之间起直接桥梁作用。

植物抗旱机能的实现要通过对水分胁迫的感知、胁迫信号的传导及相关基因的表达调控等一系列复杂的生理生化过程，其中最关键的是细胞如何感知、转导水分胁迫信号，并诱导水分胁迫基因的表达。尽管从分子水平上，人们还不能完全阐明这些过程，但已有一些研究发现植物细胞可以通过膨压变化或膜受体的活性变化感知水分胁迫，从而将胞外信号转为胞内信号，触发信号传递途径，并可导致第二信使生成，过蛋白的磷酸化和去磷酸化逐级传递并放大信号，分为依赖 ABA 途径和不依赖 ABA 途径。

植物耐盐性是一个非常复杂的性状，尽管国内外都进行了许多卓有成效的研究，探讨了一些耐盐机制和模式植物拟南芥盐胁迫的信号传导途径，但真正特异的耐盐基因及其调控途径还没有被发现，系统阐明植物耐盐机制和胁迫机理仍然是一件十分困难的事情。由于盐害胁迫的复杂性，其又可以分解成为渗透胁迫、离子胁迫和对叶绿体及膜的危害。在盐分胁迫下植物进行渗透调节的方式通常有两种：一是吸收和积累无机盐离子，许多盐生植物在盐分胁迫下，主要依靠从外界介质中吸收和积累大量的无机盐离子进行渗透调节，从而避免脱水；二是合成和积累有机小分子物质，便于植物在高盐条件下对水分的吸收，以保证细胞正常的生理功能。植物对离子毒害抵抗方式有两种：一种是避盐，在盐胁迫环境和植物之间存在某种障碍，从而使植物具有全部或部分抵抗盐胁迫的能力；另一种方式是耐盐，是指植物体可全部或部分承受盐胁迫而不引起伤害或伤害轻微的能力。

目前，重金属对植物生长发育的影响研究主要涉及重金属汞、镉、铅、铬、锌、铜、钴、镍和类金属砷等生物毒性明显的重金属对植物生长发育的影响。对于植物而言，主要研究重金属对植物的出芽率、生长速率、产量等生长参数影响的浓度和时间效应，植物对重金属的吸收和重金属在植物体内的分布以及对植物超微结构的毒害等方面。上述领域研究的进一步深入，必能为植物的生长和发育提供更有利的环境。

（2）转录因子 DREB /CBF 的发现是近年来植物抗逆研究方面最具突破性的进展。转录因子 DREB /CBF 在干旱、高盐和低温胁迫应答过程中的作用，以及在改良植物抗逆遗传改良中的应用，成为研究热点。由于在多种胁迫反应中起重要调控作用，而且广泛存在于多种植物中，植物中的 DREB/CBF 转录因子已经被成功用于改善植物对逆境的抵抗能力。2006 年 Ito 等首先

将 *OsCBF* 基因转入水稻后，脯氨酸及可溶性糖的含量大大提高，水稻的抗寒性、抗旱性、抗盐性都得到提高。随后 2005 年 Kume 等发现经过长期的冷驯化后冬小麦 M808 比春小麦 CS 具有更高的抗寒性，不同品系抗寒性的不同，是由 CBF /DREB1 转录因子调节的信号转导途径中 *Cbf* 和 *Cor/Lea* 基因的差异表达和协同表达造成的。近几年 CBF 基因在国内也被广泛应用于改造多种植物的抗逆性能。2007 年吴琰等将 CBF 基因转入地被石竹中，研究转基因株系的抗寒性时发现，不同低温处理后转基因株系的相对电导率和丙二醛含量均比对照植株低，而脯氨酸含量有所提高，抗寒性得到明显增强。刘燕等将 CBF 基因转入草莓中，其后代的电导率低于对照植株，胞间的结冰温度比对照植株低2 ℃，具有更强的抗寒性。

（3）miRNA 在参与植物逆境胁迫基因表达调控中的重要作用，为作物抗逆境胁迫研究指明了新的方向。miRNA 是非蛋白质编码基因产物中的重要类群，许多 miRNA 的表达受到一种或多种逆境胁迫的调控（正或负），并表现组织特异性。Zhou 等用软件分析 miRNA 的表达调控区于拟南芥中鉴定出一系列低温诱导型 miRNA。Liu 等和 Lu 等应用微陈列技术分别在拟南芥和杨树中鉴定出多个受冷信号调控的 miRNA。miRNA 在植物的生长、发育和应对逆境胁迫等过程中起到重要的调控作用。例如，miRNA393 的表达强烈受到低温、脱水、高盐和 ABA 的正调控。miRNA393 在逆境胁迫下靶向 TIR1，表明胁迫处理可能造成 TIR1 mRNA 的降解或翻译的抑制，而 TIR1 是生长素信号的正调控子，作用在于促使泛素途径降解 Aux/IAA 蛋白，而对 TIR1mRNA 的抑制能够负向调节生长素信号和幼苗的生长。因此，miRNA393 对 TIR1 的正向调控有可能抑制逆境环境下植株的生长。

植物对低温、干旱及高盐耐性的强弱并非取决于某单一因子，而是受到许多因子的影响。因此要使植物对低温、干旱及高盐的抗逆性得到根本性改良，需要多个基因的协同调节。目前对于植物在逆境下发生的生理生化反应的机制了解得还不够深入，关键是要尽快丰富胁迫相关基因的数据库，这些基因来源应尽量广泛且对基因的功能需要进行深入分析。寻找受逆境诱导后启动表达能力明显增强的启动子，将更有利于改善转基因植物抗逆性。植物逆境 miRNA 的发现是植物逆境分子生物学研究领域的一项重要突破，同时也提供给我们认识植物逆境胁迫下基因和基因表达调控本质的强有力工具。现在多数通过植物遗传工程产生抗逆株系都局限于实验室内，在大田中转基因的遗传稳定性有待进

一步检验。此外，转基因植物在实验室里所表现的优于对照的抗逆能力在田间能否表现出来，这些转基因植物的产量和对照相比如何，都需要进一步研究。

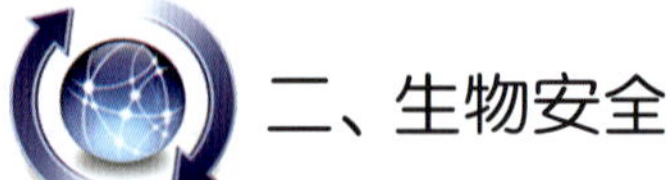

二、生物安全

无论是过去还是现在，传染病依然是威胁全人类生命的首要因素，特别是发展中国家。自20世纪70年代以来，新发传染病频频出现（多达50多种），公共卫生事件时有发生。特别是最近几年，发生的多起传染病所造成的危害已为人所共知，如刚果发生的埃波拉出血热，SARS全球范围的肆虐，高致病性禽流感在东南亚的疯狂流行，西尼罗病毒感染在北美地区的迅速蔓延，安哥拉爆发的马尔堡出血热死亡率高达84%。世界范围内新、旧发传染病的出现，使世界正处于一场传染病危机的边缘，引起各国政府的高度关注。

另外，动物疫病的流行，对社会、经济的发展都造成了极大的损失。2004年高致病性禽流感在东南亚的爆发流行，不仅造成了极大经济损失，而且导致了人员感染死亡。据统计，目前存在的动物病毒近4000种，其中95%还没有被人类所认识。动物细菌约100万种，人类只对其中的2000种进行过鉴定。这提示人类在未来新的动物传染病还有许多，将不断出现。

人类在同这些感染性疾病进行艰苦卓绝的斗争的同时，也付出了很大的代价，即病原微生物实验室感染事故的发生，直接或间接地造成了人员和财产的重大损失。2003年和2004年发生在新加坡、中国台湾和大陆的三起实验室SARS病毒人员感染事故，所造成了经济损失和社会的恐慌也是非常巨大的。

从2005年1月至今，卫生部、农业部、国家质量监督检验检疫总局、环境保护总局、国家食品药品监督管理局等有关部门，按照424号令的要求，积极开展工作，在病原微生物生物安全管理政策、技术标准、人员培训等方面取得了很大的进展，截至2008年12月，供颁布法律法规、技术标准等14个，培训病原实验室人员约4万人，有27个三级生物安全实验室通过国家合格评定委员会的认可，17个三级生物安全实验室通过了实验室活动资格审批。在2009年，全球应对甲型H1N1流感行动中，我国11个BSL-3实验室在疑似甲型H1N1流感病人样本、甲型H1N1流感病人样本、甲型H1N1流感病毒分离、甲型H1N1流感检测试剂盒研制和甲型H1N1流

感疫苗研制和评价中发挥了极其关键的作用。

通过近几年的努力，我国在病原微生物实验室生物安全方面的法律法规、技术标准、建设和管理等领域取得了令人瞩目的成绩，确保了实验室的生物安全，为建设和谐社会做出了显著的贡献。

（一）主要进展

为了落实《国家中长期科学和技术发展规划纲要（2006～2020年）》和《国家突发公共事件总体应急预案》中科技支撑的要求，满足“国家高等级生物安全实验室建设体系规划”、“突发公共卫生事件应急体系建设方案”和“国家动物防疫体系建设”三个体系建设的关键技术和产品的需求，科技部加大了对实验室生物安全关键技术、技术标准和主要产品的资助力度，在实验室生物安全关键技术和产品的研发领域取得了显著成绩。

1. 移动P3实验室成功研制，突破发达西方国家技术垄断

在国家支持下，2008年，由军事医学科学院牵头，联合多家科研单位和企业，成功地研制出了我国第一代移动P3实验室，并通过了科技部的验收。该项装备的技术指标达到了国外同类产品的水平，并建立了我国自己的移动P3实验室技术标准和生产基地，储备了相关的关键技术和人才。移动P3实验室获得了北京市科技进步奖二等奖，被评选为2008年十大生物医药科技新闻。

移动P3实验室的研制成功，为我国今后应对突发公共卫生事件、现场处置各种重大传染病提供了有力的条件支撑。

2. 加强关键应用技术和产品研发，建立自主知识产权和标准

2008年，国家启动实施“实验室生物安全关键技术和标准研究”的项目，该项目是以国家安全、公共卫生突发事件、动物疫病防控所需的关键支撑平台高等级生物安全实验室作为研究对象，研究实验室生物安全关键技术和产品，直接服务于高等级生物安全实验室。该项目加大了对生物安全监测、预测、预警、预防和应急处置技术研发的投入，加强技术装备升级换代，建立健全生物安全应急技术平台，提高我国生物安全科技水平。同时积极发挥企业在生物安全领域的研发作用。该项目关键技术和产品得到应用后，对提高我国实验室生物安全的水平，保证实验室的生物安全，为传染病的传播机理、致病机理、疫苗和治疗药物的研究能够提供可靠的技术保障。

3. 加强实验室生物安全保障技术研究，为传染病防治科技重大专项研究保驾护航

依据《国家中长期科学和技术发展规划纲要（2006～2020 年）》的部署，国务院决定构建艾滋病、病毒性肝炎等重大传染病的防治支撑体系，自主研发传染病诊断、预防和防护产品，建立与发达国家水平相当的防治技术平台，为降低发病率、病死率提供科技支撑，提升新发传染病应急处置能力，为带动相关产业发展提供坚实基础，最终实现全面提高我国传染病的预防、诊断、治疗和控制水平，完善国家传染病综合防控、应急处置和科学研究三大技术支撑体系。

其特点是，突出了病原微生物实验室生物安全，为传染病防治科技重大专项保驾护航的重要性。主要体现在两个方面。

（1）高等级生物安全实验室是传染病防治研究的必需条件。该科技重大专项主要是开展艾滋病、病毒性肝炎、结核病等我国重大传染病以及新发传染病的预防、诊断、治疗和控制技术研究和相关产品的研制，完善国家传染病综合防控、应急处置和科学研究三大技术支撑体系。因此，对项目承担单位在生物安全方面的能力要求很高，在项目总体专家组下设生物安全专家组，负责审查涉及二类危险度以上病原微生物研究课题的生物安全实验室资质和能力，对没有生物安全实验室资质和能力的申请单位和课题实行一票否决制。另外，该科技重大专项项目总体专家组要求生物安全专家编写了针对该专项的病原微生物实验室生物安全管理办法。

（2）加强对病原微生物实验室生物安全保障技术平台的研究。由于该科技重大专项所有的研究课题，都要涉及病原微生物，一部分课题要涉及二类危险度的病原微生物，因此，在研究领域设计时，特别设计了实验室生物安全保障技术平台的研究领域，研究内容直接服务于该重大科技专项。

结合国家传染病防治研究需求，提供实验室污染和环境危害的检测与监测、预警技术与规范，提供实验室安全操作指南、规范与标准等研究。最终确定了 5 个研究课题，2010 年课题结束时的目标为以下 3 点。①通过实验室感染事故的实验室模拟试验研究，初步建立实验室产生病原微生物气溶胶及其感染的仿真技术；通过实验室感染的仿真试验研究，掌握实验室发生感染的原因和操作环节。②应用生物高新技术和其他学科的新技术攻克快速评价实验室污染和环境危害的监测、检测和预警的关键技术。③结合危害因子防护要求，

开发高等级生物安全实验室活动资格评审软件、技术保障专家平台软件和应急预案。为病原微生物实验室生物安全科学化、规范化、标准化管理、使用和监督提供科学的技术支撑。

4. 高等级生物安全实验室在应对甲型H1N1流感防控中发挥了关键支撑作用

2009年，当甲型H1N1流感病毒在全球肆虐时，国务院成立了11个部委参加的联防联控指挥部，采取紧急措施防控甲型H1N1流感病毒在国内的传播。2009年4月30日～5月5日，我国12家三级生物安全实验室完成了对甲型H1N1流感病毒实验室操作的风险评估，卫生部组织专家对这12家BSL－3实验室申请开展的甲型H1N1流感病毒研究、检测等实验活动进行了评审，并批准开展检测、病毒分离等工作。2009年5月20日前后，中国疾病预防控制中心的病毒病预防控制所、军事医学科学院微生物流行病研究所、福建省疾病预防控制中心、中山大学医学部等几家BSL－3实验室分别从国内甲型H1N1流感患者样本中，分离出甲型H1N1流感病毒，并对病毒的致病性、变异特性进行了研究。同时，这些实验室还承担国家诊断试剂的研制和评价等工作，为我国及时有效地预防控制甲型H1N1流感的传播扩散提供了关键科技支撑。

5. 开展“新时期我国生物安全战略与法规研究”的研究

2009年，中国工程院医药卫生学部确立了“新时期我国生物安全战略与法规研究”咨询项目，项目总体负责人为刘德培院士、旭日干院士、杨胜利院士、管华诗院士、侯云德院士、沈倍奋院士等知名专家教授，从科学、安全的角度，系统分析国内外生物安全的现状、趋势和需求，为国家生物安全整体战略服务。该课题拟通过咨询、调研、分析、研究国外实验室生物安全状况，结合国内现实情况，以及生物技术发展和应用带来的生物安全风险，围绕生物安全风险评估、风险管理以及规避风险、减少危害等，为国家提供实验室生物安全方面的专家咨询报告，并撰写我国实验室生物安全指南类专著，以规避实验室可能造成的生物风险和危害。

在实验室生物安全方面，该项目不仅关注病原微生物的实验室生物安全，而且对生物高新技术的实验室生物安全也非常关注，增加了胚胎干细胞操作实验室、重组DNA操作实验室、合成生物学等近年新出现的生物高新技术的生物安全问题的调研。

6. 新版 GB19489 – 2008《实验室——生物安全通用要求》颁布实施

在 GB19489 – 2004《实验室——生物安全通用要求》从 2004 年颁布实施四年后，新修改的 GB19489 – 2008《实验室——生物安全通用要求》在 2008 年通过中国国家标准化管理委员会的审批，正式颁布，并从 2009 年 7 月 1 日开始实施。

截至 2009 年 12 月，中国合格评定国家认可委员会一共对 27 家的 BSL – 3 实验室或 ABSL – 3 实验室进行了生物安全认可评审和发证，这些实验室包括：①卫生部管辖系统有 15 家通过生物安全认可，且这 15 家都获得了卫生部的实验室活动资格的授权；②农业部管辖系统有 8 家，且有 2 家都获得了农业部的实验室活动资格的授权；③中国出入境检验检疫总局管辖系统有 3 家，但是，这些实验室没有获得实验室活动资格的授权；④企业 1 家，即广东大华农动物保健品股份有限公司。

（二）发展趋势

首先，在实验室生物安全方面，通过以上国家科技项目的设立和资助，我国在实验室生物安全关键技术、标准和产品等领域的研究全面展开，预期的研究结果必将极大地提升我国在实验室生物安全领域的技术水平，全面突破关键防护产品的国外垄断，带动国内生物安全相关产业的发展，最终实现全面提高我国实验室生物安全关键技术、标准和产品的水平，为我国实验室生物危害事件的综合防控、事故应急处置和科学研究三大技术支撑体系的建立发挥关键作用。

其次，随着胚胎干细胞操作实验室、重组 DNA 操作实验室、合成生物学等生物技术的生物安全研究逐步展开，使我国生物安全研究更加系统、全面，实现实验室生物安全研究的跨越式发展，缩短与发达国家的差距。

3 产业篇

第一章 我国医药经济现状

我国医药经济呈现以下特点：工业增速加快，经济效益大幅提升；商业购销平稳增长；三大终端需求活跃；医药进出口继续向好。在经历了2006年的低谷、2007年的反弹、2008年的复苏之后，2009年我国医药工业生产、销售、经济效益保持较快增长，但受国际金融危机影响，出口增长速度缓慢，面临较大的国际市场压力。自2006年药品安全事件集中爆发后，国家决心强化药品安全管理，2007年国家针对医药行业出台了多项政策，加强了对药品研究、注册、生产、流通以及使用等各个环节的管理。同时，为了更好地敦促企业执行相关规定，国家药监局还向企业派驻了驻厂监督员，杜绝药品安全隐患。从行业的长远发展来看，提高行业进入门槛、加强生产质量管理等规范措施对于鼓励创新、促进行业健康发展是非常有利的，有创新能力、综合实力强的企业将在规范的竞争中脱颖而出，获得长期发展的机会，有利于我国的医药行业健康良好运行。医药企业通过各种形式的联合重组、股份制改造等，加快了医药产业的组织结构调整，企业规模不断壮大。医药企业通过各种形式的联合重组、股份制改造等，加快了医药产业的组织结构调整，企业规模不断壮大。

随着中国医改进程的加快，患者支付能力得到提升，药品需求将扩大。以现在的缴费水平，新型农村合作医疗保险制度将带来每年约400亿元的新增药品市场；城镇居民基本医疗保险将带来每年约600多亿元的新增药品市场。两项保险在全面覆盖后将带来约1000亿元的新增药品支付能力，约占2006年医院和药店终端纯销收入3360亿元的三成。据测算，到2010年，全民医保的三大保障体系支出将比2007年整体高出2200亿元，有望拉动药品消费年均18%的增长。

医药市场总量扩容的同时，用药结构将发生调整。目前，在“新农合”和城镇居民基本医疗保险制度下，患者自付的比例均在50%以上，考虑到低收入人群的承受能力，同一疾病的治疗药品中，中低价药品的需求将会提升。这对于中国大多数制药企业无疑是一大利好。这一效应现在已经开始显现，从产品流向看，农村正在成为重要的医药品消费市场。

一、工业生产总值高幅增长

我国医药工业规模不断扩大，医药行业对国民经济的影响正不断加强，增长速度有逐渐加快的趋势。2007年1～9月，我国医药工业累计完成工业生产总值4458.91亿元，比去年同期增长25.21%，增幅与2006年同期相比提高了6.19个百分点，是近10年来的一个高位。2007年全年完成医药工业总产值6338.22亿元，比2006年增长了24.76%。2008年全年完成医药工业总产值8666.17亿元，比2007年增长了25.74%，继续保持良好的增长势态。2009年1～6月，医药行业累计完成工业总产值4766.6亿元，同比增长17.80%，但增幅有所回落（表3-1，图3-1）。

表3-1　2003～2008年我国医药行业总产值与GDP对比

项目	2003年	2004年	2005年	2006年	2007年	2008年
GDP/亿元	135 174	159 878	182 321	209 609	246 619	300 670
医药行业总产值/亿元	2 880.24	3 387.28	4 265.41	5 080.10	6 338.22	8 666.17

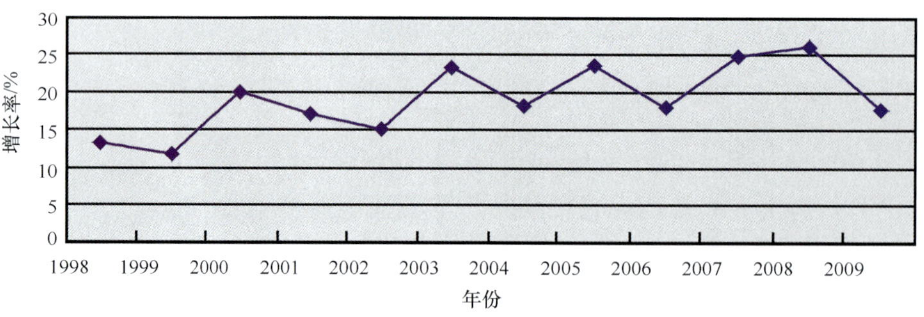

图3-1　历年医药工业总产值增长率

2009年数据为1～6月统计结果

从重点子行业增幅来看，除化学原料药（6.8%）外，其他分行业化学药制剂业（20.8%）、中成药制造业（18.3%）、中药饮片加工业（26.2%）、医疗仪器设备及器械和（19.6%）和卫生材料及医药用品制造业（26.5%）增速均高于行业平均水

平。化学制药工业占我国医药行业的比重最大，2005年我国化学制药工业完成现价总产值2405.9亿元，2000~2005年年均递增16.7%，中国还是全球最大的药物制剂生产国。中药是我国医药行业的重要组成部分，2002年国家出台了《中药现代化发展纲要》，2003年颁布了《中华人民共和国中医药条例》以后，“十五”期间中药领域成为医药行业的投资热点。全国已在24个省（自治区、直辖市）建立了448个中药材规范化种植基地，其中，18个省（自治区、直辖市）规范化种植面积已达1424万亩，形成中药农业发展的基本雏形，为实现西部大开发，振兴东北老工业基地，发展山区及贫困落后地区的经济，提高农民收入，发挥了重要作用。

从全国各省市医药工业生产情况来看，2008年1~11月，医药工业生产总值排名前10位省市的工业生产总值占全国医药工业生产总值的67.54%，比2007年同期所占比重上升了8.47个百分点。其中在排名前10位的省市中，山东、河南、四川、吉林、江西的同比增长速度高于全国平均水平，山东省和江苏省占全国工业总产值的比重均超过10%（表3-2）。

表3-2　2008年1~11月份全国医药工业生产总值（现价）前10名省份

排名	省份	工业生产总值/万元	同比增长/%	所占比重/%
1	山东	101 126 592	33.15	14.17
2	江苏	74 077 175	26.63	10.38
3	浙江	62 077 093	18.26	8.70
4	广东	46 432 565	19.01	6.51
5	河南	43 773 368	37.36	6.13
6	四川	38 710 149	39.67	5.42
7	河北	32 662 863	23.57	4.58
8	吉林	30 492 797	30.15	4.27
9	上海	26 734 986	10.86	3.75
10	江西	25 914 532	32.67	3.63

二、销售收入稳步提高

2008年1~11月，我国医药工业累计完成销售收入6909.14亿元（7大子行业），比2007年同期增长25.71%，增幅与2007年同期相比提高了2.07个百分点。

从全国各省市看，销售收入排名前10位省市的销售收入占全国医药工业销售收入67.87%。在排名前10位的省市中，山东、河南、四川、江西和吉林五省同比增长速度高于全国平均水平，山东省和江苏省占全国销售收入的比重均超过10%（表3-3）。

表 3-3　2008 年 1 ~ 11 月份全国医药工业销售收入前 10 名省份

排名	省份	销售收入/万元	同比增长/%	所占比重/%
1	山东	96 040 482	30.14	14.64
2	江苏	72 580 289	28.01	11.06
3	浙江	59 127 093	19.49	9.01
4	广东	40 172 586	17.85	6.12
5	河南	36 995 957	31.36	5.64
6	四川	33 132 382	40.76	5.05
7	河北	30 657 878	29.76	4.67
8	上海	27 954 572	9.92	4.26
9	江西	25 549 192	33.00	3.89
10	吉林	23 133 146	39.64	3.53

三、经济效益增势明显

2008 年 1 ~ 11 月，我国医药工业累计完成利润总额 683.63 亿元（7 大子行业），比 2007 年同期增长 28.39%。

从重点子行业来看，化学原料药、化学药品制剂行业、中药饮片行业和卫生材料行业的增长速度高于全国平均增长水平，而中成药、生物制剂、医疗器械行业的利润增幅低于全国平均水平。其中，化学原料药工业累计完成利润总额 135.92 亿元，同比增长 49.48%，比 2007 年同期增幅上升了 0.83 个百分点；化学药品制剂工业累计完成利润 216.09 亿元，同比增长 36.04%，这个利润增幅比 2007 年同期下降了 13.75 个百分点；中成药工业累计完成利润 145.16 亿元，同比增长 7.74%，在各个子行业中利润增幅最低，比 2007 年同期增幅大幅减少了 44.86 个百分点；生物制剂工业累计完成利润 76.89 亿元，同比增长 21.81%，同期增幅也明显降低了 24.02 个百分点；医疗器械工业累计完成利润 63.56 亿元，同比增长 21.06%，同比增幅明显降低了 21.45 个百分点；卫生材料工业累计完成利润 26.55 亿元，同比增长 49.58%，增幅与 2007 年同期基本持平。

从全国各省市来看，利润排名前 10 位省份的利润总额占全国医药工业利润总额的 73.08%。其中，在排名前 10 位的省份中，江苏、浙江、河南、河北、北京等省市的同比增长速度明显高于全国平均水平，吉林省出现利润负增长，山东省、江苏省和浙江省占全国工业总产值的比重均超过 10%（表 3-4）。

表 3-4　2008 年 1 ~ 11 月份全国医药工业利润总额前 10 名省份

排名	省份	利润总额/万元	同比增长/%	所占比重/%
1	山东	9 146 767	29.92	14.17
2	江苏	7 815 383	42.97	12.11
3	浙江	6 672 501	49.13	10.34
4	河南	4 350 415	41.13	6.74
5	河北	3 840 049	57.30	5.95

续表

排名	省份	利润总额/万元	同比增长/%	所占比重/%
6	广东	3 807 765	10.08	5.90
7	上海	3 311 120	31.14	5.13
8	吉林	2 887 916	-14.50	4.48
9	北京	2 746 726	40.28	4.26
10	四川	2 581 616	33.12	4.00

四、产销衔接进一步改善

从产销衔接情况看，2008 年医药工业产销率继 2007 年以来进一步提高，从 2007 年 1~11 月的 94.66% 上升到 2008 年 1~11 月的 95.20%，除化学原料药、医疗器械和卫生材料工业以外，各子行业的产销率均有小幅提升，表明产销衔接状况得到进一步的改善。我国作为最大的原料药生产国和出口国，其原料药产品的生产销售情况与国际市场需求的关联度较高，由于 2008 年下半年国际金融形势动荡，美国、日本、欧洲等主要出口市场的宏观经济形势严峻，外销需求萎缩，给国内原料药工业的产销带来较大压力（表 3-5）。

表 3-5　2007 年和 2008 年医药工业各子行业产销率对比

医药行业	2008 年 1~11 月产销率/%	2007 年 1~11 月产销率/%
化学原料药	94.92	95.35
化学药品制剂	95.13	93.43
生物制品	95.39	95.12
医疗器械	96.92	97.10
卫生材料	96.98	97.48
中成药	94.24	93.62
中药饮片	95.93	95.19
总体	95.20	94.66

五、商业购销稳步增长

2008 年 1~10 月全国 7 大类商品累计销售 3194.62 亿元，同比增长 14.18%，其中药品类销售 2405.83 亿元，同比增长 14.48%，中成药类销售 533.90 亿元，同比增长 15.67%。医药商业的销售利润率在 2007 年出现回升的势头，目前已经达到 1.21%（表 3-6）。

表 3-6　2007 年、2008 年我国医药商业销售情况表

		2008 年 1~10 月		2007 年	
		销售金额/亿元	同比增长/%	销售金额/亿元	同比增长/%
七大类医药商品	总销售	3195	14.18	4026	19.82
	纯销售	1795	11.33	2456	30.78
药品类	总销售	2406	14.48	2936	20.67
	纯销售	1362	12.22	1816	26.46

续表

		2008 年 1～10 月		2007 年	
		销售金额/亿元	同比增长/%	销售金额/亿元	同比增长/%
中成药类	总销售	534	15.67	694	18.43
	纯销售	296	9.52	408	40.21
医疗器械类	总销售	—	—	53.16	2.88
	纯销售	—	—	36.43	-0.36

六、医药进出口保持快速增长

2008 年 1～11 月，我国医药进出口总额突破 444.8 亿美元，同比增长 27.5%；其中出口金额 292.8 亿美元，同比增长 32%，中药出口额突破 11 亿美元，同比增长 11.2%；医疗器械出口增长势头较好；西药出口达到 180.8 亿美元，其中原料药的出口为 162.6 亿美元，同比增长 32.9%，增幅较 1～9 月份的 37.67% 有小幅下降（表 3-7）。

表 3-7　2008 年 1～11 月我国医药进出口情况表

	金额/亿美元	同比增长/%
总额	444.8	27.5
进口	152.0	19.6
出口	292.8	19.6
西药类	180.8	33.8
医疗器械类	110.2	31.7
中药类	11.8	11.2

七、我国医药终端市场销售总体向好

我国医药市场主要分为医院销售、零售销售和第三终端市场销售等。

（一）医院仍是医药销售的最大终端市场

22 大城市样本医院的统计数据表明，2004～2008 年医院用药总金额平均增长率为 22.69%。2008 年医院市场持续了 2007 年的恢复性增长势头，尽管 2007 年基数很大，但仍有 24.84% 的同比增长率。2009 年上半年，样本医院用药金额同比增长 18.65%（图 3-2，表 3-8）。

（二）药品零售市场规模扩大，但增速放缓

2008 年，我国药品零售市场销售规模

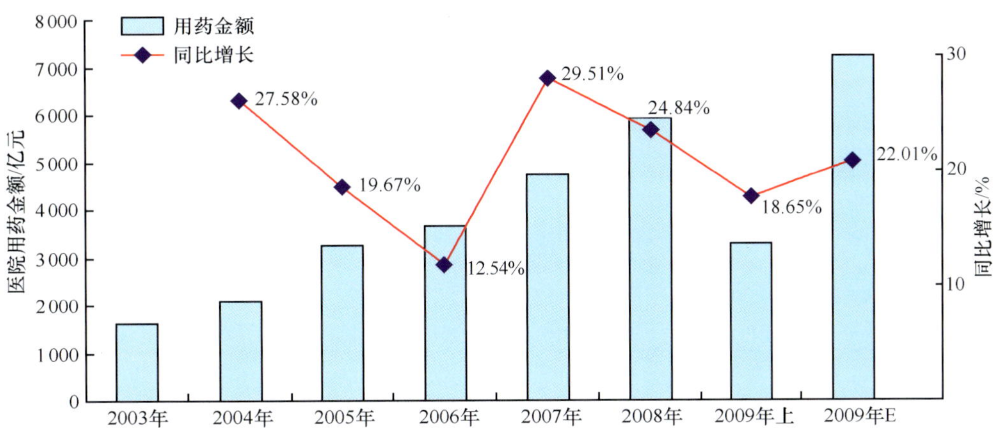

图 3-2　2003～2009 年我国医院用药总金额

表 3-8　2008 年上半年各大类购药金额同比情况

大类名称	购药金额/万元	金额同比增长/%	各类比重/%
消化系统及代谢药	349 438	25. 12	12. 57
血液和造血系统药物	309 170	19. 45	11. 93
心血管系统药物	383 109	29. 61	13. 13
皮肤病用药	19 970	14. 86	0. 83
生殖泌尿系统和性激素类药物	36 453	16. 07	1. 41
全身用激素类制剂（不包括性激素）	51 583	24. 71	1. 90
全身用抗感染药物	696 108	28. 55	24. 13
抗肿瘤和免疫调节剂	494 670	34. 16	17. 37
肌肉-骨骼系统	76 641	31. 51	2. 69
神经系统药物	237 131	37. 49	7. 73
抗寄生虫药、杀虫剂和驱虫剂	2 260	47. 23	0. 08
呼吸系统用药	71 649	28. 63	2. 43
感觉系统药物	15 712	12. 56	0. 61
杂类	93 333	43. 44	3. 13
原料药及非直接作用于人体的药物	1 077	8. 58	0. 05
总计	2 838 605	28. 89	100

为 1295 亿人民币，同比增长约 17. 7%；2009 年上半年药品零售市场约为 741 亿元，同比增长 15. 24%。2009 年药品零售市场规模达到 1487 亿元，同比增长约 14. 83%。药品零售市场增幅呈持续下滑的趋势（图 3-3）。

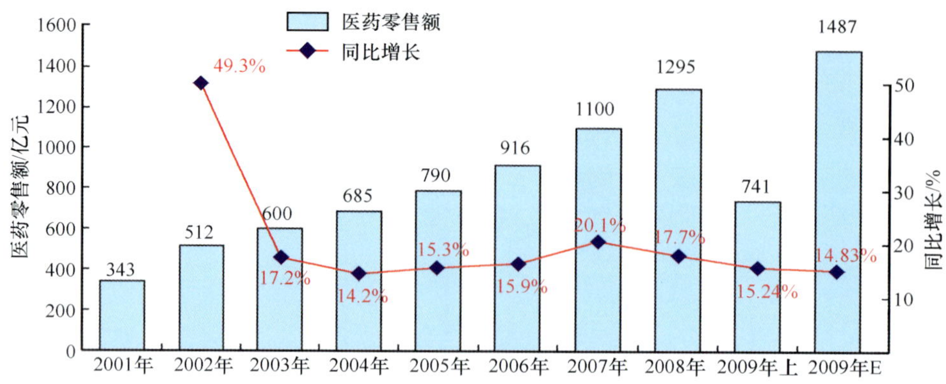

图 3-3　2001～2009 年我国医药零售额

（三）第三终端稳步增长

医改和“新农合”医保制度有力地提升了农村市场的医药消费水平，7 大类医药商品在农村市场的销售份额不断提升，据保守估算，2008 年的第三终端市场约为 704 亿元，2009 年增长 32%，约 930 亿元。

表 3-9　2008 年我国医药第三终端销售额

机构类型	数量	平均每家年销售额/万元	总规模/亿元
社区卫生中心	3 700	150	55. 5
社区卫生站	11 000	50	55
乡镇卫生院	37 000	140	518
村卫生室	500 000	1. 5	75
合计	551 700	—	704

八、医药商业企业规模效应逐步走强

医药企业通过各种形式的联合重组、股份制改造等，加快了医药产业的组织结构调整，医药商业企业规模也不断壮大，规模效应日渐明显（图 3-4）。

2006 年排名前 10 家医药商业企业销售额占全行业的近四分之一；500 家医药商业重点企业销售收入占全行业八成以上，规模效益显著。2006 年医药商业进入百强企业的销售规模底线由 2005 年的 5. 29 亿

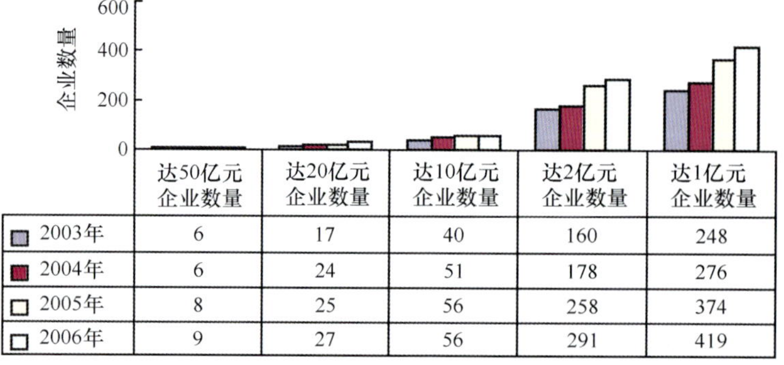

	达50亿元企业数量	达20亿元企业数量	达10亿元企业数量	达2亿元企业数量	达1亿元企业数量
2003年	6	17	40	160	248
2004年	6	24	51	178	276
2005年	8	25	56	258	374
2006年	9	27	56	291	419

图 3-4　2003～2006 年不同规模企业数量变化

元提升到5.8亿元。2006年医药商业前100强企业的销售额为2281亿元，已占全国销售总额的67.88%；前500强企业销售额为已占全国销售的85.98%（图3-5）。

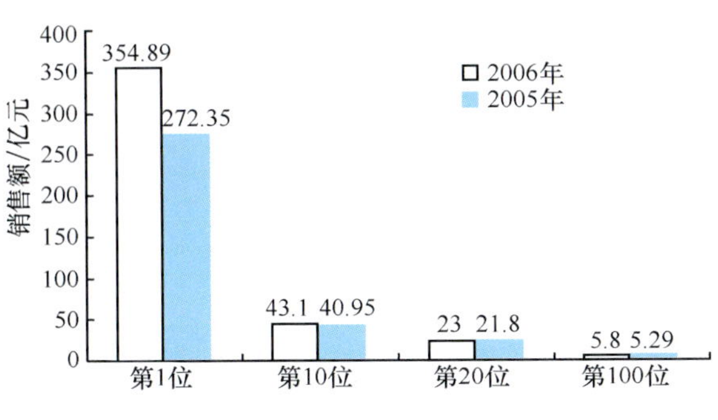

图3-5　2005年和2006年医药百强企业销售规模比较

2006年前三强为中国医药集团有限公司、上海医药股份有限公司和九州通集团有限公司。2006年，这三家企业的销售额分别达到354.88亿元、152.9亿元和128.82亿元，其总和已占全国药品销售额的18.95%（图3-6）。

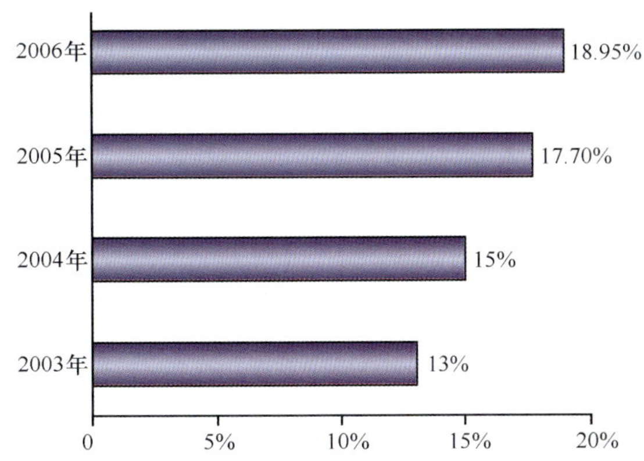

图3-6　近年医药商业前三强企业占医药市场销售比重对比

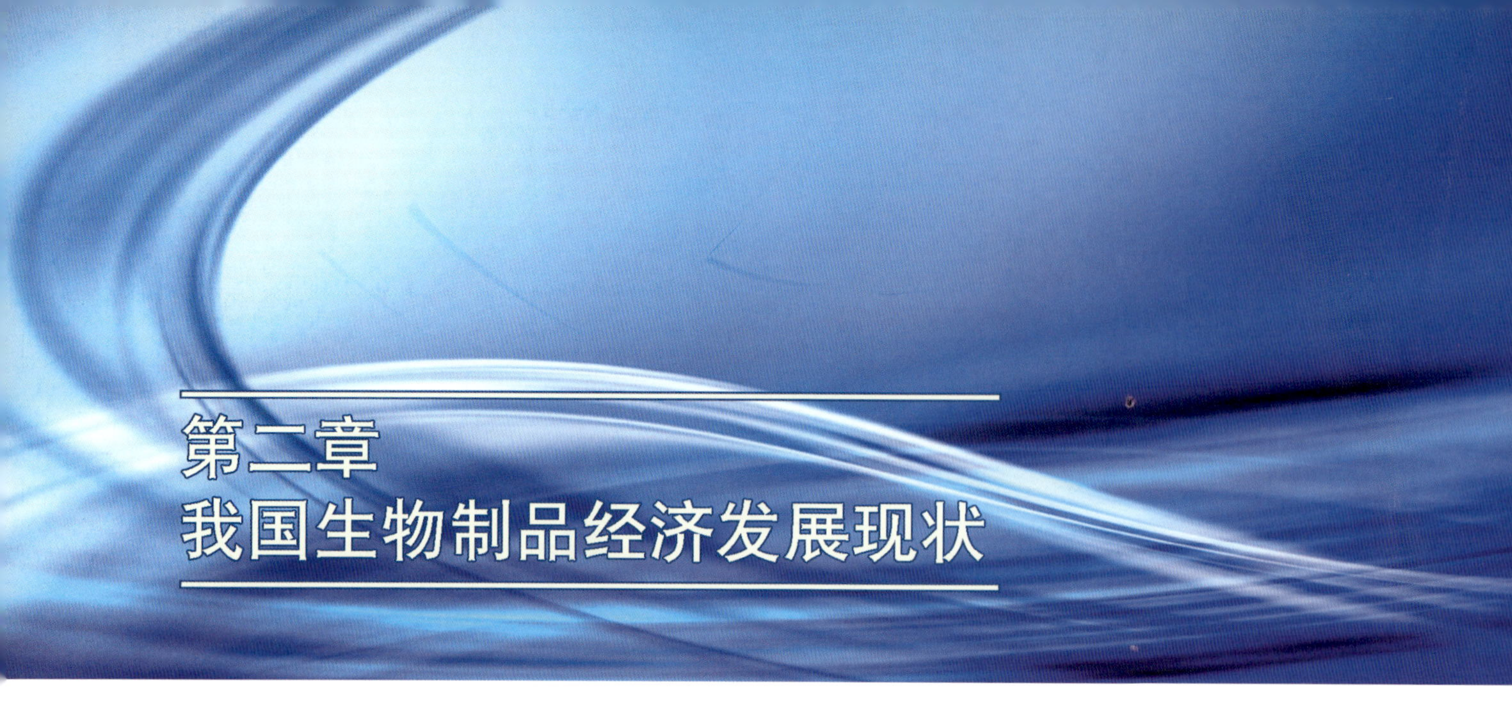

第二章 我国生物制品经济发展现状

近几十年来，国际上“重磅炸弹”式的生物制剂产品陆续涌现，为生物制药企业带来了巨大的经济效益，成为企业增长的最大推动力。生物技术产业的增长速度是世界经济增长率的10倍左右，有报道说，到2020年，生物制品将占全球医药工业比重的1/3以上。国家对生物研究及产业化关注已从资金引导逐步转为政策引导，尤其侧重对产业化项目的支持。但与世界生物制药强国相比，中国的生物制药公司仍显弱小，政府产业政策的扶持仍将对生物制药企业的发展起决定性作用。

国家对生物产业予以大力支持，为我国生物制药业的发展提供了有力的保证。推动生物制药产业发展是多因素的，在政策扶持下，加大创新力度，在强化国际合作的同时注重国外市场的开拓，将是我国生物制药企业发展关键。从2003年至今，生物医药行业一直呈现出平稳发展态势，收入增长和利润总额增长一直高于整体行业。从整体来看，虽然生物制药行业在整个医药行业收入的比例和利润总额所占比例分别从2003年的7.5%和9.1%提升到2008年的9.3%和12.0%，但是整体对医药行业的贡献还不大。医药市场主要还是由化学制剂药、化学原料药和中药三大主力占据，这三者的表现依然直接决定我国医药行业的走势。

一、我国生物制品工业产值发展状况

我国生物制品工业以高于医药工业的增长速度快速发展，工业生产总值（现价）2001～2006年年均递增率为29.3%，完成金额从2001年的121亿元增长到2006年的422亿元，增长3倍以上（图3-7）。2008年1～11月完成697.03亿元，2009年1～8月完成金额558.04亿元，增幅较2008年同期有所下降。

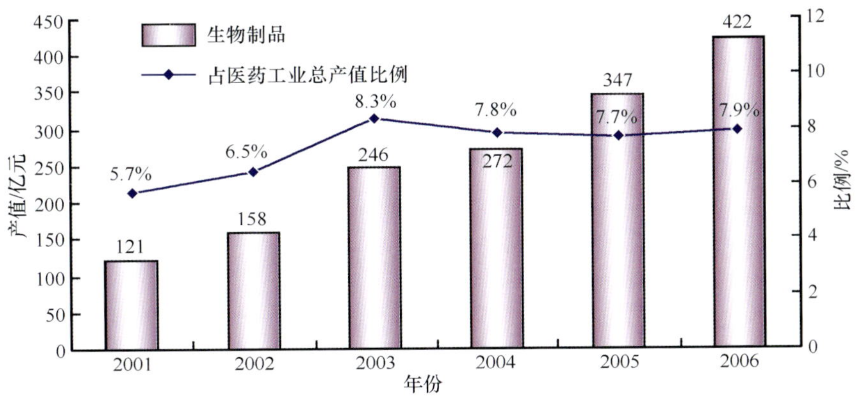

图 3-7　2001～2006 年我国生物制品工业占医药工业总产值比例

二、我国生物制品工业销售收入发展状况

从 2001 年以来，我国生物制品工业销售收入快速增长，2006 年累计实现销售收入 391 亿元，增长了 3.6 倍，2001～2006 年年均增长率为 30.94%（图 3-8）。2008 年 1～11 月累计实现销售收入 642.28 亿元，同比增长 29.81%；2009 年 1～8 月完成金额 511.52 亿元，增幅较 2008 年同期有所下降，下降了 5.33 个百分点。

图 3-8　2001～2006 年我国生物制品工业占医药工业销售收入比例

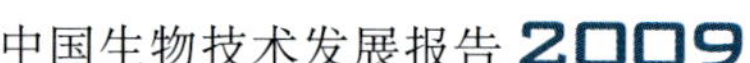

三、我国生物制品工业销售利润

从2001年以来，我国生物制品工业销售利润由15亿元上升到2006年的41亿元，增长近3倍，2001～2006年年均增长率为23.4%（图3-9）。2006年生物制品工业销售利润首次突破10%，2009年1～8月的销售利润率达到13.18%，但总利润与我国医药工业的三巨头化学制剂药、化学原料药和中药无法相抗衡。

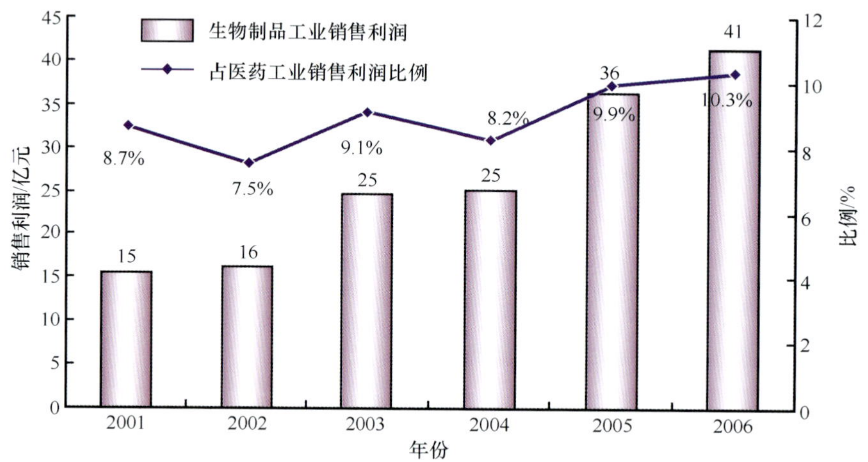

图3-9　2001～2006年我国生物制品工业占医药工业销售利润比重

第三章 我国新药研发注册情况

“十五”期间，我国加大了技术进步和技术创新的投入，设立了“创新药物和中药现代化”重大科技专项，重点加强了新药研究开发体系的建设和创新药物的研制，实施了现代中药、生物医学工程、生物新药等高技术产业化专项，促进了新型中成药大品种、先进工艺技术与装备、新型饮片和提取物、常用大宗药材及濒危稀缺药材繁育等技术的产业化。在国家的积极引导下，我国医药企业大幅增加科技投入，医药企业投入研发的费用已由2001年的16.2亿元增加至2005年43.4亿元。

目前，我国新药研究开发技术平台已覆盖了新药发现、临床前研究、临床研究、产业化整个过程，基本形成了相互联系、相互配套、优化集成的整体性布局，部分平台标准规范已能与国际接轨，新药自主创新和研究开发能力显著增强。国家组织建设了一批国家工程研究中心，一批大企业集团的内部技术研发设施建成使用，25家医药（包括医疗器械）企业的研发技术中心被国家发改委、财政部、海关总署和国家税务总局认定为国家级企业技术中心。

国内市场的生物技术药物主要有基因工程乙肝疫苗、重组胰岛素、重组链激酶、重组表皮生长因子等40个品种（包括药物新剂型）。重组尿激酶等10多种多肽药物正在Ⅰ～Ⅲ期临床试验中，重组凝乳酶等40多种基因工程新药也正在研究开发；研发能力不断提高，新型产品不断涌现，2006年向SFDA申报的101种生物制品中，有92种生物制品属于国内机构研发的产品，其中68种为注射剂。但是，仿制药仍是主流，真正原创Ⅰ类新药依然很少。

一、我国Ⅰ类新药注册情况

据统计，近几年来包括化学药、中药、天然药物、生物药在内的属于注册情况分

类Ⅰ类新药注册，数量只占全年药品注册申报数量的1% ~2% （表3-10）。进一步分析这些注册分类Ⅰ类的新药申请，属于真正意义上的原创性新药很少，绝大部分属于有较高技术含量的仿创新药。

表3-10　近年来我国Ⅰ类新药申报情况

年份	总件数	化药	中药	生物制品
2002	70	56	4	10
2003	184	145	8	31
2004	131	103	6	22
2005	193	148	14	31

续表

年份	总件数	化药	中药	生物制品
2006	141	103	14	24
2007（1 ~5月）	81	66	4	11
合计	800	621	50	129

二、全球主要生物技术产品的国产化情况

目前全球主要生物技术产品的国产化情况见表3-11。

表3-11　全球主要生物技术产品的国产化情况表

通用名	品牌	适应证	销售额/亿美元	国产化	技术平台
Aβ ΓΙ	Epogen，NeoRecormon，Eprex，Procrit，Aranesp，Epogin	贫血	118	16家申报、生产	CHO
Aβ 干扰素	PEG Intron，Pegasys，Avonex，Rebif，Betaseron	丙型肝炎，多发性硬化症	68	约20家生产	*E. Coli*/Cho
胰岛素	Novolin，humalin，humalog，novolog，lantus	糖尿病	65	6家申报、生产	*E. coli*/yeast
G-CSF	Neupogen，Neulasta	中性粒细胞减少	30	18家申报、生产	*E. Coli*
Rituximab	Rituxan	淋巴瘤	28	临床研究	CHO
Etanercept	Enbrel	类风湿关节炎	26	1家生产	CHO
Infliximab	Remicade	类风湿关节炎	21	未国产化	NSO
人生长激素	Serostim，Saizen，Humatrope，Protopin，Neutropin	侏儒症	18	5家申报、生产	*E. coli*/Mouse C127
Transtuzymab	Herceptin	乳腺癌	13	2家申报	CHO
Palivizumab	Synagis	先天性心脏病	9.5	未国产化	CHO
FSH	Gonal F，Follistim	不孕	9.5	未国产化	CHO
葡糖脑苷脂酶	Cerezyme，Ceradase	Gaucher症	8.8	未国产化	CHO
Adalimuzab	Humira	类风湿关节炎	8.5	未国产化	CHO
凝血因子Ⅷ	Novo seven	血友病	7.6	未国产化	BHK
肉毒素	Botox	皱纹	7.0	1家生产	生化提取
Bevacizumab	Avastin	直肠癌	5.5	未国产化	CHO

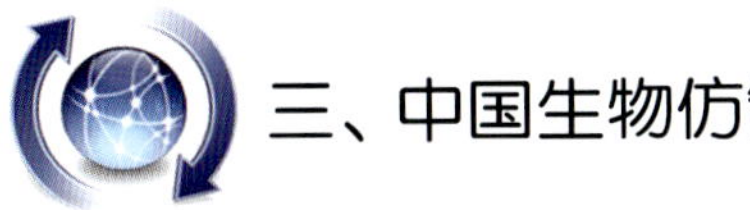

三、中国生物仿制药概况

目前中国有超过 200 家生物制药企业（表 3-12）生产超过 2000 只生物药品，其中 95% 是生物仿制药，包括了基因工程药物、疫苗、抗体和诊断用药。其中在国内上市的 361 只治疗用产品和疫苗类重组生物仿制药，另外已有超过 10 只创新生物药品进入国内市场，还有超过 100 只创新生物药品处于临床试验各阶段（图 3-10）。

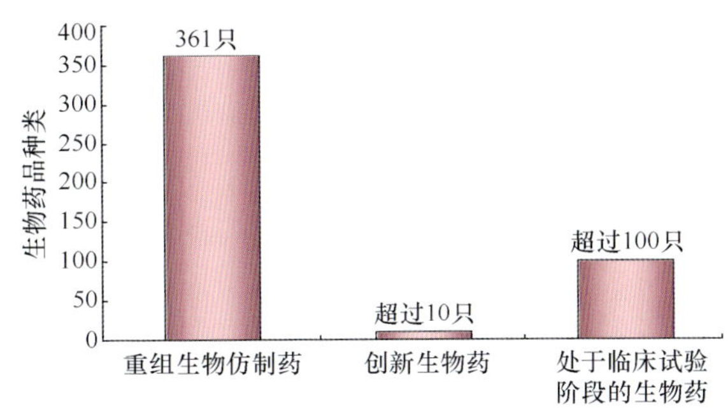

图 3-10　中国生物药品情况

表 3-12　中国主要的生物仿制药生产企业

生物仿制药	适应证	生产企业
IFNα-1b（α-1b 干扰素）	乙肝、丙肝	深圳科兴、上海生物研究所、北京三元
IFNα-1b（α-1b 干扰素滴眼剂）	病毒性角膜炎	长春生物研究所
IFNα-2a（α-2a 干扰素）	乙肝、丙肝	长春生物研究所、长生基因制药、三生药业、新大洲、辽宁卫星、上海万兴
IFNα-2a suppositroy（α-2a 干扰素栓剂）	妇科病	武汉天奥
IFNα-2b（α-2b 干扰素）	乙肝、丙肝	安科、汉生、华新、鼎力、远策、华立达、英特龙、里亚哈尔、长春生物研究所
IFNα-2b gel（α-2b 干扰素凝胶）	疱疹	合肥兆峰
IFNγ（γ 干扰素）	类风湿	上海生物研究所、上海克隆、丽珠
IL-2（白介素-2）	肿瘤辅助用药	四环、华新、长春生物研究所、三生、长生、金泰、瑞德、金丝利、科兴、康利
125 IL-2（125 白介素-2）	癌症辅助用药	北京双鹭
125 ser IL-2	癌症辅助用药	山东泉港、辽宁卫星
G-CSF（粒细胞集落刺激因子）	白细胞减少症	杭州九源、北京双鹭、长春金赛、苏州中凯、上海三维、北海方舟、特宝、山东科兴、新鹏、格兰百克、齐鲁、成都蓉生、里亚哈尔、华北制药、汉进
GM-CSF（巨噬细胞集落刺激因子）	白细胞减少症	厦门特宝、华北制药、北医联合、里亚哈尔、海南华康、顺德南方、上海海济、金赛、淮南福寿、上海华新、辽宁卫星

续表

生物仿制药	适应证	生产企业
G-CSF（粒细胞集落刺激因子）	白细胞减少症	杭州九源、北京双鹭、长春金赛、苏州中凯、上海三维、北海方舟、特宝、山东科兴、新鹏、格兰百克、齐鲁、成都蓉生、里亚哈尔、华北制药、汉进
GM-CSF（巨噬细胞集落刺激因子）	白细胞减少症	厦门特宝、华北制药、北医联合、里亚哈尔、海南华康、顺德南方、上海海济、金赛、淮南福寿、上海华新、辽宁卫星
红细胞生成素（EPO）	肾性贫血	三生、华欣、山东科兴、克隆、成都地奥、山东阿华、四环生物、华北制药
SK（链激酶）	溶栓	上海医大实业、金泰
人 bFGF	创伤、烧伤（外用）	北京双鹭
牛 bFGF 融合蛋白	创伤、烧伤（外用）	珠海东大、长生药业
EGF（表皮生长因子）	烧伤、创伤	上海大江、四环
EGF 衍生物	烧伤、创伤	深圳华生元、金赛
GH（生长激素）	矮小病	安科、恒通、联合赛尔
人胰岛素	糖尿病	医进生物公司
白介素-2（IL-2）	血小板减少症	通化东宝、科兴、医进生物公司
抗白介素-8 单抗乳膏剂	银屑病	北京双鹭
乙肝疫苗	预防乙肝	东莞宏远逸士
痢疾疫苗	预防痢疾	深圳康泰、北京生物研究所、华北制药、兰州生物研究所、军科院
霍乱疫苗	预防霍乱	军科院

四、中国药物创新领域发展趋势

从全球范围来看，出于经济成本压力，原来企业一直奉行的封闭式、独立的药物开发模式已经变得越来越困难，合作开发新药势在必行。例如，雅培、葛兰素史克、强生、辉瑞、罗氏、赛诺菲-安万特、惠氏 7 大制药公司共同组建国际严重副作用协会，参与者可以共享数据，且必须公开自己的数据库，通过协作，共同研究基因变异与药物副作用的关系。与此同时，阿斯利康和百时美施贵宝合作研发上市两个糖尿病治疗药物；先灵葆雅和默沙东共同开发出降血脂药物辛伐他汀和依泽替米贝的复方制剂等。

这种合作开发新药的模式给中国医药研发企业带来巨大的机会。普华永道在其最新发布的《亚洲地区医药研发外包发展动态报告》中指出，在全球医药产业中，中国和印度已成为医药研发外包的首选场

所。2008年，仅CRO市场，中国就已经达到2.6亿美元的规模。预计2010年，中国CRO市场规模有望达到4.3亿美元。截至2008年6月，网上登记显示，中国有428个药物正在进行临床试验，累计有870个药物已经完成或正在进行试验。未来预计中国和印度有望成为亚洲，乃至世界药物创新中心。不仅跨国公司加大了对其在中国进行新药研发的投入，中国本土企业对于药物创新也日益重视。国家从政策层面上对药物创新给予了各种鼓励，对新药创制平台建设进行了大量投入，未来这些方面的投入还有望逐年增加。

中国药物创新领域显示了以下4个方面的发展趋势。一是随着中国新药临床研究逐步与国际接轨，临床研究审批速度将逐渐加快，目前已经由原来的平均10～12个月缩短至6～8个月。未来1～2年内，有望将国际多中心临床的审批时限缩短到6个月以内。在加快审批的同时，政府对于药物临床试验的监管能力也越来越强，正从事件性监管向系统性监管过渡。二是随着政府支持力度的加大和制药企业投入的增加，本土企业创新药物研发逐步走向正轨，目前不断有创新药物申报，有些已进入临床研究阶段。中国正逐步由仿制药大国向创新药强国转变。三是药物创新的保障体系逐步完善。目前国家不断加大研究投入，十分重视新药创制，对机构和研究项目的核查力度不断加强，临床研究水平和质量大幅提高，对全球同步的临床研究吸引力也日益增加。四是药物创新研究呈现出模块化趋势。过去药物创新研究或者由企业自行组织实施，或者全部外包给CRO公司，而现在企业在研发中采用的模式越来越灵活，如在药物临床研究中，有时制药企业和CRO进行横向分工合作，制药企业和CRO各负责一部分医院的临床研究，或者监察同一个临床研究的不同部分；有时则进行纵向合作，制药企业将临床研究方案设计、药物临床试验机构筛选、临床试验监察与稽查等环节外包给CRO公司。

第四章 中国医药行业经济发展趋势

一个公认的规律是，当一个国家的人均 GDP 从 1000 美元向 3000 美元迈进时，往往是产业结构剧烈变化、社会格局重新调整、利益矛盾不断增加、收入加速分化的时期。中国未来 1 ~5 年医药经济有 4 个主要特点，一是快速增长势头不变，经济效益谨慎乐观；二是产业集中度进一步提高，新药研发仿制药仍将是主导力量；三是药价水平稳中有降，终端销售活跃，零售终端格局渐变；四是进出口仍然向好，国际市场范围大为拓宽。

根据我国医药市场发展相关的历史数据，结合与我国医药市场最为密切的 GDP、人口、医疗费用支出、药品进口金额、药品出口金额等因素分析，运用 SDA 南方所“中国医药经济分析系统”数学模型对 2008 年医药经济进行定量预测的结果如表 3-13 所示。

表 3-13　2008 年医药经济定量预测结果

年份	GDP/亿元	GDP 增长率/%	人口/亿	医疗费用/亿元	医药保健品出口金额/亿美元	医药工业总产值/亿元	药品总销售额/亿元
1993	34 634	14.0	11.85	1 370	—	746	231
1994	46 759	13.1	11.99	1 768	—	862	374
1995	58 478	10.9	12.11	2 257	—	1 060	464
1996	67 885	10.0	12.24	2 853	—	1 251	532
1997	74 463	9.3	12.36	3 377	—	1 234	607
1998	78 345	7.8	12.48	3 777	—	1 396	777
1999	81 911	7.6	12.59	4 179	—	1 559	923
2000	89 404	8.4	12.67	4 764	37.96	1 871	1 085
2001	95 933	8.3	12.76	5 084	38.32	2 188	1 177
2002	102 398	9.1	12.85	5 685	48.15	2 517	1 480

续表

年份	GDP/亿元	GDP 增长率/%	人口/亿	医疗费用/亿元	医药保健品出口金额/亿美元	医药工业总产值/亿元	药品总销售额/亿元
2003	116 694	10.0	12.92	6 623	58.90	3 104	1 848
2004	119 028	10.1	13.00	7 590	73.66	3 666	1 927
2005	183 085	10.2	13.08	8 660	138.00	4 535	2 482
2006	210 871	11.1	13.14	9 843	196.70	5 346	2 871
2007	246 619	13.0	13.21	10 966	245.9	6 338	4 026

中国医药产业正在进入一个快速和空前剧烈的分化、调整、重组的新时期，企业两极分化、优胜劣汰的进程会大大加快。

一、在今后几年内我国医药市场需求继续保持旺盛势头

在国际医药市场总体上继续保持巨大需求和发展的大的环境下，我国医药国内市场也将出现旺盛的消费需求环境，居民生活水平不断提高，进一步扩大我国药品市场；医疗保险制度改革全面推进，将进一步促进价格低廉、疗效确切的国产普通药的使用；人口老龄化促使我国的老人用药将有较大增长；农村合作医疗制度的建立和完善，农民收入的提高，为医药市场创造了发展空间。资料显示，中国医药市场今后5年内以15%～20%的增长速度发展，到2010年将达到240亿美元，成为继美国、日本、德国和法国之后的世界第5大医药市场；2020年将达到1200亿美元，从而超过美国成为全球第一大市场。

中国医药产业国际竞争力进一步提升。2007年1～10月，中国医药保健品进出口继续保持较快的增长速度。中国医药市场规模不断扩大，贸易投资环境日益改善，促使众多跨国公司相继入驻中国。2007年1～10月，中国医药保健品进出口总额达312亿美元，同比增长24.3%。出口额再创新高，达到198亿美元，同比增长23.3%；进口额为114亿美元，同比增长26.1%；贸易顺差实现85亿美元。

二、医药行业并购重组热潮继续，催生一批国际竞争力较强的大型企业

随着医药行业的进一步发展，全行业重组将进一步升级，外资和民营资本对国有医药企业的并购重组比重将明显上升。其中，外资重组医药行业的重点是医药流通业和原料药，这是因为我国在原料药方面具有优势，某些重点品种的原料药是外资关注的热点；而医药商业对医药行业的发展具有决定性的影响，外资期望按国际

通常惯例通过控制下游企业而影响上游生产企业。医药流通领域将成为医药行业的重组重点。因为我国制药企业间的产品、技术差异度不大，而且与国际先进水平相差甚远，因此，营销网络和销售终端资源，成为竞争的主要砝码，药品流通和零售企业将成为医药行业重组的焦点。随着 GMP 和 GSP 的严格执行，大批达不到标准的企业被淘汰，经过并购重组将有一批大型医药企业出现。

三、化学药为主、中药为辅、生物制药为补充的市场格局继续保持

“十一五”时期，在国家产业政策支持和市场导向引导下，我国化学原料药将会层次发展。在满足基本医疗用药需求的同时，产生一批具有我国自主知识产权的产品和市场急需产品，能够生产更多的高附加值出口品种；一批大宗原料药的关键生产技术有所突破，包括如 β 内酰胺类、维生素类、大环内酯类、氨基酸类产品及其中间体生产中的发酵、结晶及分离、提取等技术，我国化学原料药的国际市场占有率有大幅度提高，国际市场向除北美、西欧两大主要市场以外的东欧、非洲、亚洲、拉美等更广阔的国际市场拓展。目前，中国在原料药、制剂方面的产能居世界领先地位，且满足国外市场准入条件的能力日益加强。近年来，不少医药企业通过了欧美原料药和 GMP 认证。其中，近 80 家企业的 160 余个产品通过了欧盟原料药 COS 认证，8 家制剂生产企业通过欧盟 GMP 认证，而获得美国 FDADMF 文件的企业则达 317 个。

中药现代化水平不断提高和中药国际化程度不断深化，采用现代科学技术改进质量控制指标和方法，完善质量、技术标准体系，进一步与国际接轨；中药材生产规范化、产业化和集约化进程加快，建立中药材生产质量管理标准体系。随着国际上对天然药物需求的不断增加，我国中药现代化水平的不断提高，以及发达国家对我国中药的认同感加强，我国在中药国际化程度将有所深化，在“十一五”时期内将有一定数量的中成药将正式进入国际药品市场。

未来 5 ~ 10 年是我国生物制药发展的关键时期。国家将加大对现代生物技术产业化项目的科研补助、技改贴息及企业资本金注入的支持力度，鼓励形成一批具有国际竞争力的高新技术企业等切实有效的政策措施，已经取得了比较明显的成效。在未来 5 年，预计具有我国自主知识产权的生物工程药物开发将取得显著成果，将有 15 ~ 20 种新的生物工程药物投放市场，

并部分进入国际市场，与国际生物制药的先进水平将进一步缩小。

医疗器械市场前景广阔，但还是以进口为主。

四、我国在国际医药市场的份额提升，流通领域企业竞争加剧

我国现以16%的年增长率位居全球医药市场第9位。据研究机构预测，中国医药市场未来几年将继续保持两位数的增长速度，在2011年将有望跃居全球第6位。中国经济的迅猛增长，以及沿海大城市以外的地区对医疗手段需求的不断扩大，成为中国医药市场增长的主要驱动力。上海、北京、广州三大城市将占中国医药市场总规模的21%。相比之下，中国二级城市的市场增速将更为显著，很多城市的市场规模将达到前5年的2倍。

流通领域企业除了面临来自各方面的竞争压力之外，还面临包括药品招标采购、药品零售限价、GSP认证加快等压力。加上我国医药分家改革艰难（医院占有药品消费的80%，导致医院获取垄断收益，国家财政预算暂难弥补医药分家后医院的收入缺口，再加上相关利益既得者并无动力推动改革），因此在“十一五”时期，流通领域增收不增利的局面将继续。随着社会专业化分工的深入，医药企业将出现药品研制开发生产和市场流通零售的分工，以总经销、总代理为特征的营销方式将逐步取代目前单独企业的营销队伍和销售网络。

第五章
我国生物技术及产业区域布局特点

生物技术是解决人类社会发展面临的健康、食物、资源、环境等重大问题最具潜力的技术之一。我国目前面临着巨大的人口资源与环境压力，因此，大力发展生物产业对我国建设环境友好型和资源节约型的两型社会具有战略性意义。

我国在发展生物产业方面具有独特优势。一方面，我国是世界生物物种最为丰富的国家之一，生物资源十分丰富；另一方面，我国人口众多，随着经济社会的发展，对医疗保健等生物产品的需求将迅速增加，拥有巨大的市场潜力。

目前，我国生物产业具备了加快发展的有利条件，正以每年20%以上的速度增长。2025年以后，生物产业发展将进入成熟阶段，并有望成为世界经济的主导产业或战略性支柱产业，人类将迎来继信息时代后的另一个经济时代——生物经济时代的到来。

近年来，我国加快了生物产业发展，阶段性成果显著，“朝阳产业”正显现出前所未有的机遇。

在政策环境方面，党的“十六大”以后，党中央、国务院高度重视生物产业的发展。特别是2005年通过的《中共中央关于制定国民经济和社会发展第十一个五年规划的建议》提出要“大力发展生物产业”。2006年第十届全国人大第四次会议批准的《国民经济和社会发展第十一个五年规划纲要》，将“培育生物产业”作为专门一节明确了发展方向和重点任务。2006年召开的全国科技大会进一步强调“要将生物产业作为高技术领域迎头赶上的战略重点”。2007年年初国务院召开专题会议，研究生物产业发展问题，提出要将生物产业培育成为高技术产业的支柱产业和国民经济的主导产业，同年4月国务院转发国家发改委同十八个部门编制了《生物产业发展“十一五”规划》。同时，按照国务院要求，由国家相关部门共同起

草的《促进生物产业发展的若干政策》也已接近尾声。上述规划和政策的逐步落实，为我国生物产业创造了良好的发展环境。

在项目扶持方面，自2000年以来，为推进生物技术产业化，提高生物产业自主创新能力，国家发改委重点组织实施了生物医药、生物育种、生物医学工程、生物能源、生物基材料等领域700多项生物高技术产业化项目。在国家16个科技重大专项中，重大新药创制、转基因农作物新品种、重大传染病防治3个专项的实施，将对中国生物产业发展起到重要促进作用。

在产业基地建设方面，2005年以来国家发改委共认定了22个国家生物产业基地，大力支持基地公共服务体系的条件建设，增强基地集聚能力，促进产业集聚，推动产业与区域经济发展相结合。

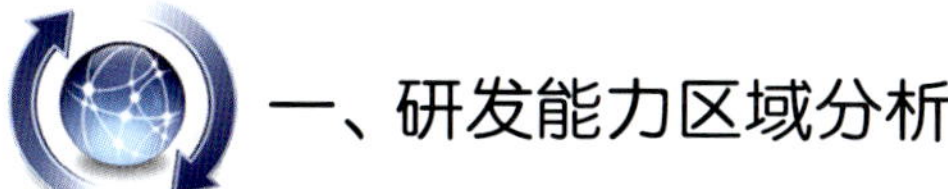

一、研发能力区域分析

中国在基因组和功能基因组、蛋白质组、干细胞和组织工程、生物信息、生物药物、农作物育种等前沿领域迅速接近国际先进水平，取得了一批具有国际领先水平的原始创新成果，申请发明专利5182件，申请国际专利456件，申请新品种保护权1227个，获得新药证书45个。中国已成为国际生命科学和生物技术领域里一支举足轻重的力量。“十五”期间，中国生物领域的科学家分别在 *Nature*、*Science*、*Cell* 等国际顶级学术刊物上发表论文30余篇。特别是中国科学家打破了连续20多年未在 *Cell* 杂志上发表论文的尴尬沉默，仅在2005年一年就连续发表了5篇论文。

（一）近年来我国生物领域科学家发表国际论文情况

以SCI数据库统计，1998～2008年（截至2008年8月）我国科技人员共发表论文57.35万篇，排在世界第5位；论文共被引用265万次，排在世界第10位，比上一年度统计时提升了3位。平均每篇论文被引用4.6次，与世界平均值9.56还有差距。1998～2008年发表科技论文累计超过20万篇以上的国家共有14个，按平均每篇论文被引用次数排序，我国排在第12位。每篇论文被引用次数大于10次的国家有8个。

我国科技人员作为第一作者于2002～2006年发表的SCI论文在2007年被引用论文数量增加到78 852篇（2001～2005年发表论文在2006年被引64 186篇），被引用次数由 171 198 次增加到 216 057 次，增长率分别为 22.4% 和 26.2%。1998 ~ 2007 年我国科技人员作为第一作者发表的国际论文中，有 61.5% 的论文在 10 年间被引用了至少 1 次，其中累计被引用次数超过 100 次的有 439 篇论文（表 3-14）。

表 3-14　1998 ~ 2008 年发表科技论文数 20 万篇以上的国家论文被引用情况

国家	平均每篇论文被引用次数	论文篇数	被引用	
			次数	世界排位
美国	14.28	2 959 661	42 269 694	1
荷兰	13.59	231 682	3 148 005	8
英国	12.92	678 686	8 768 475	3
加拿大	11.68	414 248	4 837 825	6
德国	11.47	766 146	8 787 460	2
法国	10.82	548 279	5 933 187	5
澳大利亚	10.42	267 134	2 784 738	9
意大利	10.25	394 428	4 044 512	7
日本	9.04	796 807	7 201 664	4
西班牙	8.91	292 146	2 602 330	11
韩国	5.76	218 077	1 256 724	17
中国	4.61	573 486	2 646 085	10
印度	4.59	237 364	1 088 425	20
俄罗斯	4.10	276 801	1 135 496	19

EI 数据库 2007 年收录期刊论文总数较 2006 年下降了 10%，其中美国论文总数下降了 24.7%。中国论文为 7.82 万篇，占世界论文总数的 19.6%，第一次超过美国，排在世界第 1 位。其中中国内地机构产生的论文为 7.6 万篇，比 2006 年增长了 16.2%，占世界总数的份额为 18.6%，较上一年度提高了 4 个百分点，以此数据排名，也排在世界第 1 位（图 3-11）。

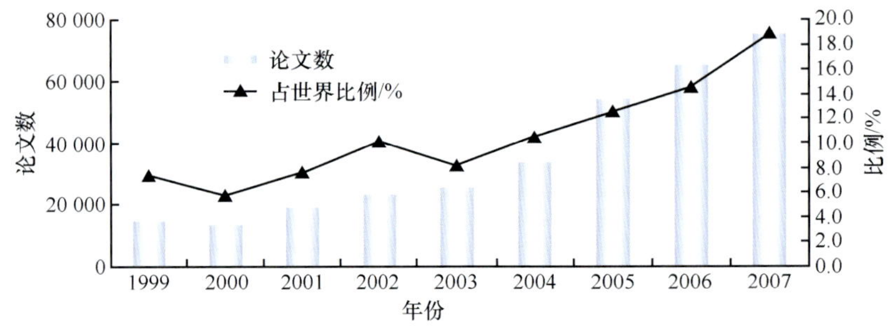

图 3-11　EI 收录中国内地科技论文占世界论文总数比例的变化趋势

ISTP数据库2007年收录世界重要会议论文数量比2006年增加了13.7%。2007年共收录了中国作者论文45 331篇，占世界的10.1%，排在世界第2位。其中来自中国内地的论文43 131篇，比2006年增长了21.0%，占全世界总数的9.6%，比2006年增长了0.6个百分点。我国的国际会议论文增长量大于世界平均水平（图3-12）。

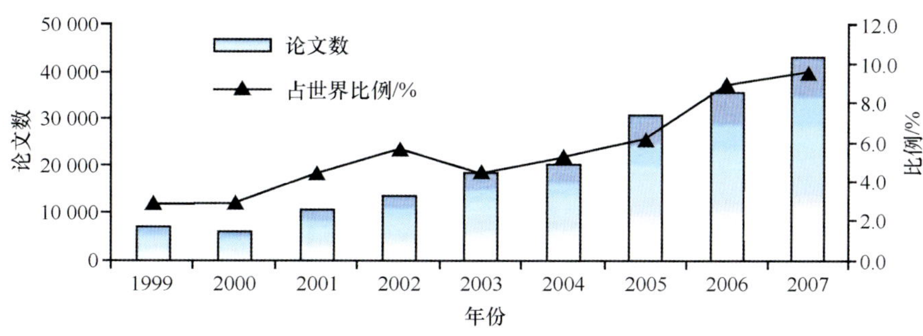

图3-12 ISTP收录中国内地科技论文占世界论文总数比例的变化趋势

2007年MEDLINE收录中国论文33 145篇，比2006年增加了2027篇，增长6.5%。

2007年SSCI数据库收录世界论文数为16.66万篇，比2006年增长了1.1%。中国论文为2478篇，其中中国内地机构为第一署名单位的论文为790篇，占总数的31.9%，比2006年增加293篇，比例增加6.6个百分点，数量和所占比例都比上一年有增加。按收录数排序，我国位居世界第10位，居我国之前的国家为美国、英国、加拿大、德国、澳大利亚、荷兰、法国、西班牙和意大利。

（二）论文发表情况的机构类型分布

2007年国际论文作者单位的机构类型分布见表3-15和图3-13。

表3-15 2007年国际论文作者单位的机构类型分布

机构类型	论文数	所占比例/%
高等院校	166 314	84.58
研究机构	27 290	13.88
公司企业	1 667	0.85
医疗机构	916	0.47
其他机构	442	0.22

注：医疗机构论文数不包含高等院校所附属的医院的数据。

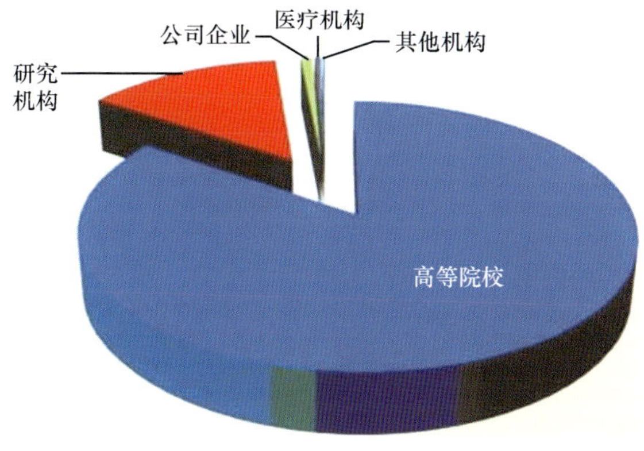

图3-13 2007年国际论文作者单位的机构类型分布

（三）论文发表情况的区域分布

论文发展情况的区域分布见表 3-16 ~ 表 3-19。

表 3-16　国际论文数最多的十个省份

排序	省份	论文数
1	北京	41 162
2	上海	19 928
3	江苏	15 659
4	湖北	11 994
5	浙江	11 016
6	辽宁	10 318
7	陕西	10 056
8	广东	8 363
9	山东	8 216
10	四川	7 682

表 3-17　国际论文数增长较快的省份

省份	2005 年	2006 年	2007 年	年均增长/%
西藏	2	2	7	87. 1
江西	580	875	1 183	42. 8
海南	54	75	102	37. 4
河南	1 517	1 962	2 766	35. 0
广西	525	672	887	30. 0
湖南	4 465	6 231	7 427	29. 0
贵州	241	275	397	28. 3
内蒙古	208	213	313	22. 7
辽宁	6 892	8 483	10 318	22. 4
黑龙江	5 129	6 424	7 664	22. 2

表 3-18　国际被引用篇数最多的十个省份

省份	被引用篇数	被引用次数
北京	19 866	58 342
上海	10 781	31 534
江苏	6 267	17 464
浙江	4 443	10 747
湖北	4 274	11 062
安徽	3 822	11 348
辽宁	3 621	10 450
吉林	3 388	10 756
广东	3 157	9 059
山东	3 094	7 167

表 3-19　国际被引用篇数和引用次数增长较快的省份

省份	2005 年		2006 年		2007 年		年均增长/%
	篇数	引用次数	篇数	引用次数	篇数	引用次数	
西藏	3	5	4	12	15	30	123. 6
宁夏	5	14	9	17	24	51	119. 1
青海	21	37	33	59	100	265	118. 2
海南	8	12	6	8	31	65	96. 9
贵州	70	143	117	260	223	474	78. 5
广西	78	130	141	272	216	476	66. 4
辽宁	1 331	3 327	2 000	5 031	3 621	10 450	64. 9
黑龙江	486	990	683	1 371	1 037	2 349	46. 1
四川	1 024	2 216	1 463	3 300	2 168	5 447	45. 5
新疆	71	152	90	187	141	325	40. 9

（四）主要结论

1. 地区差异十分明显，东部优势突出

从承担国家“863”计划课题的情况看，北京占据了46%的课题总数和47%的经费总数，上海占据了19%的课题总数和22%的经费总数，这两个地区优势十分明显，属于第一梯队。湖北、广东、江苏、四川属于第二梯队，其他地区属于第三梯队。

从发表论文情况看，北京地区的优势十分明显，其次是上海、广东、江苏、浙江等东部地区。西部地区只有云南和陕西有较强优势。

2. 研究以学校和研究院所为主，企业力量明显不足

从论文发表情况看，高校和研究机构占据了绝大部分，而企业发表的论文所占比例很少。

二、产业布局特点分析

生命科学和生物技术经过半个多世纪的发展，生物医药、生物农业、生物能源、生物制造、生物环保和生物服务等新型产业形态初步形成，生物技术产品已悄然进入我们的经济和社会生活，日益深刻地影响着我们的生产和生活方式。

其中最具现代生物技术特色的生物制药、生物医学工程、生物医药研发外包服务等领域增长迅速，成为生物医药产业中最具发展潜力的领域。2006年，生物制药同比增长21.7%；医疗设备及器械制造业同比增长27.4%。2007年以来，生物制药、医疗器械继续保持高速发展态势。2009年1~8月，生物制药实现总产值558.04亿元，同比增长21.86%；医疗设备及器械制造业实现总产值579.56亿元，同比增长18.24%。特别值得关注的是，近年来随着跨国制药企业研发外包的加快，我国生物医药外包服务业迅速发展。以上海为例，2006年上海生物医药研发外包企业从29家快速增加到42家，产业规模快速增长。

改革开放以来，我国生物医药产业一直保持较快的增长速度，1978~2005年，医药工业产值年均递增16.1%。2000年以来，我国生物医药产业进入快速发展阶段，2000~2008年全国医药工业产品销售收入年均增长达20.45%。2006年生物医药制造业完成工业增加值1872亿元，同比增长14.6%；实现销售收入4999亿元，同比增长17.2%；实现出口（以出口交货值计）658.7亿元，同比增长26.3%。2007年1~7月，生物医药制造业累计实现总产值3424亿元，同比增长23.4%，比全部高技术产业增速高出4.6个百分点，比电子及

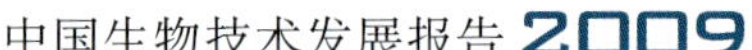

通信设备制造业、计算机及办公设备制造业分别高出 8.1 和 2.8 个百分点。2008 年生物医药产业抗风险能力表现突出，继续保持高速发展态势，全年实现产值 8666 亿元，同比增长 25.52%，增速与 2007 年基本持平。

（一）产业能力区域性比较

作为新的科技革命和产业革命的一个重要方面，生物技术及其产业发展在许多国家，特别是发达国家已经成为研究开发和参与国际科技竞争的重点，成为新的区域经济增长点和重要的支柱产业。伴随着全球生物技术蓬勃发展的趋势，面对经济科技全球化，面对不同区域经济中社会发展、生态建设和环境保护等方面出现的许多新问题和新需求，只有通过区域科技创新才能引领、支撑和促进区域经济社会快速和可持续发展。

在各有关部门的大力支持和共同努力下，极大地推动了生物医药、生物农业、生物能源、生物制造、生物环保、生物技术服务等领域重点关键技术和共性技术的产业化，使产业集聚度进一步提高，全国生物产业正在逐步形成长江三角洲地区、珠江三角洲地区和京津冀地区三个综合性生物产业基地，以及东北地区、中西部地区若干专业性生物产业基地的总体格局。目前，我国生物产业已经具有了一定的产业规模。经过几年来国家的大力扶持和市场的日益成熟，以企业为主体、产学研结合的创新体系建设日趋完善。

国家发改委重点支持了一批工程研究中心、国家级企业技术中心创新能力项目建设和一批重要高技术成果产业化项目建设，生物芯片北京国家工程研究中心通过了国家竣工验收，干细胞、组织工程、蛋白质药物、手性药物、新型疫苗、中药复方新药等一批国家工程研究中心正在建设。重大疾病防治技术研发取得重要突破，建成了一批生物医药高技术产业化示范工程。

一批产业特色鲜明、集聚度较高、产业链条比较完善的生物产业集聚地初具规模，北京、上海、河北、吉林、广州、深圳、四川、重庆等国家生物产业基地中，创新型生物医药企业迅速增加，产业规模迅速扩大。目前，北京中关村生命科学园已有 40 多家研究机构和企业入园。北京亦庄医药园聚集了 80 多家医药企业，2006 年产业规模占全市生物产业的 30% 左右。上海张江高科技园区聚集了葛兰素、强生、施贵宝、罗氏、扬子江、天士力等数十家国内外著名生物医药企业。深圳初步形成了高档医疗设备、生物制药、现代中药、检测仪器和诊断试剂 5 大产业链。广州科学城聚集了 115 家生物企业和一批国家级

生物科研机构，初步形成了从生物技术研究、中试到产业化的产业链条。

（二）产业的地域性特色

生物产业主要包括生物农业、生物医药、生物能源、生物制造、生物环保等新兴产业领域。我国生物产业起步于20世纪80年代初期，经过20多年的发展，已经取得了阶段性成果，总体上在发展中国家中处于领先水平，局部领域居世界先进水平。

在生物农业领域，我国当前处于发展中国家领先水平。国家发改委产业经济与产业技术研究所所长王昌林研究员介绍，近年来我国以超级杂交稻、转基因棉花等为代表的农业生物技术取得了重大进展，生物农业产业经济总体运行呈现出稳定增长的态势。2004年，我国培育出的一批转基因抗虫棉新品种获得了自主知识产权，居于国际领先地位。2006年，南京农业大学水稻研究所研发的水稻新品种“协优107”创造了1287kg的水稻亩产新纪录。

在生物医药领域，我国也取得重要进展，加快了国际化的步伐。国家发改委副主任王金祥在第二届中国生物产业大会高层论坛上介绍，2007年全国生物医药行业实现工业总产值6340亿元，比上年增加25.5%。2007年以来，阿斯利康公司、葛兰素史克公司、罗氏公司等国际生物医药巨头纷纷在中国设立研发中心或地区总部，上海、北京等地区生物医药外包业增长迅速。同时，我国生物企业积极推进国际化战略，化学药品制造、医疗器械出口保持高速增长。

此外，生物制造、生物能源等新兴产业在我国逐步成型。目前，我国已经建成了5000t规模的聚乳酸生产工厂，2000t规模的聚羟基烷酸脂厂正在扩建，中粮集团等一些大公司投资建设的生物基材料项目陆续投产。生物能源新品种的培育和生物柴油技术方面也取得了重大突破。

北京和上海地区是我国生物技术研发和创新能力最强的地区，多年来，国家发改委、科技部等有关部门在北京和上海组建了人类基因组中心、生物芯片工程中心、组织工程中心、药物筛选中心等一批国家级的生物技术研发平台基地，上述两地集中了我国最优秀的科研人才，承担的国家级生物技术研发课题超过了总数的一半以上。目前，我国生物产业，特别是高水平、高技术含量的产业和产品，主要的技术来源和技术依托均来自北京和上海。

以深圳为代表，包括广州和珠海在内的珠江三角洲地区是我国对外开放最早，市场经济发展最为成熟的地区。国家“863”计划最早的生物医药产业化基地——深圳科兴公司是我国第一个实现基

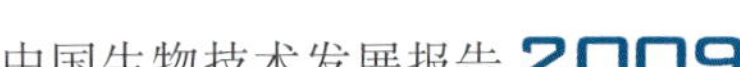

因工程药物产业化的企业，以此为代表，有一大批不同地区研发和国外引进的技术和产品均在深圳、珠海等地实现了产业化，因此，珠江三角洲地区是我国生物产业，特别是中小型生物技术企业发展最活跃、最成熟的地区。

陕西杨陵是我国农业生物技术及产业最为活跃的核心地区，我国第一头克隆羊即诞生于此地。经过多年的发展，目前杨陵地区已经形成了以生物工程、环保农资、绿色食（药）品为特色的产业格局，畜禽基因工程疫苗、家畜良种繁育、植物工厂化育苗等方面的产业在全国具有较大的影响。杨陵地区的农业生物技术及产业积极向周边地区辐射，对我国西北地区乃至全国的农业发展发挥了重要的带动作用。

西南地区是我国生物资源最为丰富的地区，云南占全国4%的国土面积却拥有全国50%以上的物种资源，因此在西南地区发生生物资源产业的潜力十分巨大。当前，这些地区结合自身特点，积极培育以生物资源的开发为基础的生物产业，如绿色和保健食品产业、天然药物产业、花卉产业等。并积极利用现代生物技术进行生物资源的深度开发，发展新型药物和药物原料、新型酶制剂和工业原料、新型微生物制剂等产品和产业。

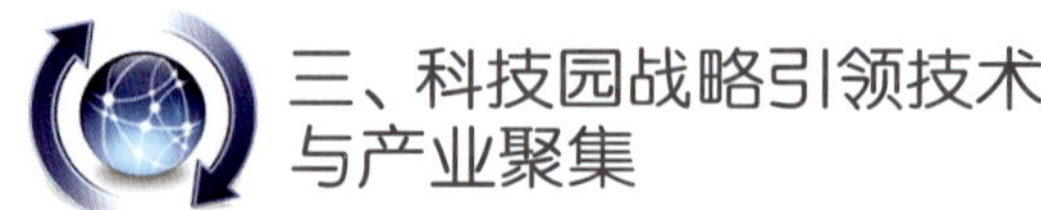

三、科技园战略引领技术与产业聚集

高科技园区是一种以智力密集为依托，以开发高技术和开拓新产业为目标的综合性基地。通过促进科研、教育与生产相结合等方式，为知识创新主体的知识创新活动创造良好的环境，以此推动科学技术与经济社会协调发展。

国际现代化生物及医药技术产业的发展和布局大多采取空间集群（cluster）的方式进行，生物产业园区是生物技术和医药产业开发的聚集地，也是其发展的主要促进者和推动者之一。我国生物与医药产业园区是20世纪80年代初伴随开发区的发展而逐步发展起来的，目前我国各省市涉及生物与医药产业的园区包括高新技术开发区、科技园、产业园和示范基地等，入驻的企业覆盖化药、中药、发酵工业、生物制药、农业生物技术、生物芯片、干细胞研究等几乎所有生物技术领域。同时，全国形成了一些专门致力于生物与医药产业的独立园区，园区内全部是从事生物技术或医药领域研究开发、生产销售的企业。

（一）经济技术开发区

1981年，经国务院批准在沿海开放城

市建立经济技术开发区，是中国对外开放地区的组成部分。在开放城市划定的一块较小的区域，集中力量建设完善的基础设施，创建符合国际水准的投资环境。通过吸收利用外资，形成以高新技术产业为主的现代工业结构，成为所在城市及周围地区发展对外经济贸易的重点区域。到目前为止，经国务院批准的经济技术开发区54个（表3-20）。

表3-20　国家级经济技术开发区名单

序号	名称	批准时间	序号	名称	批准时间
1995年前批准的及东部沿海国家级经济技术开发区（33家）					
其中东部沿海27家					
1	大连经济技术开发区	1984.09	15	温州经济技术开发区	1992.03
2	秦皇岛经济技术开发区	1984.10	16	昆山经济技术开发区	1992.08
3	烟台经济技术开发区	1984.10	17	营口经济技术开发区	1992.10
4	青岛经济技术开发区	1984.10	18	威海经济技术开发区	1992.10
5	宁波经济技术开发区	1984.10	19	福清融桥经济技术开发区	1992.10
6	湛江经济技术开发区	1984.11	20	东山经济技术开发区	1993.04
7	天津经济技术开发区	1984.12	21	沈阳经济技术开发区	1993.04
8	连云港经济技术开发区	1984.12	22	杭州经济技术开发区	1993.04
9	南通经济技术开发区	1984.12	23	萧山经济技术开发区	1993.05
10	广州经济技术开发区	1984.12	24	南沙经济技术开发区	1993.05
11	福州经济技术开发区	1985.01	25	惠州大亚湾经济技术开发区	1993.05
12	闵行经济技术开发区	1986.08	26	北京经济技术开发区	1994.08
13	虹桥经济技术开发区	1986.08	27	南京经济技术开发区（新批）	2002.03
14	漕河经济技术开发区	1988.08			
其中中西部6家					
28	武汉经济技术开发区	1993.04	31	哈尔滨经济技术开发区	1993.04
29	芜湖经济技术开发区	1993.04	32	重庆经济技术开发区	1993.04
30	长春经济技术开发区	1993.04	33	乌鲁木齐经济技术开发区	1994.08
新批准的国家经济技术开发区（16家）					
1	合肥经济技术开发区	2000.02	9	南昌经济技术开发区	2000.04
2	郑州经济技术开发区	2000.02	10	西宁经济技术开发区	2000.07
3	成都经济技术开发区	2000.02	11	呼和浩特经济技术开发区	2000.07
4	长沙经济技术开发区	2000.02	12	南宁经济技术开发区	2001.05
5	西安经济技术开发区	2000.02	13	太原经济技术开发区	2001.06
6	昆明经济技术开发区	2000.02	14	银川经济技术开发区	2001.07
7	贵阳经济技术开发区	2000.02	15	拉萨经济技术开发区	2001.09
8	石河子经济技术开发区	2000.04	16	兰州经济技术开发区	2002.03

续表

序号	名称	批准时间	序号	名称	批准时间
享受国家级经济技术开发区政策的区域（5家）					
1	厦门海沧台商投资区	1989.05	4	宁波大榭开发区	1993.03
2	上海金桥出口加工区	1990	5	苏州工业开发区	1994.02
3	海南洋浦经济开发区	1992.03			

（二）高新科技园区

1998年8月，中国国家高新技术产业化发展计划——火炬计划开始实施，创办高新技术产业开发区和高新技术创业服务中心被明确列入火炬计划的重要内容。在火炬计划的推动下，各地纷纷结合当地特点和条件，积极创办高新技术产业开发区。1991年以来，国务院先后共批准建立了54个国家高新技术产业开发区。建区以来，中国高新技术产业开发区得到了超常规的发展，取得了举世瞩目的成就，探索出一条具有中国特色的发展高新技术产业的道路。国家高新区在“八五”和“九五”两个五年计划期间，始终保持了高速度发展的态势。特别值得指出的是，2006年，国家高新区实现技工贸总收入4.3万亿元；工业增加值85 202亿元；生产总值（GDP）12 048亿元，占全国国内生产总值5.8%；研发费用投入1054亿元，占全国研发费用支出的1/3以上；从业人员573万人，其中大专以上学历者占40%，并成为全国吸引留学归国人员最多的地方。这些数据表明，国家高新区已经成为我国实施自主创新战略的重要力量和最具创新活力的载体。

随着生物技术产业的不断成熟与壮大，我国在原有高新技术产业开发区建设的基础上，近年来出现了建设生物产业园区的热潮，国家级高新技术产业开发区也都将生物技术产业作为其中需要加速发展的高新技术产业之一。2003年对北京、上海、吉林等16省市的51个园区进行的一项调查显示，生物产业园区的平均投资规模超过4亿元，年产值约10亿元，利税超过1.6亿元，园区从业人员超过13万人，平均每个园区2500多人。园区内共有生物技术企业1563家，平均每个园区超过30家，总量占到各省市生物技术企业的70%，说明我国生物技术企业大多数都分布于资金和技术比较集中的园区内。十几年来，国家高新区在生物科技研发投入、经济贡献、人才聚集等方面取得了巨大的成绩（表3-21）。

表 3-21 54 家高新技术产业开发区清单

中关村科技园区	张江高科技园区	广州高新技术产业开发区
深圳市高新技术产业园区	西安高新技术产业开发区	哈尔滨高新技术产业开发区
桂林高新技术产业开发区	珠海高新技术产业开发区	厦门火炬高技术产业开发区
成都高新技术产业开发区	重庆高新技术产业开发区	绵阳高新技术产业开发区
昆明高新技术产业开发区	株洲高新技术产业开发区	长沙高新技术产业开发区
乌鲁木齐高新技术产业开发区	包头高新技术产业开发区	大庆高新技术产业开发区
吉林高新技术产业开发区	长春高新技术产业开发区	沈阳高新技术产业开发区
鞍山高新技术产业开发区	大连高新技术产业开发区	天津高新技术产业开发区
石家庄高新技术产业开发区	保定高新技术产业开发区	太原高新技术产业开发区
济南高新技术产业开发区	威海高新技术产业开发区	潍坊高新技术产业开发区
淄博高新技术产业开发区	青岛高科技工业园	郑州高新技术产业开发区
洛阳高新技术产业开发区	杨凌农业高新技术产业区	宝鸡高新技术产业开发区
武汉东湖高新科技园	襄樊高新技术产业开发区	合肥高新技术产业开发区
南京高新技术产业开发区	苏州新区	无锡新区
常州高新技术产业开发区	杭州高新技术产业开发区	南昌高新技术产业开发区
福州市科技园区	佛山高新技术产业开发区	中山火炬高新技术产业开发区
海口高新技术产业开发区	贵阳高新技术产业开发区	南宁高新技术产业开发区
惠州仲恺高新技术产业开发区	兰州高新技术产业开发区	宁波高新技术产业开发区

（三）生物产业基地建设

2007 年 5 月，国家发改委正式出台《生物产业发展“十一五”规划》，指出，我国将在“十一五”期间形成 10 个销售收入超过 100 亿元的大型生物企业。同时，重点推进京津冀、长江三角洲、珠江三角洲地区的综合性生物产业基地建设，形成 8 个产值过 500 亿的大型生物产业示范性基地。此外，到 2010 年，生物产业增加值达到 5000 亿元以上，约占当年 GDP 的 2%，同时，生物产业出口额显著增加。为促进生物产业的集聚和跨越式发展，国家发改委在全国布点建设若干个国家生物产业基地。截止到 2008 年 6 月，正式批准石家庄、长春、深圳、北京、上海、广州、长沙、武汉、重庆、成都、昆明、西安、天津、青岛、泰州、通化、德州、郑州、哈尔滨、杭州、南宁和南昌 22 个国家生物产业基地。

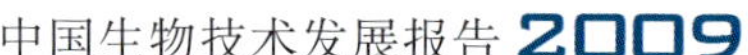

（四）火炬计划特色产业基地（生物领域）

火炬计划特色产业基地创建于1995年，现已发展壮大到157家，初步形成了以某一领域产品为主的产业发展模式，有效地促进了产业集群和区域经济的发展，已经得到了各个省市地方政府的高度重视和支持。随着国家对生物产业的重视，国家科技部火炬计划纷纷依托自身的优势，建立了二十几个富有特色的生物产业基地（表3-22）。这些分布在全国不同地域的生物产业基地，相互烘托、互为呼应，使我国生物产业呈现出繁荣发展的喜人局面。截至目前，238个火炬计划特色产业基地（以下简称特色产业基地）的发展已经初具规模，目前这238个特色产业基地分布在全国25个省市，其覆盖面较广，数量分布呈放射状，大部分集中在经济发展较好的省份。在238个特色产业基地中，生物及新医药特色基地29个，占总量的12.2%。据2006年特色产业基地内26 563家企业统计，年末从业人员338.4万人，全年实现营业收入15 003.9亿元，工业总产值15 095.6亿元，工业增加值3305.6亿元，净利润938.6亿元，出口创汇347.2亿美元。

表3-22　国家火炬计划特色产业基地（生物领域）

濮阳生物化工产业基地	利民新医药产业基地	葛店生物技术与新医药产业基地
浏阳生物医药产业基地	通化生物医药产业基地	连云港新医药产业基地
吴中医药产业基地	济宁生物技术产业基地	南京市浦口生物医药产业基地
泰州医药产业基地	启东生物医药产业基地	大连双D港生物医药产业基地
本溪中药科技产业基地	呼和浩特医药产业基地	常州市新北区“三药”科技产业基地
禹城生物技术产业基地	淄博生物医药产业基地	济南生物工程与新医药产业基地
兰溪天然药物产业基地	新昌医药产业基地	西安高新区生物医药产业基地
敦化中药产业基地	哈尔滨抗生素产业基地	上海南汇医疗器械产业基地

（五）大学科技园

1999年10月，国家科技部、教育部决定把建设大学科技园区作为加速高新技术产业发展、深化科技体制改革的重要措施纳入火炬计划，要求各级政府和高等院校共同推进，并决定在全国范围内建立大学科技园区。这一重大战略举措对加速高校科技成果孵化、促进地区产业结构优化升级具有重要意义。2009年科技部和教育部联合认定了大庆石油学院等7家为国家大学科技园，至今已有36家国家大学科技园（表3-23）。

表 3-23　国家大学科技园清单

清华大学国家大学科技园	北京大学国家大学科技园	天津大学国家大学科技园
东北大学国家大学科技园	复旦大学国家大学科技园	上海交通大学国家大学科技园
哈尔滨工业大学国家大学科技园	东南大学国家大学科技园	浙江大学国家大学科技园
南京－鼓楼高校国家大学科技园	东南大学国家大学科技园	山东大学国家大学科技园
东湖高新区大学国家大学科技园	岳麓山大学国家大学科技园	华南理工大学国家大学科技园
四川省大学国家大学科技园	电子科技大学国家大学科技园	重庆大学国家大学科技园
云南省大学国家大学科技园	西安交通大学国家大学科技园	西北工业大学国家大学科技园
西北农林科技大学科技园	中国人民大学国家大学科技园	山西中北大学国家大学科技园
哈尔滨理工大学国家大学科技园	上海财经大学国家大学科技园	上海电力学院国家大学科技园
南京工业大学国家大学科技园	常州市国家大学科技园	大庆石油学院国家大学科技园
苏州大学国家大学科技园	镇江国家大学科技园	华中科技大学国家大学科技园
昆明理工大学国家大学科技园	兰州理工大学国家大学科技园	宁波市国家大学科技园

4 国际篇

2008年是非常不平凡的一年，全球经历了三大危机的冲击。一是全球金融危机。发端于2007年的美国次贷危机转变为全球金融危机，并开始由发达国家向发展中国家，由虚拟经济向实体经济，由经济金融领域向政治社会领域扩散。经济衰退影响到科技发展和创新。二是全球能源危机。2008年第一个交易日，国际原油价格首次突破每桶100美元关口，开创了三位数油价的历史纪录。7月份油价一度达到147美元/桶。油价上涨大大提高了产品和服务的成本，更重要的是它给很多国家敲响了能源安全的警钟，使得世界各国纷纷寻求新的能源，生物能源再次成为热点。三是粮食危机。2008年亚欧和北美地区发生了极端天气事件，由此导致的自然灾害使得粮食产量锐减，世界粮食价格暴涨，使粮食危机进一步加重。进一步利用生物技术提高粮食产量成为迫切任务。

这次全球金融危机给世界经济的发展造成了深远的影响，寻求科技创新，催生新的科技革命，已经成为世界各国不约而同的选择。历史发展表明，全球性经济危机往往催生重大科技创新和科技革命，这一关系可以通过最近的两次科技革命来说明。一是19世纪中期的世界经济危机引发了以“电”的应用为标志的科技革命；二是1929年发生的世界性经济危机催生的计算机时代的到来并引发了科技革命。在应对本次金融危机的过程中，美国、英国等世界主要发达国家都将战略重点转向了生物科技，生物科技及其孕育的科技革命是否会成为应对本次金融危机的重要突破口将拭目以待。

第一章 国际生物与医药科技及产业发展动向综述

2008年，世界各国在继续推进已有的科技创新政策的同时，出台了一系列新的科技创新政策，不断调整本国的科技优先发展领域，生物与医药科技及产业作为继信息科技与产业之后的又一个新兴科技创新和经济增长点，受到各国尤其是发达国家的持续高度重视。纵观世界各国，尤其是生物技术产业化发展较快的美国、英国和日本，政府都把生物技术作为本国优先发展的领域，采取积极措施，大力推进生物技术产业化的发展。

一、美国

美国一直把生物技术作为基础性和战略性产业加以支持，是现代生物技术产业的发轫地和领导者。继信息技术产业之后，美国再次在生物技术产业发展中独占鳌头，研发水平和产业规模均居世界第一。2005年仅联邦资金的投入就达300亿美元，约为欧洲国家投入的10倍，日本的20倍；根据安永2009年全球生物技术统计数据显示，美国2008年毛收入达到661.2亿美元，占全球生物技术毛收入的73.8%。从就业、收益、上市公司数量和市值看，美国的生物技术产业都是欧洲的3倍左右。目前美国已拥有世界上最高的研究水平、最成熟的生物技术产业、最多的从业人员和最大的产业利润。

美国在生命科学基础研究和生物技术产业化领域的领先地位，与政府长期以来站在国家战略的高度，采取一系列促进生物技术及产业发展的举措是分不开的。主要包括以下几点：一是成立专门的政府领导机构。美国总统府、国会均设有专门的生物技术委员会，跟踪生物技术的发展，研究制订相应的财政预算、管理法规和税收政策。此外，美国食品与药品监督管理局（FDA）、环境保护局（EPA）、农业部

(USDA)、商务部（DOC）均参与美国生物技术产业的调控和管理。二是出台一系列战略政策，鼓励生物技术及产业的发展。2004年以来，美国联邦政府、部门和州政府分别颁布了“生物盾牌计划”、《关键路径计划纲要》、《人类胚胎干细胞研究指导方针》、《能源政策法案》等政策，通过政策法规的不断调整和更新，政府鼓励发明、创新和技术转让，实施税务优惠对生物技术及产业给予重点支持。三是不断加大研发投入。作为全球科技实力最强的国家，美国联邦政府的研发投入在世界上也是首屈一指的。在美国从事生物和医药技术科研管理的机构主要是生物技术工业组织（BIO）和国家卫生研究院（NIH）。NIH是美国联邦政府国家级医学研究机构，在医学、生命科学和相关领域内的研究起着重要的引领作用，2007年NIH的研发投入比2006年的284.6亿美元增加6.7亿美元，达到291.3亿美元，2008年美国进一步加大对医药领域的投入，NIH获得拨款达294.6亿美元。四是成立专门的行业组织。美国生物技术行业组织——生物技术工业组织一直致力于协调产业和政府之间的关系，推动政府制定有利于生物技术研究、开发和产业发展的政策。五是在政策、法律方面对生物技术及产业给予重点支持。如美国政府对FDA的规章进行了改革，放宽了对生物技术公司的限制，规定新建生物技术产品制造厂不再需要申请特别许可证，不再要求新药上市前对每批药物均需进行检验，新药申报表由原来的21种简化为1种；放宽了对农业生物技术产品的法令限制，简化了田间试验程序；放宽了转基因植物大田试验的管理条例，等等。为医药生物技术、农业生物技术产业化发展提供了宽松条件。四是促进合作研究开发。目前，美国在生物技术产业已形成了由联邦政府、州政府、企业、科研机构和大学构成的联合开发生产机制。

二、英国

英国生物技术产业居全球第二，仅次于美国。目前欧洲1/3的生物技术公司位于英国。2006年英国已有生物技术专业企业435家，直接从业人员近2.2万人，绝大多数是高技能的技术人员，年销售额30亿英镑，研发费用达10亿英镑。

英国政府对生物技术产业寄予厚望，认为是典型的知识经济，是英国的优势所在及英国产业的未来。早在1981年，英国政府就设立了“生物技术协调指导委员会”，负责领导全国生物技术的发展，采取措施促进工业界、大学和科研院所加大对

生物技术开发研究的投资。英国贸工部的目标是“对科学基础进行开发，改善发展生物技术所需要的所有条件，以提高英国生物技术的竞争力”。2000 年英国政府发布《生物技术制胜——2005 年的预备案和展望》战略报告，2005 年英国贸工部宣布，英国政府 2005 ~ 2008 年间的科学预算达到 100 亿英镑，其中 10 亿用于包括干细胞研究和以 DNA 为基础的医药在内的生物技术领域，以保持英国在国际生物技术界的优势地位。

英国生物和医药技术科研管理机构主要有英国贸工部下属的生物技术和生物科学研究理事会（BBSRC）和英国医学研究理事会（MRC）。这两个理事会 2007 ~ 2008 财年的经费投入占所有 7 个理事会总投入的 1/3。BBSRC 作为英国非医药类基础战略性生物研究项目的主要资助机构，2008 ~ 2009 财年 BBSRC 在生物科学领域的投资已达 4.65 亿英镑，比 2007 ~ 2008 年增加了 0.41 亿英镑，重点关注领域主要有嵌入式系统生物学、干细胞、衰老生物学、纳米生物技术、可再生生物能源、食品安全性研究等。MRC 是英国医药科技领域重要的资助与研究机构，2007 ~ 2008 财年投入 6.25 亿英镑支持医药科技的发展，比2006 ~ 2007 财年增加了 0.27 亿英镑。2008 ~ 2010 年，其重点资助的领域包括系统生物学、合成生物学、遗传学、结构生物学、医学成像、系统医学、衰老、干细胞、传染病、药物基因组学、动物模型、再生医学、纳米生物技术等。

三、德国

德国是欧洲第一经济大国，对科技一贯十分重视，生物科技及产业的发展也取得了引人瞩目的成绩。在联邦政府的引导下，德国在生物技术领域的投资逐年递增，已经超过每年 10 亿欧元。2007 年德国生物技术风险投资更高达 2.94 亿欧元，比 2006 年增加了 22%，1/3 的德国公司得到风险投资公司的资助。2007 年德国共有 496 家生物技术公司，生物技术及相关公司从业人数达 29 600 人，生物技术公司投入研发工作的经费达 10.5 亿欧元。

2008 年是德国实施高科技战略的第三年，生物科技是其高科技领域的重点方向，基因组、蛋白质组、结构生物学、生物信息学、纳米生物技术、神经生物技术、组织工程、营养和生物安全等是德国生命科学和生物技术的研发重点。为保持其在生物科技某些领域的领先地位，德国政府大幅增加了生物与医药领域的科技投入。2008 年生物与医药领域的科研投入为 9.58

亿欧元，增长率约为22%。此外，德国高度重视科技与经济的结合，高技术领域的确定都由经济界与科技界共同商定，2006年德国政府制定了“2021 生物产业计划”的发展规划，计划 2006 ~ 2011 年的 5 年中，投资1500 万欧元增强德国在工业生物技术方面的实力，巩固德国在工业生物技术领域的国际领先地位。“生物能源2021——关于生物质能的利用研究”就是“基础研究—能源 2020 +”研究计划的组成部分，旨在使现有的生物质利用技术更加优化，有效和持久地利用可支配的生物质原料。

四、日本

日本是经济高度发达的资本主义国家，其电子和半导体产业处于世界领先地位，受到各国的广泛关注，其产业发展政策成为众多国家效仿和学习的对象。最近这些年，世界生物技术产业迅猛发展，极大地推动了社会生产力的发展，引起了包括日本在内的众多国家的重视。生物技术产业涉及基础科学和应用科学两个方面，需要企业、高校、科研机构及政府部门之间的相互协调合作。日本前期没有对生物技术进行足够的重视，其生物技术产业的发展远远落后于美国和欧盟。日本为了使本国生物技术产业赶超美国和欧盟，20 世纪 90 年代中期以来，日本开展了以促进生物技术产业发展为核心的一系列变革，制定各种政策法规，并将生物技术产业上升到国家战略高度。

20 世纪 80 年代以来，日本政府充分认识到生物技术在未来经济中所具有的战略作用和自身在生物技术产业化方面所存在的差距，采取了一系列的政策措施奋起急追，这些政策措施主要包括以下几个方面。

（一）政策、计划引导

1988 年，日本提出以信息、生物技术等产业为主导的口号。1992 年的科学技术政策大纲、1993 年的产业科学技术研究开发制度、1996 年科学技术基本计划、1999 年的国家产业技术战略都把经济发展重点放在高新技术产业上。为实现这些目标，日本政府制定了几十个大型计划，其中生物技术领域包括脑科学研究计划、面向 21 世纪的先导性科学研究计划、生命科学研究开发基本计划、新纪元高技术开发计划等。在这些计划支持下，日本生物技术研究开发投入明显增加，1997 年，各省厅对生物技术研究开发投入达 2508 亿日元，大大高于高技术项目平均投入。2001 年 3 月日本政府发布了第二个科学技术基础计划，

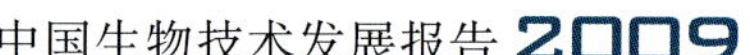

即“2001～2005年科学技术基础计划”，该计划的目标是使日本成为世界科学知识的最大贡献者，拥有更多的诺贝尔奖，并在企业、大学、科研机构及政府之间建立起强有力的联系机制，从而为未来产业的发展打下基础。

（二）政府对生物技术产业高度重视

早在1999年1月，日本就签署了一份新文件《开创生物技术产业的基本方针》。该文件提出和确立了把日本“生物技术产业立国”战略作为日本新的国家目标。为此，日本政府成立了以首相为首的“生物技术战略委员会”，并于2002年颁布了长达200多页的《生物技术战略大纲》，提出生物医药技术战略的总体目标是实现健康和长寿，在2010年癌症治愈率提高20%，开发新的药物和治疗方案，并预计2010年日本在生物技术相关产业的市场规模可达25兆日元。

（三）强大的财政支持

2002年日本有关生物技术的政府预算为4400亿日元，占政府科技预算的13%，不到美国生物技术政府预算的1/7。2006年政府科技预算大幅向生物技术倾斜，生物技术研究经费较2002年增加1倍，总金额约为8800亿日元，用于巩固日本生物技术基础和培养生物技术人才，重点开展靶向蛋白质研究、基因组网络研究、多功能干细胞、细胞生物体功能模拟、基因多态性、药物诊断、医疗设备、再生医学、个性化医疗、脑科学等领域的研究，力争使日本生物技术达到世界领先水平。

五、韩国

20世纪60年代以来，韩国在消费性电子产业和重工业取得成功。1992年韩国开始实施“国家生物科技研发计划”，此后，又实施了“Biotech2000”规划，通过该规划的实施，韩国政府对生物科技领域的研发经费投入达到43 000亿韩元（约合43亿美元），进一步提升了韩国的生物科技竞争力。21世纪以来，韩国全力发展生物科技，将其视为引领经济发展的新引擎，推动生物科技及产业的政策不断发生变化，政府、产业界和科技界均认为有必要设计新的生物科技政策，在“Biotech2000”规划的基础上，由韩国教育部、科技部牵头，联合其他6个政府部门，宣布了一项雄心勃勃的“Bio-Vision 2016”规划，指导和推动韩国生物科技发展。其目标是在2006～2016年的10年间，对生物科技投资总额达143亿美元，生物产业市场份额将达600亿

美元，截至2016年，将韩国发展成为世界生物科技七强之一。

六、印度

印度是当前经济增长速度最快的国家之一，也是第三世界国家中的科技大国，计算机制造、软件设计、导弹设计开发等方面在世界高新技术领域占有重要地位，为世界第二大软件出口国、第四大药物生产国。印度政府始终把生物技术产业作为颇具成长潜力的新兴产业重点扶持，并希望借助信息技术方面的领先优势，大力发展生物产业，以推动经济可持续发展。

2005年印度共有800多家生物技术公司，从业人员2.5万人，总产值652.1亿卢比（1美元约合40.44卢比），生物医药是印度最主要的生物技术产业领域，2006年生物医药销售额达597.3亿卢比，占整个生物技术产业产值的70%。据McKinsey研究所的《2010年印度药物产业展望》预测，2010年印度生物技术产业总产值有望增至45亿美元，印度同时拥有2.3亿美元的疫苗市场，并将以年20%的增幅不断发展。

印度政府始终非常重视生物科技的发展，早在1986年就在科学技术部内设立了印度生物技术部（DBT），具体负责国家生物技术的行政决策和业务管理，包括制订和实施生物技术政策法规、行业标准，推动生物技术的研究开发、产业发展以及国际合作等。2007年11月，印度政府正式公布了《国家生物技术发展战略》，明确提出了进一步加速生物科技及产业发展的措施。根据印度《国家生物技术发展战略》，到2012年，印度生物技术产值要达到70亿美元。为实现这一目标，未来5年内印度生物技术投入将增加约3.5倍，从2002～2007年的145亿卢比提高到2007～2012年的650亿卢比。在1997～2002年的第九个五年计划期间，印度在生物技术领域的投入约为62.1亿卢比。

第二章 全球生物与医药科技及产业发展热点领域及分析

一、干细胞（细胞重新编程技术）

1998 年 11 月，威斯康星州的科学家们宣布他们培育出了人体胚胎干细胞，这种细胞有潜力在体内发育成任何细胞类型。胚胎干细胞的这种多能性为发育生物学和医学研究提供了很多可能的应用，但也带来一些问题。因为提取干细胞通常会毁坏胚胎，因此这项研究引发了生物伦理的激烈讨论。包括美国在内的很多国家都颁布了政治决策限制科学家对人体胚胎干细胞的研究。2006 年，日本研究人员报告说他们发现了一个能避开人体胚胎干细胞实际与伦理问题的可能方法。他们将 4 个基因导入在培养皿中生长的小鼠尾部细胞，得到了外表和作用与胚胎干细胞极其相似的新细胞。他们把这些新细胞称作诱导多能干细胞（iPS）。这个日本研究小组和两个美国研究小组把细胞重编程技术应用到了人体细胞上，这一成果为生物技术的新研究打开了大门。然而，这一领域的研究也曾严重受挫。2007 年，韩国科学家虚假地宣称，他们用体细胞核转移技术、从各种疾病（如 I 型糖尿病、脊髓损伤和先天性免疫缺陷症）患者身上造出了新的干细胞。体细胞核转移技术曾被用来克隆多利羊。这个造假事件使该领域遭到了严重挫折，那时候看来，为患者量身定做干细胞似乎遥不可及。

但是在 2008 年，干细胞领域的研究取得了里程碑式的进展。科学家们用基因技术彻底消除细胞的发育“记忆”，使其回到原始胚胎状态，然后重新生长成不同的细胞，这就是细胞重编程（reprogramming cell）。此外，研究人员在细胞重编程方面取得了又一个重大的进展。在用活鼠做的一项的研究中，他们让细胞直接从一种成熟细胞变成另一种，打破了细胞单向发育

的规则。调整细胞使其具有新身份的上述进展和其他一些进展，把细胞重编程这个现在蓬勃发展的领域推到了 *Science* 杂志评选的2008年十大科学进展之首。

细胞重编程这项技术的应用前景很广，尤其在对待那些很难研究的疾病上。通过这项技术，研究干细胞的生物学家解决了困扰多年的研究难题，用患有难以研究的疾病的患者身上的细胞制造长期生存的细胞系，这项研究一直因为大多数成熟细胞在培养皿中不能成活而无法成行。2008年，有两个研究小组实现了这个目标。其中一组从一位82岁的肌萎缩性脊髓侧索硬化症（又称路格里克氏病，是一种退化性疾病，袭击运动神经元，造成逐渐瘫痪）女患者身上提取了皮肤细胞，然后制造出了细胞系。科学家们然后引导iPS细胞形成了两种最受这种病影响的细胞——神经元和神经胶质。仅一周后，另一组报告说他们为10种疾病的患者量身培养了iPS细胞系，包括肌肉萎缩症、Ⅰ型糖尿病、唐氏综合征。这10种病中很多都很难，甚至不可能用动物模型进行研究，而重编程的细胞为科学家们研究疾病的分子基础提供了新工具。这些细胞也许还将对候选药物的筛选有所帮助。最终，这些技术也许可以让科学家们在培养皿中修正基因缺陷，然后用修复了的自身细胞为患者治疗，为攻克困扰人类几千年的疾病提供了技术和希望。

二、癌症基因名单扩充

目前，肿瘤的诊疗主要是基于临床症状、体征和病理学检测分析的结果，但这些指标尚不能充分反映肿瘤确切的生物学行为。到目前为止，人类对肿瘤发生机制的认识可归纳为以下几个假说：基因突变、染色体易位、表观遗传修饰和干细胞起源，其中基因突变已得到较多的实验证据。

1970年，美国微生物学家毕晓普和瓦尔默斯研究发现，正常的体细胞里也有一些静止的癌基因，这些基因一旦被激活就会促使人正常细胞发生癌变。这些基因在控制细胞分裂和分化中发挥重要作用，但是在特定条件下会发生突变，从而引起细胞无限制地分裂——科学家们将这种基因称为“原癌基因”。毕晓普与瓦尔默斯因这一发现荣获1989年的诺贝尔奖。随后，科学家们又发现某些基因能阻止肿瘤细胞的生长，称之为“肿瘤抑制基因”。如果说原癌基因是难以驾驭的细胞生长加速器（马达），那么抑癌基因就是细胞生长的制动器（刹车）。30多年里，科学家们已经在人类基因组的2.3万个基因中发现了350多个

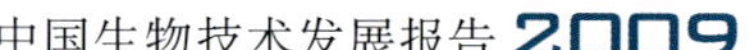

与癌症有关的基因。这些基因的发现主要是依靠连锁分析、基因定位、功能鉴定等传统的单个基因识别方法。

相对于传统的以放化疗为主的治疗方法，以特定癌症基因为靶点而开发的药物具有较强的针对性，且副作用较小，如针对 HER2/NEU 蛋白的编码基因扩增导致该蛋白过量表达的乳腺癌患者，科学家们研发出了单克隆抗体药物赫赛汀。但这些诊疗方法的前提是先确定患者肿瘤的精确类型，即分子分型。乳腺癌患者肿瘤组织中 HER2/NEU 蛋白表达水平就是用药的重要指标。而人类基因组计划的实施及相关研究，促进了疾病机制的研究和分子标志物的研发，发现了大量与癌症诊断、治疗和预后相关的候选基因及蛋白，为进一步开发新的靶向性药物提供了基础。

科学家们发现，用传统技术研究单个基因获得的信息非常有限，而且相对于人类基因组的 2.3 万个基因而言，要从中找到关键的癌症基因无异于大海捞针，因此科学家们开始考虑像人类基因组项目一样，考虑绘制癌症基因组图谱，这是癌症分子分型和个体化治疗的基础。与此同时，基因测序技术也因人类基因组项目的实施而得以改进，且成本不断降低。10 多年前，国际基因组计划测定第一个人的全基因组费用超过 30 亿美元，到 2005 年降到 3000 万美元，由于新的测序技术的突破，目前已降到 10 万美元，据美国 Illumina 公司的专家预测，全基因组测序的价格不久后将会降到 1 万美元以下，这将为揭示生命的奥妙和肿瘤全基因组分析提供可能。目前，科学家们对癌症基因组计划的实施基本达成共识。相关专家共同发起了由多国科学家参与的国际癌症基因组协作组（ICGC）组织，发起成员国包括澳大利亚、加拿大、中国、印度、美国等国家以及欧盟。2008 年 4 月 29 日，国际癌症基因组协作组（ICGC）在伦敦成立。ICGC 拟选择人类 50 种常见肿瘤（包括亚型），在每种癌症的研究中，需要 500 例肿瘤样本和配套的临床资料，系统检测每种肿瘤或亚型的体细胞突变，包括点突变、插入、缺失、易位、拷贝数的改变，及染色体的重排。其次，对同一肿瘤标本进行转录组水平和表观遗传学水平的分析。希望不同地区、不同研究机构获得的研究数据能够共享，以促进肿瘤发病机制和早期防治研究工作的发展。

2008 年，科学家们在乳腺癌和结直肠癌、胰腺癌、白血病以及胶质瘤的全基因组序列分析上取得重要的进展。2008 年 9 月，约翰·霍普金斯大学在 *Science* 杂志上首次发表了胶质瘤肿瘤患者的全基因组序列分析图谱，发现在胶质瘤中有很多在该研究领域从未报道过的基因发生改变，如

*IDH*1 基因。随后，*Nature* 杂志发表了第 1 例急性髓性白血病肿瘤病人的全基因组 DNA 分析结果。研究小组在患者的发生突变的 10 个基因中发现，仅有 2 个以前报道是与肿瘤发生发展相关的基因，而其他 8 个均是功能未知的基因。因此，对不同类型的肿瘤进行全面、系统的异常突变分析，是实现肿瘤分子分型和个体化治疗的基础，也是人类在癌症研究上非常重要的一步。随着癌症基因名单的扩充和癌症基因图谱的绘制，相信人类认识并击败癌症将指日可待。

三、观察蛋白质的工作

在研究蛋白质 100 多年后，生物化学家扩展了研究手段得以观察运作中的分子，而且经常有出乎意料的收获。科学家一直在争论蛋白质如何与靶标结合。大多数科学家认为靶标分子的形状迫使蛋白质扭动形成与靶标结合的互补。但是溶液中的蛋白质也可能不断扭动成几种稍有不同的构象，直至一种构象找到靶标。

德国和美国的计算生物学家为这个新想法提供了大胆的新支持，他们处理了大量的实验数据，证实了一个长期研究的蛋白质是如何在几十个不同构象之间跳舞的。在另一项令人惊奇的实验中，一个美国研究小组跟踪个体蛋白质，发现一个单个随机分子事件可以将某个细菌细胞从一种代谢状态转变成另一种。在另一个研究中，德国的蛋白质组学研究人员同时观测酵母细胞中多达 6000 个蛋白质的丰富程度，并量化了个体蛋白质的表达在两个不同细胞类型中如何不同。他们的技术可以带来对细胞发育和疾病的新了解。此外，瑞典的蛋白质组学研究人员揭示了人体的不同组织各有特征，很可能不是通过控制表达哪些蛋白质，而是通过控制各种蛋白质制造多少来实现的。

四、成功模拟光合作用

光合作用是植物、藻类和某些细菌利用叶绿素，在可见光的照射下，将二氧化碳和水转化为葡萄糖，并释放出氧气的生化过程。植物之所以被称为食物链的生产者，是因为它们能够通过光合作用利用无机物生产有机物并且贮存能量。通过食用，食物链的消费者可以吸收到植物所贮存的能量，效率为 30% 左右。对于生物界的几乎所有生物来说，这个过程是它们赖以生存的关键。而地球上的碳氧循环，光合作用是必不可少的。

美国的研究人员能够在超级计算机上

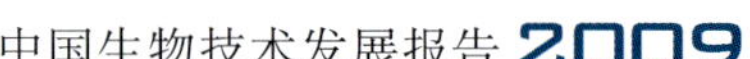

模拟整个光合作用过程，并对所有可能的排列进行测试。在农作物，如小麦，结出谷粒前，绝大部分被吸收的氮都变成了植物叶片中的用来促进光合作用的蛋白质。研究人员建立了一个可靠的光合作用模型，以便精确模拟植物对环境变化的光合反应。为了完成这个艰巨的任务，科学家们使用了由美国国家超级电脑应用中心提供的计算资源。在确定光合作用中每种蛋白质的相对数量后，研究人员设计出了一系列连锁微分方程式，每个方程模拟了光合作用中的一个步骤。通过不断的测试和调整模型，研究小组最终成功预测了在真实叶片上进行实验的结果，其中包括叶片对环境变化的动态反应。接下来，研究人员们对模型进行编程，以随机改变光合作用过程中每种蛋白酶的含量水平。模型运用“进化算法”搜寻各种酶，以提高植物的产量。一旦实验证明某种酶的相对高浓度可以提高光合作用的效率，该模型就会利用此实验结果进行下阶段的测试。科学家们通过这种方法确定了许多可以大大提高植物生产力的蛋白质。这个最新发现也印证了其他一些研究人员的研究结果，他们发现，在基因改造植物中，当这些蛋白质中某一种的含量得到增加，植物产量就会随之提高。通过改变氮的投入，人类几乎可以使光合作用效率提高两倍。模型中显示的变化很可能会破坏植物在野外的生存，因此这种模拟“只适合在农民的农场中进行”。

美国伊利诺伊大学植物生物学教授斯蒂夫·隆说，目前全球每年通过光合作用能够固定2200亿吨生物质，相当于世界上所有能耗的10倍。要植物产生更多的生物质，就需要提高光合效率。通过高新技术转化，我们甚至可以让有些藻类在光合作用的调节与控制下直接产生氢。光合作用与农业的关系同样密切，水稻与小麦的高产品种的光合作用效率可以达到1%～1.5%，而甘蔗或者玉米的效率则可达到5%或者更高。如果人类可以人为地调控光能利用效率，农作物产量就会大幅度增加。要彻底揭开这一谜团，在很大程度上依赖于多学科的交差进行研究，依赖于高度纯化和稳定的捕光及反应中心复合物的获得，以及当代各种十分复杂的超快手段和物理及化学技术的应用与理论分析。事实上，当代几乎所有的物理、化学学科中，最先进的设备与技术都可以用到光合作用研究中来。

由实验室培育出品种更加优良的植物，不需要额外增加养分，就可以长出更茂盛枝叶和果实。这一研究将有助于人类更好地利用植物资源解决人类的粮食问题，未来的粮食生产将更加节约人力及土地资源，变得更有效率。

五、利用新技术描绘脊椎动物胚胎发育蓝图

描绘脊椎动物的胚胎发育是一件极其困难的事情，迄今为止，科学家只对 2 种多细胞有机体做过类似研究。一种是海鞘，另一种是线虫，对后者的研究获得了 2002 年的诺贝尔生理学或医学奖。在最新的研究中，德国海德堡欧洲分子生物学实验室（EMBL）的维特波和他的同事，利用数字扫描激光荧光显微镜方法（DSLM），在超过 24h 的时间内监测了斑马鱼胚胎由单个细胞生长成几万个细胞的情况。研究人员用激光显微镜从多个方向扫描了标本，创造了 40 多万张图片，得到了关于细胞位置、运动及分裂的大量数据，并制成了三维影像。维特波表示，“我们得到了如此多描绘脊椎动物胚胎形成的影像，它们对于发育生物学研究以及教学是直接有用的。我们的技术具有许多直接的应用，比如突变缺陷的定量研究、同种不同胚胎的个性水平的分析、器官发育与组织形成全面数据库的建立等。”至关重要的是，DSLM 所用的光要比共焦荧光显微镜少得多，这使得它能够长时间地观测活胚胎而不会对其造成伤害。

德国科学家绘制的斑马鱼胚胎发育细胞行为和运动情况是首个脊椎动物的完全发育蓝图，这一技术将使脊椎动物胚胎学家能够研究发育的细节，让人类更为清晰地了解自然界。

六、发现决定胖瘦的脂肪“开关”

美国研究人员发现，哺乳动物具有不同类型的脂肪细胞，它们来源不同而且在体内承担着完全不一样的任务。棕色脂肪组织能燃烧人体摄入和储存的脂肪，白色脂肪组织则负责储存脂肪。来自哈佛大学医学院的研究证明，一种名为 BMP7 的小型蛋白质控制着前体细胞向棕色脂肪细胞的转化。让实验的老鼠体内产生过量的这种脂肪“开关”，形成大批棕色脂肪，而不再有白色脂肪。这样老鼠消耗的能量更多，体重也会降低。来自另外的研究也发现，棕色和白色脂肪细胞从不同的前体细胞转化而来。棕色脂肪细胞在胚胎发展过程中由前体细胞形成。前体细胞也可能变成肌肉细胞。细胞朝哪个方向发展由 PRDM16 基因决定，一旦这个“开关”形成，则产生棕色脂肪细胞；缺少它，则产生肌肉细胞。瑞典斯德哥尔摩大学的研究人员认为，与其说棕色脂肪是白色脂肪的变体，不如说它们是“储藏着脂肪的肌肉细胞”。

研究人员发现了这样一种决定脂肪组

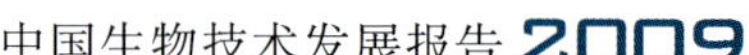

织类型的“开关”，它可以决定人身材胖瘦，对“开关”的控制或许将使节食变得不再必要。通过模拟棕色脂肪的形成过程，有望治愈肥胖病患者，并给世界上一切希望控制自身体重的人们带来福音。

七、更快、更廉价的基因组测序

破解一种生物的整个遗传密码耗费昂贵，并且直到现在，还是依赖于具有30年历史的物理分离基因片段的旧技术的基本原理。过去几年里利用real-time和light-based进行观察基因的技术合成从而揭示基因组信息的新方法出现了，这就是由美国和澳大利亚的科学家发明的一种混合方法（hybrid method），用这种方法产生基因组信息的速度比旧方法快100倍，且价格低廉。利用6种海洋细菌的基因组，科学家们评估了新旧方法的效用和性价比，来证明利用混合方法要比单独利用一种方法要好得多。他们发现结合两种测序方法优点的混合方法能产生更好质量的基因组信息。该研究小组发现传统的Sanger测序方法在测序大的基因组片段时表现得最好，而新方法——pyrosequencing则更适应于测序更小，更困难的片段，如由二级结构导致的无法克隆的区域和空隙。与以前的技术相比，混合测序方法使得科学家能够更容易的关闭基因组片段的测序空隙。

研究者们表示这种混合测序技术将会成为一种测序小型微生物基因组的首选方法，而Sanger测序法在测序大片段DNA显得更游刃有余。这项突破备受存在着日益增长的基因组测序要求的医学和生物技术领域欢迎。该新混合方法联合了新旧指纹识别生命遗传基础的破解方法的优点。科学家们利用该新混合方法已经对几种海洋微生物进行测序，并希望这些成果能推动之前出于经济考虑受阻的其他的基因组计划。

八、合成生物学

合成生物学（synthetic biology）是国际上刚刚出现的一门新生学科，它是用有机化学及生物化学的合成能力去设计非天然的、合成的分子，进而使这些分子在生命系统中有活性功能。合成生物学的最终目标是重塑生命。合成生物学被誉为将生物领域基础研究转化为实际社会生产力的学科，连接基础学科与实际应用学科的领域。合成生物学的先决条件在于，生物学家先破解生命运行规律，再谈人造生物系统，这一切目前还是初步的构想。人造生物系统工程学与机械工程学相比，更为复杂，更为精细。

生物合成学的研究模式为：掌握生命系统控制各种功能的遗传序列特征；将各个复杂的部件串在一起组成复杂的生命系统执行复杂的生命功能；将人工设计的复杂系统插入载体细胞中。正如所有的生命都建立在遗传序列基础上一样，生物合成学专家必须从序列研究开始，对各种序列的特征功能进行全面详细地了解。然而，Biodesic 公司工程与设计首席顾问 Rob Carlson 表示，这还不是合成生物学的全貌，还有很多具有多种功能的小分子需要科学家们去了解。合成生物学主要研究 4 个方面的内容：细胞是由蛋白质、核酸与其他分子组成的一个网络，合成生物学首先要研究的是细胞网络；二是研究基因线路；三是合成生物材料与物质；四是最小基因组与合成生物。

合成生物学可以简单地分为两个方面，一个是生物学方面的研究，另一个是生物工程学方面的研究，这两方面的研究都面临着巨大的挑战。生物学方面的研究是生物合成学的基石，只有完全认识生命、揭示生命的奥秘才可能进行人为设计改造工作。从基因序列角度来看，每一个基因编码特殊的蛋白，各种蛋白担任多种职责，它们如何运行，如何运作，不同的条件下它们工作的机制是否有区别，在不同类型的细胞中它们的运行是否存在差异？这些问题是解决生物合成学基础问题的开端。对生命现象和生命功能进行标准化的描述成为首要的难题，生命系统是一个巨大又复杂的网络系统，基因网络系统、细胞网络系统、信号网络系统等，各种网络系统之间又有着复杂地沟通、调节和控制机制。要实现人造高等生命系统的使命，建立一套标准化的生命规则图谱是关键。

尽管合成生物学还是一个相对年轻的研究领域，但人类合成“生命”的脚步从未停止过。1828 年 Wohler 合成尿素；1953 年 Miller 通过放电合成氨基酸；1965 年中国科学家合成牛胰岛素；1979 年 Khorana 合成酪氨酸阻遏 tRNA 基因；1981 年中国科学家合成酵母丙氨酸 tRNA；2002 年 Wimmer 小组合成脊髓灰质炎病毒（约 7400bp）；2003 年 Venter 小组合成噬菌体 psiX174（约 5400bp）；2008 年 Venter 小组合成生殖道支原体基因组（582.790kb）。美国、欧盟不断加大合成生物学领域研究的投入。美国国家自然科学基金会（NSF）2006 年投入 2000 万美元资助建立合成生物学工程研究中心，由加州大学伯克利分校、哈佛大学、麻省理工学院、加州大学旧金山分校等共同组建。欧盟 2007 年启动了“合成生物学——新的及刚出现的科学技术引导项目”（European Commission project II）。我们期待着合成生物学领域做出更大的成绩，为人类的生命带来更多惊喜。

第三章 主要国家和地区生物与医药科技及产业发展概况

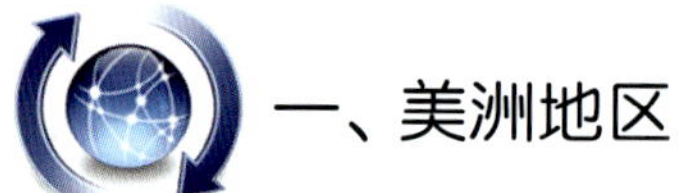

一、美洲地区

美国是现代生物技术研究与产业化的全球霸主，无论是研究水平、投资力度、还是产业规模和市场份额，美国始终占据绝对优势地位，生物技术产业已成为当今美国高技术产业发展的核心动力之一。美国拥有生物技术领域全球专利的59%，药物领域全球专利的51%，人类基因领域全球专利的40%，医药领域全球产值的近40%。截至2008年4月，美国生物技术公司市值达到3600亿美元。美国研发型制药企业协会（PhRMA）及美国博乐公司（Burrill & Company）的数据显示，尽管2008年美国经济放缓，但是美国生物药品研究公司在新药和疫苗上的研发投入却创造了新纪录，达到652亿美元，与2007年相比新增投入20亿美元。PhRMA的另一项调查显示，2008年仅该组织的会员公司在生物药品研发上的投入就达到了503亿美元，非PhRMA会员公司2008年在生物药品研发上的投入达到了149亿美元。

近年来，加拿大生物技术产业增长迅速，目前它已发展成为该国的第二大高技术产业。据统计，加拿大多数生物技术公司规模很小，40%的公司小于10名雇员，65%的公司少于20名雇员。这些公司多集中于某个特定的研究开发领域，并在产品开发、生产、营销方面与大学或其他公司（多为美国、加拿大或欧盟等国的公司）结成联盟。生物技术公司主要集中于魁北克省（31%）、安大略省（25%）、不列颠哥伦比亚省（20%）和萨斯喀彻温省（8%）。这些公司有46%分布在医疗保健（治疗、诊断和疫苗）领域，22%在农业领域，11%在环境保护领域，4%在水产品领域。近年来，加拿大联邦政府大量增加了对基础研究的支持，其中很大一部分用于

与生物技术有关的研究的支持。主要措施包括：①三年内为加拿大基因组机构提供1.6亿加元的财政拨款。同时，联邦政府一些部、署亦将得到5500万加元的经费，用于其内部的基因组研究活动；②成立加拿大卫生研究院（CIHR），取代加拿大医学理事会，并继续将其主要经费用于生物技术。③加拿大创新基金会（CFI）已投入大批经费，用来帮助大学和研究机构建设加拿大研究基础设施。这些项目的投资强度一般是数百万加元，其中很大一部分项目是用来支持生物基础研究。④为吸引和留住人才，联邦政府于1999年秋季开始实施总额6.5亿加元的加拿大研究职位计划（CRCP）。

二、欧洲地区

目前，全球生物技术主要应用于医药和农业，但在环保、食品、化工等行业也有广阔的应用前景。据统计，全球生物药品市场规模1997年为150亿美元，2000年为300亿美元，2003年将达到600亿美元。2001年全球医药和生物技术公司之间的合作项目有480个，生物技术公司之间的合作项目有550个。而生物技术新药品的开发，美国处于第三阶段临床实验的产品300多种，欧洲处于第二或第三阶段临床实验的产品110种（其中的66种来自英国），加拿大处于不同研究阶段的产品400多种。2001年的数据显示，生物科技投资占据美国风险投资总额的11%，而2000年为7%。在欧洲，该比例2001年为18%，2000年为8%。据预测，未来5年涉足这一领域的风险投资和私人股票公司将增至350家，随后将回稳至325家。尽管在转基因作物快速发展的同时，人们对基因改造生物的讨论和疑虑同时存在，但1996～2001年，全球转基因作物的种植仍然增长了30倍多。据分析家预测，转基因食品市场将得到恢复，其销售额2010年将达到250亿美元。生物经济的另一基础是人类基因。由于破译了人类基因草图，基因药物就可以使几千种基因病症预防、缓解和治愈的可能性大大提高，因此有人说，一条基因就能形成一个产业。到2020年，利用基因重组技术研制的新药可能将达到3000种左右。

（一）生物技术研究及产业发展现状

1. 英国

英国生物技术产业的科学基础是其他欧洲国家无法比拟的，在这一领域，英国已经获得了20多个诺贝尔奖。DNA结构及

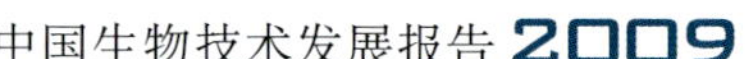

单克隆抗体构造的发现，DNA 指纹的发明，以及抗体工程的进展等发明创造为产业的发展创造了十分有利的条件。近年来，英国在人类基因测序（英国是人类基因组计划的重要参与者，承担了1/3的测序工作，剑桥桑格中心在其中发挥了重要作用）、克隆技术（世界上第1只克隆羊“多莉”就诞生在英国）以及基因治疗等方面都有不俗表现。

英国生物技术产业主要集中在伦敦、牛津、剑桥、爱丁堡等高等院校科研机构密集的地区，目前仍居欧洲第一，全球第二（仅次于美国），从业人员有1.4万多人，年销售额约40亿英镑，生物制药是该产业中的强项。目前，涉及这一产业的公司除了世界著名的大型跨国公司 Zeneca、Glaxo Wellcome 和 SmithKlihe Beacham 之外，还有约250多家较小的独立公司，且每星期约有一家新的生物技术公司诞生，数量约占欧洲同类公司的1/4。

2. 德国

截止2001年底，德国生物技术领域从业人员为14 408人，较之2000年增长35%，企业数增长10%，低于此前高速膨胀阶段的增长速度，说明该行业已进入整合、巩固阶段。据德国联邦教育和研究部2002年5月发表的报告指出，2001年德国生物技术行业销售额达10.5亿欧元，创历史新高，加强了其在欧洲生物技术研究开发中心之一的地位，亦拉近了与处于世界领先水平的美国同行业的距离。但全行业仍处于亏损阶段。据统计，2001年德国生物技术行业亏损仍达4.11亿欧元，比2000年上升66%。2001年，全行业用于研究开发的费用首次突破10亿欧元，达12.3亿欧元。目前很多公司仍将主要精力集中在研究开发领域，几乎没有任何产出和市场销售。专家认为，鉴于诸如医药产品和生物工艺的研制开发一般要持续数年甚至上十年时间，因此，生物技术领域投入高于产出的现状可能仍将持续一个时期。

尽管德国生物技术产业的发展势头强劲，但与美、英相比还有不小的差距。据安永国际会计咨询公司（Etnst & Yaumg）主持的首次国际生物技术产业调查报告显示，德国生物技术企业去年只有7种药品进行临床二期和三期检验。而德国在这一领域里的最大竞争对手英国在进行二期、三期临床检验的114种欧洲药品中占了66种，排在欧洲首位。美国作为世界生物技术最发达的国家，仅三期临床检验（市场准八的最后阶段）的药品就达300种。

3. 法国

2000年夏天的统计结果表明，1998年

以后，法国创建了近百家生物技术企业，该领域的就业人数增加了13%，营业额提高了20%（达到20亿欧元）。2000年法国政府对生物技术研究、开发的总投入为2.15亿法郎，2001年达到2.5亿法郎。

4. 瑞典

据综合评估，1999年瑞典生物技术产业在欧洲排在英国、德国和法国之后，位于第四。绝大多数公司分布在新药开发、诊断、生物技术仪器设备和生物制品生产领域。瑞典生物技术公司中员工的素质较高，其中的10%～12%具有博士学位。1999年，新药开发领域就业人数比1997年增加了82%，生物技术仪器设备和医疗技术公司同期就业人数增加了50%，但是农业生物技术领域就业人数比较稳定。1999年，虽然所有公司产值都有增加，但是，相当大比例出现了亏损，特别是新药开发和医疗技术公司。

（二）欧洲生物技术产业发展的特点

1. 英国

在英国，凡是受益于生物技术的部门，如制药、农业、食品与饮料业、化工和环境技术工业，都是最成功、最具活力和最富创新性的。这些部门雇佣的工人超过175万，约占英国国内生产总值的10%。

英国生物技术得以发展的基础是散布在大学、研究委员会研究机构、医学慈善团体实验室、政府研究机构和临床医学设施的生物科学研究基地，这是英国的强大实力之一。英国现拥有约270家专业生物技术公司，雇佣了1.4万名员工，其中很多人直接来自生物科学研究基地。

2. 德国

生物技术产业在德国亦属年轻产业，现从事生物技术研究和生产的企业中仅有1/4有两年以上历史，规模有限，平均每个企业从业人员仅有33人。目前德国生物技术领域企业以从事医药产品导向的基因技术研究（业内人士称之为“红色产品”）者居多，占本行业企业总数的83%；位居其后的是绿色农业产品和绿色食品（“绿色产品”）生产企业，占11%；然后就是生产环保产品（“灰色产品”）的企业，占6%。因生物技术这一新兴产业发展初期要面临诸多困难，在该行业高速膨胀发展的同时，也有一些企业不堪重负，破产企业数量有上升的趋势。

3. 法国

法国的生物技术产业是一个未成熟的小产业部门。只有几家公司在证券交易所

挂牌上市并为公众所熟识。与其他欧洲国家和美国的生物技术产业不同的是，法国的生物技术公司很少开发产品。大部分公司正在开发技术平台（technology platform）和生产过程（工艺）。公司创建技术平台是为了开发最终产品，法国商业模式比美国更重于开发技术平台。此外，法国生物技术产业还受到不良的经济环境、法规以及薄弱的企业文化的影响。

4. 瑞典

瑞典生物技术产业的显著特点是新成立的微型（少于 10 人）和中小型公司（小型 10 ~ 199 人，中型 200 ~ 499 人）居多。1999 年瑞典共有 145 个生物技术公司，其中 141 个为微型和中小型公司，49% 的公司职工人数少于 5 人，只有大约 12% 的公司职工人数在 50 人以上。1999 年，141 个微型和中小型生物技术公司就业 3000 人，比 1997 年增长了 30% 。

瑞典生物技术公司主要分布在有综合性大学的大城市：斯德哥尔摩、乌普萨拉、隆德、马尔默、哥德堡末日乌密欧。并形成了斯德哥尔摩—乌普萨拉和隆德—马尔默两个密集的区域性生物技术产业群。从就业人数看，前者在医疗诊断处于领先地位，而后者在生物技术仪器设备领域占有绝对优势。

（三）政府促进生物技术研究及产业化的举措

1. 英国

英国政府对生物技术产业这一关键技术寄予厚望，认为它是典型的知识经济，他人难以模仿，是英国的优势所在，在创造财富和就业方面有着巨大的潜力，是英国产业的未来。但在促进生物技术产业的发展中，英国政府采取了与促进航空航天高技术产业发展有所不同的政策，即不对公司的重大开发项目进行直接投资或干预，而主要是通过资助基础科学研究，营造产业发展的环境来推动本国生物产业的发展。

英国政府新出台的促进生物技术产业发展的措施主要有三个：一是改革税制。为了进一步鼓励风险投资，政府将对小型高技术企业的投资减免 20% 的公司税。在小公司工作的职员可以用税前工资购买公司的股权，政府还将考虑简化对知识产权的税收处理。二是建立新的风险投资基金。1998 年 6 月英国财政大臣宣布建立 3 个支持较小型高技术企业的风险资本基金，这些基金提供资本为 2.4 亿英镑，用于支持英国生物技术等高技术中小企业。第三个措施是于 1999 年 1 月推出 BIOWISE 计划，为期 4 年，主要任务是提供咨询服务，向

企业提供有关如何利用生物技术降低企业成本、改进产品质量、改善环境等方面的信息。

2. 德国

在人类基因组图谱分析结果公布后，德国政府进一步加强了对人类基因组研究的支持力度，新计划不断出台，科研拨款不断增加，并宣布德国正在建设一个在欧洲和世界居领先地位的“全国基因组科研网”。2001 年，德国政府对生命科学研究的投资突破 10 亿马克，其中在基因研究方面的投资增长了 400%，如此多的政府投资，世界上除美国外绝无仅有。德国科研部长布尔曼女士说，德生物技术工业的发展日益走向成熟，德生物技术公司已改变最初只重视技术服务而忽视药品研发的倾向，去年研制并将推向市场的新药共 61 种，而前年只有 6 种，这与德政府的大力促进密不可分。在过去 3 年中，德政府每年为生物技术项目提供了 1.25 亿欧元的研发经费。为促进生物技术和药品研发的紧密合作，德政府从未来投资计划基金中拨款 1.8 亿欧元，用于建立德国生物医药研究中心。

3. 法国

法国政府对生物技术非常重视，认为它对法国国民经济具有生死攸关的意义。在资金投入方面，2000 年法国政府对生物技术研究、开发的总投入为 2.15 亿法郎，2001 年将达到 2.5 亿法郎。在支持形式方面，政府根据国家科研基金分发的不同形式以及生物技术产业不同发展阶段的需要，给予不同形式的支持，主要在全法 31 个高新技术产业孵化器中，利用 10 多个专门或部分孵化器致力于生物技术的研究开发。

最近法国政府正式公布“2002 年生物技术发展计划”，决定由国家直接拨款 11 亿欧元进行开发、研究和创办新企业，并通过信用担保和税收优惠等措施，让生物技术创新企业得到至少 5 亿欧元的资助。此外，政府还在行政法规方面为投资者和新企业创办者提供方便，其目的在于使欧洲药品生产第一大国和消费第二大国的法国在近期内赶上和超过德国，并使生物工程技术部门成为法国新的经济和就业增长点。

4. 瑞典

瑞典政府不干预自由市场，但在其生物技术产业的发展过程中却采取了许多行之有效的措施。

（1）加强生物技术领域研发投入。仅 1995～1996 年，瑞典政府对大学的拨款中就有大约 2 亿瑞典克朗用于生物技术研究。

而瑞典公司对大学生物技术研究开发的投入约占总经费的20%。

（2）加强生物技术领域的国际合作。瑞典积极利用区域性和国际性科技计划，参与生物技术领域的国际合作。例如，在欧盟第四框架计划期间瑞典每年从欧盟得到的研究经费为9亿多瑞典克朗，比瑞典向欧盟提交的成员国研发经费高很多。

（3）大力发展风险投资市场。据统计，1995～2000年，瑞典风险投资平均每年增长200%。2000年底，瑞典风险投资公司有200多个，可投资额大约为1500亿瑞典克朗，其中12%的项目投入到生物技术产业。

（4）加强公共种子资金对新成立公司早期发展阶段的支持。

（5）建立和完善科技中介服务网络。通过建立大学科技园（science and technology park）、技术圈（techno pole）及联系（connect）等措施促进科技成果的商品化。

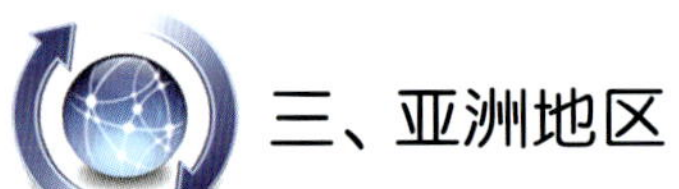

三、亚洲地区

（一）日本生物科技及产业发展现状及特点

作为世界经济大国，日本政府认识到生物技术有可能成为推动21世纪经济增长最强有力的原动力，因此将生物技术立国战略、信息技术立国战略、知识产权立国战略并列为三大技术立国战略，力争将日本打造成为全球最具优势的生物技术区域之一，以提高国家竞争力，促进经济可持续发展。纵观日本生物科技及产业发展态势，呈现以下6个显著特点。

1. 政府加强统筹协调，制定发展战略

日本政府在生物技术及产业发展方面扮演了重要的角色。日本科学技术厅、文部省、厚生省、农林水产省、通商产业省等几个政府部门都参与生物技术和产业管理。这些部门分别推出生物技术政策引导企业、高校及科研机构的研发活动。

2. 瞄准前沿热点，加速原始创新

日本是全球最有竞争力的生物技术科研国家之一，在基因药学、蛋白质工程学、细胞生物学、组织学、基因医学及预防医学等众多领域均居国际领先水平。日本的干细胞研究成果属世界领先地位。京都大学再生医学研究所的山中伸尔先生，2006年8月在*Cell*杂志上首次发表了在世界上引起轰动的“鼠体细胞制备诱导多功能细胞”论文。2007年11月，山中伸尔还在相关的科学杂志上，发表了由人体皮肤细胞

制备干细胞的论文。日本政府文教科学部2008年度，投入22亿日元援助干细胞项目。

3. 改革研发体制，激发创新潜力

与美国以高校和科研院所为研发主体不同，日本的研发主体和资金来源主要是企业。高校等研究机构因一些制度、体制的限制而研发积极性不高。为此日本政府推出了“工业科技增强行动”计划，允许大学教授在企业从事咨询工作或者服务于企业，促进研究者与私营机构的合作。

4. 实施知识产权战略，跻身专利大国

日本是专利大国，2000～2004年受理专利42.3万件，批准12.4万件，批准数与美国大致相当。在生物技术领域日本更是实力雄厚，获得专利数占本领域专利申请总数的46%。

5. 加强“官产学研医”结合，着力发展中小企业

早在20世纪80年代，日本许多公司就开始介入生物技术产业，主要从事应用性强、见效快的生物技术加工业。截至2006年末，日本共有生物技术企业586家，其中从事生物信息学等研究的辅助型企业占第一位，其次分别是从事药品和诊断试剂开发及再生医学研究的企业、从事环境修复技术研发的企业、从事转基因农作物技术开发的企业等。

6. 加大生物技术资助力度，促进重点领域加快发展

2008年度生物技术领域国家预算比2007年比增加16%，达到3025亿日元。卫生劳动部的生物技术领域预算是1610.25亿日元，比2007年比增加24.4%。主要用于支援高新企业，帮助大学研究成果转化成可应用的技术。经济产业部2008年度预算比2007年增加1%，达到223亿日元。主要用于“医疗机械开发指导事业”、“统合基础数据库事业”、“用生物技术固定CO_2的研究”三个方面，以及用于纤维素生物技术资源，作为原料制造化学产品和燃料等项目的开发。文教科学部的2008年预算额比2007年增加10%，达到637.2亿日元。主要用于脑科学研究项目。环境部的2008年度预算比2007年度增加16.9%，达到169.61亿日元。主要用于生物燃料、再生燃料的项目。

（二）韩国生物技术和产业

20世纪60年代以来，韩国在消费性电子产业和重工业取得成功。1992年韩国开始实施“国家生物科技研发计划”，此后，

又实施了 Biotech2000 规划，通过该规划的实施，韩国政府对生物科技领域的研发经费投入达到 43 000 亿韩元（约合 43 亿美元），进一步提升了韩国的生物科技竞争力。21 世纪以来，韩国全力发展生物科技，将其视为引领经济发展的新引擎，推动生物科技及产业的政策不断发生变化，政府、产业界和科技界均认为有必要设计新的生物科技政策，在充分吸取 Biotech2000 规划的基础上，由韩国教育部、科技部牵头，联合其他 6 个政府部门，宣布了一项雄心勃勃的 Bio-Vision 2016 规划，指导和推动韩国生物科技发展。其目标是在 2006 ~ 2016 年的 10 年间，对生物科技投资总额达 143 亿美元，生物产业市场份额将达 600 亿美元，截至 2016 年，将韩国发展成为世界生物科技七强之一。

目前，韩国的生物技术发展总体水平良好，在诸如发酵技术、抗生素、诊断技术、疫苗技术等方面达到了较高水平。在此基础上，韩国生物产业逐步迈向亚洲称雄。2007 年 6 月，世界最大的制药企业辉瑞公司与韩国政府达成一项协议，辉瑞将与韩国政府在未来 5 年中联合投资 3 亿美元开发新药。辉瑞公司总裁 Jeffrey B. Kindler 表示，“辉瑞对韩国高水平的制药业和韩国研发经费投入力度之高留下了深刻印象”。辉瑞还对韩国生命科学和生物技术研究所进行研发经费的资助，并将其视为辉瑞的全球研发合作者之一，两家还共同开展了一些新药研制项目。

然而，韩国要想实现其生物技术未来发展的远景目标，还必须迎接许多挑战。尤其是在世界各国都将生物科技视为最重要科技领域，同时极力推动本国生物科技发展的前提下，韩国需要大力增强灵活度，这样才能适应日趋激烈、不断变化的竞争性环境。韩国还应根据本国国情和优势，选择好应全力发展的战略领域和竞争方向，并摸索出一条发展上述领域和方向的道路。

（三）印度生物科技及产业发展状况及特点

印度是当前经济增长速度最快的国家之一，也是第三世界国家中的科技大国，第四大药物生产国。印度政府始终把生物技术产业作为颇具成长潜力的新兴产业重点扶持，并希望借助信息技术方面的领先优势，大力发展生物产业，以推动经济可持续发展。

2005 年印度共有 800 多家生物技术公司，从业人员 2.5 万人，总产值 652.1 亿卢比（1 美元约合 40.44 卢比），生物医药是印度最主要的生物技术产业领域，2006 年生物医药销售额达 597.3 亿卢比，占整个生物技术产业产值的 70%；据 McKinsey

研究所的《2010年印度药物产业展望》预测，2010年印度生物技术产业总产值有望增至45亿美元，同时拥有2.3亿美元的疫苗市场，并将以年20%的增幅不断发展。

印度政府始终非常重视生物科技的发展，早在1986年就在科学技术部内设立了印度生物技术部（DBT），具体负责国家生物技术的行政决策和业务管理，包括制订和实施生物技术政策法规、行业标准，推动生物技术的研究开发、产业发展以及国际合作等。2007年11月，印度政府正式公布了《国家生物技术发展战略》，明确提出了进一步加速生物科技及产业发展的措施，并提出到2012年，印度生物技术产值要达到70亿美元。

四、非洲地区

（一）非盟生物科技发展动态

非洲国家生物科技水平低下，远远落后于其他国家。但近年来，在国际机构、非盟组织以及非洲各国政府的努力下，非洲生物科技有了一定的发展，长期以来，非洲国家生物科技的发展主要集中在组织培养、发酵技术、转基因技术、人工授精与胚胎转移、分子诊断与分子合成、生物固氮等领域，而且各个国家的研发重点和发展程度也不一样。例如，发酵技术，津巴布韦、赞比亚、马拉维等国的发酵技术主要应用于食品和种子的生产，博茨瓦纳、毛里求斯广泛应用于酿造产业，南非广泛应用于食品、原料以及药品工业，而像莱索托、莫桑比克等国在发酵技术领域还没有专门的研究。非洲国家为促进本国生物科技的发展，更好地造福于非洲人民，实施了一系列重要举措。在人才培养方面，加大对生物人才的培训，如津巴布韦、莱索托等国在本科和研究生阶段设有具体的生物人才培训项目；赞比亚、马拉维、坦桑尼亚等国存在自然科学和农业科学领域的培训；南非的许多大学都设有具体的人才培训计划等。在国际合作方面，积极参与非盟、区域经济组织召开的生物科技会议，加强信息交流、资源共享；参与国际机构支持的生物科技项目，如瑞士政府支持的“肯尼亚转基因作物研究项目”、欧洲食品与农业组织支持的“史瓦济兰转基因作物的法律研究项目”等。在生物安全方面，非盟各国高度重视，2006年11月，“非洲人力资源、科学与技术委员会”撰写了《非洲生物安全战略》，战略中指出非洲各国积极参与UNEP/GEF生物安全计划。2006年11月20～24日，以科学与技术为主题的非洲国家部长级特别会议在埃及首

都开罗召开。会议中，非洲生物技术高水平专家组（简称 APB）撰写了一份生物技术发展报告，该报告主要阐述了非洲生物科技发展的构想，旨在为非洲国家首脑在生物科技发展方面提供政策建议。

（二）南非生物科技及产业简况

南非是非洲经济最发达的国家，在科技领域也是非盟的领头羊。南非近年来的科研产出较为稳定，约占全球研究产出 0.6%，年均发表科技论文 7000 余篇，申请专利约 8000 件。2005 年有效专利授权 2486 件，但进入国际专利申请仅有 137 件。2003/2004 财年按人头计的研究人员有 36 979人，按全时当量计的研究开发人员 29 692 人，其中高级研究员 17 910 人，每千名就业人员中研究与开发人员为 2.6 人，高级研究员为 1.6 人。南非 2004/2005 财年的总研发投入为 120.10 亿兰特（约合 17.7 亿美元），占当年 GDP 的 0.87%。其中企业机构投入为 54.57 亿兰特，政府投入为 38.55 亿兰特，国外来源投入为 18.33 亿兰特，其他组织为 8.65 亿兰特。在获得资助的对象上看，企业研究机构获得投入 69.64 亿兰特，高等教育机构获得投入 25.34 亿兰特，政府研究机构获得投入 25.12 亿兰特。

历史上，南非因种族隔离政策而一直游离于国际社会之外，与许多技术领域的最新成果无缘，只能依靠自身力量发展自己的科学和技术。因此南非科技仅在农牧业、采矿业和制造业等传统优势领域发展良好，而现代生物技术并没有成为该国优先发展或必须发展的领域。1994 年后，南非开始种族和解进程，国内外环境逐步改善，南非政府和公众才意识到生物技术产业将对南非社会和经济带来积极、深远的影响，发展生物技术产业可以在抵御疾病威胁、增加就业机会、促进人力资源开发和地区整合等方面发挥积极作用，并有助于南非实现国家发展目标。

第四章 部分国际组织发展生物科技及产业概况

一、经济合作与发展组织（OECD）

经济合作与发展组织（Organization for Economic Cooperation and Development, OECD），简称经合组织，旨在促进成员国经济和社会的发展，推动世界经济增长，帮助各成员国制定和协调有关政策，以提高各成员国的生活水平，保持财政的相对稳定，鼓励和协调成员国为援助发展中国家作出努力，帮助发展中国家改善经济状况，促进非成员国的经济发展。自1995年以来，经合组织与中国的对话和合作项目已逐步扩展到很多政策领域，中国有20个以上部委同经合组织开展了持续的对话。2008年，OECD秘书长葛利亚表示了其对转基因农作物的支持，将其视为应对食品价格高涨的一种方法，并呼吁“慎重检视”诸如乙醇等生物燃料的生产。同年，在一份OECD参与的调研报告指出，对由政府支持的燃料乙醇增产计划所带来的益处提出了质疑，政府希望将燃料乙醇作为一种替代交通燃料，但其生产需消耗大量谷物。但该报告并未直接呼吁取消一些大型燃料乙醇生产计划。

二、世界卫生组织（WHO）

世界卫生组织（World Health Organization, WHO）简称世卫组织，是联合国下属的一个专门机构，其前身可以追溯到1907年成立于巴黎的国际公共卫生局和1920年成立于日内瓦的国际联盟卫生组织。世卫组织是联合国系统内卫生问题的指导和协调机构，负责对全球卫生事务提供领导，拟定卫生研究议程，制定规范和标准，阐明以证据为基础的政策方案，向各国提供技术支持，以及监测和评估卫生趋势。长

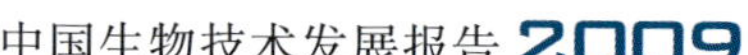

期以来，世卫组织在保健品、食品、药品的研发、质量控制及疾病防控方面做出了卓越的贡献。2008 年 4 月 8 日，世界卫生组织专门邀请来自中国药品生物制品检定所、北京科兴生物制品有限公司的专家，在日内瓦召开了“SARS 病毒灭活疫苗 I 期临床研究方案讨论会”。在这次讨论会上，世界卫生组织官员再次对中国非典疫苗研究成果给予了高度评价，并借鉴国际成功疫苗临床研究经验，依据有关国际标准和技术指南，对 I 期临床研究方案提出了修改意见。

三、联合国开发计划署（UNDP）

联合国开发计划署（United Nations Development Programme，UNDP）是联合国技术援助计划的管理机构。1965 年 11 月成立，其前身是 1949 年设立的“技术援助扩大方案”和 1959 年设立的“特别基金”。总部设在美国纽约。该计划署的宗旨是帮助发展中国家加速经济和社会发展，向它们提供系统的、持续不断的援助。为支持北京 2008 奥运会实现绿色奥运的目标，为提高中国公众的环境意识，作为联合国在全球从事发展的机构，联合国开发计划署和奥组委按照国家环保局和商务部的现有系统，提倡绿色运输，通过与北京交通管理局合作，联合国开发计划署帮助提供由该机构和全球环境基金共同资助的清洁燃料电池汽车，用于接送运动员，这有助于提高公众的环保意识；另外，联合国开发计划署倡导生态设计与绿色采购，协助将生态友好型材料和技术与奥林匹克中心国际区的设计相结合，建立了一个可持续发展中心，在奥林匹克中心以及周边公园举办一系列环境和文化活动，向参观者展示生物多样性保护和水资源管理的最佳案例。

四、联合国工业发展组织（UNIDO）

联合国工业发展组织（United Nations Industrial Development Organization，UNIDO）简称工发组织，是联合国大会的多边技术援助机构，成立于 1966 年，1985 年 6 月正式改为联合国专门机构。总部设在奥地利维也纳，任务是帮助促进和加速发展中国家的工业化和协调联合国系统在工业发展方面的活动，宗旨是通过开展技术援助和工业合作促进发展中国家和经济转型国家的经济发展和工业化进程。除作为一个全球性的政府间有关工业领域问题的论坛外，其主要活动是通过一系列的综合服务，在政策、机构和企业三个层次上帮助

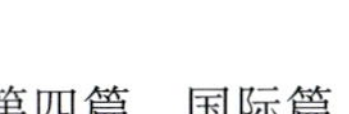

广大发展中国家和经济转型国家提高经济竞争力，改善环境，增加生产性就业。2008 年 12 月，工发组织在维也纳召开第三十五届工业发展理事会，制定了 2008 ~ 2011 年中期方案纲要执行情况，指出环境和能源专题领域的工作仍侧重于促进发展中国家和经济转型国家提高利用自然资源方面的生产力水平。为促进这一目标而采取的手段仍包括清洁生产和提高能效、转让清洁和无害环境技术、产品生态设计、增加废料的循环利用、消除有毒和有害物质，以及用可再生能源和材料来替代不可再生能源和材料。2008 年初完成了国家清洁生产中心方案的评价工作。工发组织与其合作伙伴联合国环境规划署和捐助方合作，拟订了一份战略文件，此举将其清洁生产活动推向一个新水平，加强了清洁生产与资源效能（包括能效）之间的联系，将清洁生产纳入政策和企业供资的主流，并为技术转让提供方便。该战略还将推出质量和绩效标准以加强国家洁净生产中心既有网络建设，又向其他符合其标准而且通过双边渠道供资或由本国供资的国家、次国家或国际洁净生产中心开放。

第五章 人才引进工作

一、国家人才引进和培养计划

（一）长江学者

长江学者奖励计划是1998年8月由教育部和香港李嘉诚基金会共同启动实施的，旨在凝聚高层次人才在高校从事科研、教学工作，吸引学术上卓有建树的海外优秀学者回国工作或为国服务。长江学者计划包括实施特聘教授、讲座教授制度和长江学者成就奖两项内容，特聘教授岗位制度由教育部在全国高校重点学科中设立特聘教授岗位，获准设置特聘教授岗位的高校面向国内外公开招聘优秀人才。

2008年度长江学者计划共引进135位长江特聘教授、109位讲座教授。其中生物技术和生命科学领域的长江特聘教授27人、讲座教授27人。北京大学陈和平教授获得长江学者成就奖生命科学奖。具体名单如表4-1～表4-3。

表4-1　2008年度长江学者特聘教授名单

序号	学校	学科	姓名
1	北京大学	神经生物学	陆　林
2	第三军医大学	病理学与病理生理学	卞修武
3	第四军医大学	军事预防医学	陈景元
4	第四军医大学	外科学（整形外科学）	郭树忠
5	电子科技大学	生物医学工程（计算医学）	蒋田仔
6	东北林业大学	林木遗传育种	柳参奎
7	复旦大学	分子生物学	王丽华
8	复旦大学	生理学	朱依谆
9	华东理工大学	生物化工	许建和
10	华南农业大学	农业经济管理	罗必良
11	华中科技大学	神经病学	王　伟
12	吉林大学	病理生物学	李校堃
13	兰州大学	植物学	黎　家
14	南京林业大学	林木遗传育种	尹佟明
15	南开大学	细胞生物学	陈　佺
16	清华大学	药物化学与化学生物学	黄子为
17	上海交通大学	内科学	宁　光
18	上海中医药大学	中医学	王拥军
19	四川大学	口腔医学	陈谦明
20	四川大学	精神病学与精神卫生学	李　涛
21	四川大学	天然药物化学	秦　勇

续表

序号	学校	学科	姓名
22	天津科技大学	食品科学	王　硕
23	西藏大学	植物学	钟　扬
24	浙江大学	呼吸病学	沈华浩
25	中国农业大学	作物栽培与耕作学	李召虎
26	中国农业大学	基础兽医学	沈建忠
27	中山大学	肿瘤免疫学	郑利民

表 4-2　2008 年度长江学者讲座教授名单

序号	学校	学科	姓名
1	北京大学	口腔医学	柴　洋
2	北京大学	人类遗传学	张　康
3	北京理工大学	神经生物学	申　勇
4	北京林业大学	林木基因组学及分子育种	邬荣领
5	东北师范大学	植物学	蒋继明
6	复旦大学	神经生物学	陈　俊
7	复旦大学	遗传学-医学遗传（基因到药物）	刘　钧
8	河北师范大学	生物学	王志勇
9	华东师范大学	生物医学	冯新华
10	华东师范大学	生态环境遥感与模型	高　炜
11	华中科技大学	人体解剖学与组织胚胎学	李晓江
12	江南大学	食品科学	王加生
13	南京大学	生物化学与分子生物学	吴殿青
14	山东大学	免疫学	陈有海
15	上海交通大学	分子生物学	王义斌
16	石河子大学	病理学与病理生理学	曹　旭
17	天津大学	生物医学工程	贺　斌
18	天津医科大学	泌尿外科学	张传祥
19	浙江大学	生物物理学	沈炳辉
20	浙江大学	外科学（骨移植）	郑铭豪
21	中国科学技术大学	生物物理学	周正洪

续表

序号	学校	学科	姓名
22	中国农业大学	作物遗传育种	PS Schnable
23	中南大学	耳鼻咽喉科学	苏　冰
24	中山大学	肿瘤学	Huang Peng
25	中山大学	分子遗传学	蓝　田
26	中山大学	统计学和生物信息学	张和平
27	重庆医科大学	外科学	何通川

表 4-3　2008 年度“长江学者成就奖”人选名单

奖项	学校	姓名
数理化科学奖	中国科学技术大学	陈仙辉
生命科学奖	北京大学	程和平
资源与环境科学奖	中国科学技术大学	郑永飞
信息科学奖	北京航空航天大学	张广军
工程科学奖	上海交通大学	林忠钦

（二）杰出青年基金

国家杰出青年科学基金是 1994 年 3 月 14 日正式批准设立的，由国家自然科学基金委员会负责管理。基金旨在促进青年科学技术人才的成长，鼓励海外学者回国工作，加速培养造就一批进入世界科技前沿的优秀学术带头人。基金资助国内及尚在境外即将回国工作的优秀青年学者，在国内进行自然科学基础研究和应用基础研究。

2008 年杰出青年科学基金共批准支持青年科学家 170 位，其中生物技术和生命科学领域为 54 位（表 4-4），占 31.8%；共批准外籍杰出青年科学家 10 人，其中 4 人是生物技术和生命科学领域的专家（表 4-5），占 40%。

表 4-4　2008 年批准杰出青年科学家名单

序号	姓名	研究领域	单位
1	方海平	理论物理和生物交叉研究	中国科学院上海应用物理研究所
2	卢天健	皮肤组织的生物热力学和疼痛力学	西安交通大学
3	谭文长	生物流体力学	北京大学
4	郭良宏	生物分析化学	中国科学院生态环境研究中心
5	梁鑫淼	分析化学	中国科学院大连化学物理研究所
6	李艳梅	多肽化学与生物学	清华大学
7	罗振革	发育神经生物学	中国科学院神经科学研究所
8	朱瑞良	苔类植物分类和分子系统发育	华东师范大学
9	程　涛	造血干细胞生物学	中国医学科学院
10	周平坤	放射生物学	中国人民解放军军事医学科学院
11	胡　静	颌面牵张成骨过程中关键血管/骨生长因子的调控研究	四川大学
12	周　军	细胞生物学和药理学	南开大学
13	谢渭芬	肝细胞癌的诱导分化治疗	中国人民解放军第二军医大学
14	陈化兰	H5N1 禽流感病毒的表型多样性的分子变异机制研究	中国农业科学院哈尔滨兽医研究所
15	白永飞	草原生态系统生物多样性与生态系统功能的维持机理	中国科学院植物研究所
16	常俊标	五味子丙素简化物、同系物的合成及抗病毒活性研究	郑州大学
17	李召虎	作物栽培与耕作学	中国农业大学
18	翟琦巍	生物化学与代谢病理学	中国科学院上海生命科学研究院
19	姜远英	脂筏参与白念珠菌耐药性形成的机制研究	中国人民解放军第二军医大学
20	朱依谆	心血管系统重构的机制及其干预新途径	复旦大学
21	沈华浩	呼吸系统疾病	浙江大学
22	镇学初	神经精神药理学研究	中国科学院上海药物研究所
23	吕爱平	中西医结合基础－疾病证候分类研究	中国中医科学院
24	石建功	天然药物化学	中国医学科学院
25	王海滨	生殖生理学/早期胚胎发育与着床/Wnt 信号通路在胚泡着床和子宫蜕膜反应中的生理作用	中国科学院动物研究所
26	母得志	整合素与发育期缺氧缺血脑损伤的修复重建	四川大学
27	李越中	粘细菌及其细胞行为社会性的进化适应、分子机制及其利用	山东大学
28	储成才	稻类作物种质资源和遗传育种	中国科学院遗传与发育生物学研究所
29	方向明	脓毒症的发病机制与防治	浙江大学
30	应义斌	农产品品质与安全无损检测	浙江大学
31	彭金荣	发育生物学	浙江大学
32	张志珺	临床精神病学和生物精神病学	东南大学
33	高　翔	运用基因组改造建立小鼠疾病模型及开展分子机理研究	南京大学
34	乔　杰	应用代谢组学方法研究多囊卵巢综合证	北京大学

续表

序号	姓名	研究领域	单位
35	张林琦	医学病毒学	清华大学
36	彭小忠	神经发育与神经肿瘤发生的分子机制研究	中国医学科学院
37	黄双全	传粉生物学	武汉大学
38	陈大华	生殖干细胞命运调控机制	中国科学院动物研究所
39	刘永胜	番茄质体分裂和品质发育的分子调控网络研究	四川大学
40	杨汉春	动物分子病毒学与免疫学	中国农业大学
41	安华章	免疫调节	中国人民解放军第二军医大学
42	胡　豫	血栓栓塞性疾病的临床与基础研究	华中科技大学
43	梁　萍	肝脏肿瘤消融治疗的三维医学图像可视化的研究	中国人民解放军总医院
44	白逢彦	酵母菌资源与系统学	中国科学院微生物研究所
45	黄勇平	蛾类昆虫感受性信息素的分子机理研究	中国科学院植物生理生态研究所
46	徐宇虹	疫苗的新型靶向输送体系及其机制研究	上海交通大学
47	张　宏	泌尿疾病内科学	北京大学
48	彩万志	昆虫系统与分类学	中国农业大学
49	徐旭东	蓝藻（蓝细菌）分子遗传学	中国科学院水生生物研究所
50	陈家旭	中医诊断学	北京中医药大学
51	吕建雄	木材流体与干燥基础科学	中国林业科学研究院
52	刘明远	旋毛虫与宿主间互作蛋白基因的分离、鉴定及其功能研究	吉林大学
53	杨文胜	生物分离和标记用水溶性纳米粒子的基础与应用研究	吉林大学
54	李爱民	化工废水中难生物降解有机污染物的树脂吸附作用机制与技术研究	南京大学

表 4-5　2008 年批准外籍杰出青年科学家名单

序号	姓名	研究领域	单位
1	施一公	结构生物学	清华大学
2	刘　强	肿瘤学（肿瘤分子靶向治疗）	中山大学
3	朱依谆	心肌缺血保护药物的分子作用机制	复旦大学
4	杜　杰	心肌纤维化	首都医科大学

（三）中国科学院百人计划

1994 年启动的中国科学院百人计划，提出到 20 世纪末从国内外吸引百名优秀青年学术带头人，因此得名。

2008 年中国科学院百人计划引进国外杰出人才 96 人，国内百人计划 8 人，其中生物技术和生命科学相关领域的海外人才 62 人（表 4-6，表 4-7），占引进海外人才的 59.6%。

表 4-6　2008 年度“引进国外杰出人才”的学者名单

序号	姓名	单位
1	王　鹏	长春应用化学研究所
2	姬建新	成都生物研究所
3	邵华武	成都生物研究所
4	吴中柳	成都生物研究所
5	傅　强	大连化学物理研究所
6	任吉中	大连化学物理研究所

续表

序号	姓名	单位
7	王军虎	大连化学物理研究所
8	李培峰	动物研究所
9	徐劲松	动物研究所
10	丁　克	广州生物医药与健康研究院
11	刘劲松	广州生物医药与健康研究院
12	赖良学	广州生物医药与健康研究院
13	彭　涛	广州生物医药与健康研究院
14	戚华宇	广州生物医药与健康研究院
15	蒋兴宇	国家纳米科学中心
16	唐智勇	国家纳米科学中心
17	李志宝	过程工程研究所
18	王法明	海洋研究所
19	齐吉琳	寒区旱区环境与工程研究所
20	何圣贵	化学研究所
21	江　华	化学研究所
22	王建平	化学研究所
23	高立志	昆明植物研究所
24	孙　伟	兰州化学物理研究所
25	陈剑峰	上海生命科学研究院
26	郭房庆	上海生命科学研究院
27	季红斌	上海生命科学研究院
28	蓝　柯	上海生命科学研究院
29	王成树	上海生命科学研究院
30	刘景富	生态环境研究中心
31	强志民	生态环境研究中心
32	刘志杰	生物物理研究所
33	马　跃	生物物理研究所
34	苗　龙	生物物理研究所
35	谢松光	水生生物研究所
36	程国胜	苏州纳米技术与纳米仿生研究所
37	李清文	苏州纳米技术与纳米仿生研究所
38	李　寅	微生物研究所
39	孟颂东	微生物研究所
40	丁建清	武汉植物园
41	许执恒	遗传与发育生物学研究所
42	黄　勋	遗传与发育生物学研究所

续表

序号	姓名	单位
43	刘佳佳	遗传与发育生物学研究所
44	唐定中	遗传与发育生物学研究所
45	杨崇林	遗传与发育生物学研究所
46	黄善金	植物研究所
47	漆小泉	植物研究所
48	陈艳霞	中国科学技术大学
49	陈增兵	中国科学技术大学
50	刘扬中	中国科学技术大学
51	孙　斐	中国科学技术大学
52	孙学峰	中国科学技术大学
53	田长麟	中国科学技术大学
54	肖益林	中国科学技术大学
55	徐安武	中国科学技术大学
56	朱俊发	中国科学技术大学
57	焦建彬	中国科学院研究生院
58	倪明玖	中国科学院研究生院
59	汪志祥	中国科学院研究生院
60	易卫东	中国科学院研究生院
61	张宝贤	中国科学院研究生院
62	郑阳恒	中国科学院研究生院

表 4-7　拟获 2008 年度“国内百人计划”择优支持的学者名单

序号	姓名	单位
1	耿美玉	上海生命科学研究院
2	刘永军	西北高原生物研究所

（四）新世纪百千万人才工程

自 1995 年起，人事部会同有关部门组织实施了培养造就年轻学术技术带头人的专项计划——百千万人才工程。到 2000 年，入选该工程的各类人才近万名，形成了分层次、多渠道培养造就优秀年轻人才

的工作体系，有力地推动了全国高层次专业技术人才队伍建设。2001 年，根据中共中央办公厅、国务院办公厅《关于加强专业技术人才队伍建设的若干意见》（中办发［2001］14 号）精神，为深入实施人才战略，加速培养造就年轻一代学术技术带头人，人事部、科技部、教育部、财政部、原国家计委、国家自然科学基金委员会、中国科学技术协会制定了《新世纪百千万人才工程实施方案》。

百千万人才工程是根据国家科技发展规划和经济社会发展需要制定的，旨在加强中国跨世纪优秀青年人才的培养。1994 年 7 月由国家人事部提出，1995 年底由人事部、科技部、教育部、财政部、原国家计委、中国科学技术协会、国家自然科学基金委员会七个部门联合在全国范围内组织实施。其宗旨是到 20 世纪末，在国民经济和社会发展影响重大的自然科学和社会科学领域，造就一批不同层次的跨世纪学术和技术带头人及后备人选。百千万人才工程坚持以培养（而不是选拔）为主的原则。

百千万人才工程共分 3 个层次：第一层次，到 2000 年，造就上百名 45 岁左右，能进入世界科技前沿，在世界科技界享有盛誉的学术和技术带头人；第二层次，造就上千名 45 岁以下具有国内先进水平，保持学科优势的学术和技术带头人；第三层次，培养出上万名 30 ~ 45 岁在各学科领域里有较高学术造诣、成绩显著、起骨干或核心作用的学术和技术带头人后备人选。

百千万人才工程分两个阶段实施：第一个阶段，到 1997 年遴选和掌握五六千名或更多 30 ~ 40 岁左右的优秀人才，作为重点培养对象；第二阶段，到 2000 年，在国民经济和社会发展影响重大的 50 个左右的一级学科和 500 个左右的二级学科门类中，造就一批国内一流或具有世界水平的专家、学者，使他们成长为各个学科领域跨世纪的学术和技术带头人，从而改善中国专业技术带头人队伍的结构，全面推动中国专业技术队伍建设工程。

新世纪百千万人才工程是为深入贯彻全国人才工作会议精神，进一步加强高层次专业技术人才队伍建设，促进优秀中青年学术技术带头人的成长，由人事部等 7 部委联合组织实施的。国家级人选每两年选拔一次，每次选拔 500 名左右，在各地、各部门推荐的基础上，经专家评审，并报该工程的领导小组批准产生。其目标是，到 2010 年，培养造就数百名具有世界科技前沿水平的杰出科学家、工程技术专家和理论家；数千名具有国内领先水平，在各学科、各技术领域有较高学术技术造诣的带头人；数万名在各学科领域里成绩显著、

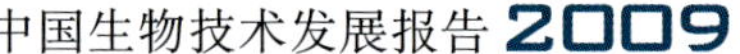

起骨干作用、具有发展潜能的优秀年轻人才。

二、人才引进典型案例

（一）北京生命科学研究所

北京生命科学研究所（以下简称研究所）的建设一直受到党和国家领导的高度重视。中组部、科技部、北京市等有关部门在研究所筹建开始，就把引进国际一流人才作为研究所的重要工作之一。

截至2008年年底，研究所共举行了8次实验室主任全球招聘工作，通过严格筛选、评估，从近700名候选人中遴选了21名实验室主任，其中最年轻的实验室主任不满30周岁。截至2008年年底研究所共建立了23个独立实验室、8个科研辅助中心；全时回国人员27人，科研工作人员共500多名，其中博士后60名，研究生180名，毕业设计学生40名。2008年度研究所发表高水平文章24篇，篇平均影响因子9.9。此外，还发表综述2篇，出版译著1部，发表合作论文3篇；申请专利成果2项。2008年10月29～30日研究所科学指导委员会进行评估，认为："世界上没有任何其他研究所能在如此短暂的时间里，在国际科研领域占据如此重要的地位"。

（二）天津

科技部、卫生部、商务部、国家药监局与天津市合作，规划在天津滨海新区建设国家生物医药国际创新园，规划面积将超过10km²，基础设施建设投资100亿元。天津国际生物医药联合研究院是其中引进人才的核心区，天津市计划先期投入30亿元。

目前，已经从85名优秀人才中遴选了7位博士回国工作。他们是全球第五大医药企业美国默克公司研究部副总监史力博士，全球最大的生物技术公司Amgen的质量控制部执行部长赵宇博士，美国WYETH生物制药公司首席科学家周泽奇博士，美国范德堡大学终身教授梁朋博士，原美国FDA高级官员、天津天士力集团副总裁孙鹤博士，原意大利最大的制药公司——西格玛韬北美地区药物开发负责人张丹博士，原美国罗切斯特大学教授宁若拉博士。7位回国的人才均是大型跨国企业争夺的创新创业人才。参加人才遴选的评审专家认为，这些人才的整体水平是国内历次创业型人才招聘中水平最高的。

（三）江苏泰州

江苏省泰州市规划28km²（折合投入

200多亿元）建设中国医药城，力争成为学科门类最全、医药产业规模最大、医药产品最繁多、医药人才最集中的现代化、创新型城市。目前，泰州医药城已经引进了30多名海外人才，加上扬子江药业集团、中丹集团等企业引进的人才，海外归国人才已经达到100多人。另外，苏州、无锡、常州等地采取特别政策和措施，已经聚集了100多名海外留学回国人员创业、工作，其中不乏从美国霍普金斯大学、路易斯安娜州立大学、英国剑桥大学等国际名校回国的创新创业人才。

（四）上海

上海医药临床研究中心（以下简称中心）是由科技部生物中心建议，由上海市徐汇区人民政府出资建设的。中心的目标是建立符合国际标准、国际互认的药物研发临床研究基地，加速我国药物研发与国际接轨。目前，徐汇区人民政府投资6.1亿元支持基础设施建设。中心已经聚集了一批临床医学领域的优秀人才，担任中心主任、副主任的6位博士都有在海外知名学府、科研机构工作学习的经历，曾在国外企业担任医学总监或技术总监。

上海张江国家生物医药科技产业基地是目前国内领先的医药产业园区，1996年由科技部、卫生部、中国科学院、国家食品药品监督管理局和上海市人民政府共同支持建设。经过12年的努力，基地初步形成了由产业群体、研究开发、孵化创新、教育培训、专业服务、风险投资6个模块组成的创新创业环境和“人才培养—科学研究—技术开发—中试孵化—规模生产—营销物流”的现代生物医药创新体系，吸引凝聚了一大批创新创业人才。

第六章 合作项目

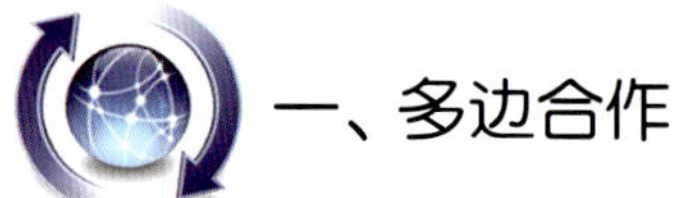

一、多边合作

（一）中欧生物技术合作概况

2008 年 3 月，中欧国际生物技术产业发展创新论坛在上海召开，来自生物医药、生物农药、生物制药、工业生物技术领域的中欧高层及业态专家齐聚上海张江，共同参与生物领域的技术交流与项目合作。该论坛的洽谈项目包括香兰素合成新技术、抗艾滋病药奈维拉平（Nevirapine）的化学全合成、新型止痛药氟吡啶（Flupirtine）的化学全合成、辅酶工业化生产技术、阿卡波糖生产技术、生物酶解法工艺技术、高活力纤维素酶生产技术、发酵法生产多不饱和脂肪酸技术、烷基苷生产技术、德国生物技术协会生物技术项目、清华大学国家技术转移中心生物医药尖端项目等。

（二）国际遗传工程和生物技术中心（ICGEB）概况及其在中国的工作进展

ICGEB 属政府间国际科技组织，其宗旨和原则是促进发达国家和发展中国家在遗传工程和生物技术领域的合作与交流，使发展中国家有机会参加这些领域的国际研究和培训活动，以提高本国能力，推动国民经济发展。该组织最高权力机构是理事会（Board of Governors），自 1994 年起每年底举行一次会议。会上由各正式成员国政府派出理事参加，投票决定个性中心章程、批准新成员、决定政策、批准预算、活动计划和人事任免等重大事宜。中心另设科学顾问委员会（Council of Science Advisory，CSA）和秘书处。中心主要活动包括实验研究、博士与博士后教育、联合研究项目（Collaborative Research Programme，CRP）、培训、研讨会、出版学术刊物、建立生物信息数据库以及各成

员国分中心（Affiliated Center，我国北京大学生物系为其中之一）和网络等活动。

我国是ICGEB的成员国之一，中国生物技术发展中心王宏广主任是ICGEB的中国联络官。自1994年起我国严格按照ICGEB章程推进各项工作，组织相关人员申请奖学金、人员培训、国际合作项目等，较好地促进了中国遗传工程和生物技术领域的学者、科学家与发达国家科学家的合作与交流。

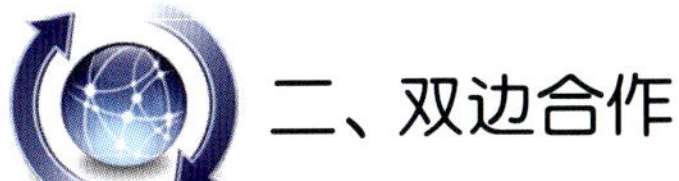

二、双边合作

（一）中国与美国

2008年是中国政府间生物医药科技合作实质性推进的一年。2007年5月起，在我国驻美国大使馆和科技部国际合作司的推动下，中国生物技术发展中心与美国国立卫生研究院过敏和传染病研究所开始就双边科技合作进行洽谈。2008年6月，经科技部批准，双方在中美《卫生健康医药科学合作谅解备忘录》框架下，正式签署了《执行计划草案》。中方根据《执行计划草案》组织相关专家申请了国际科技合作重点项目，并筹备于2010年上半年之前召开学术研讨会和第一次工作组会议。

（二）中国与英国

英国是世界科技强国，以占世界1%的人口，从事了世界5%的科研活动，产生了9%的论文，达到13%的引用率，英国生物技术产业居全球第二，仅次于美国。目前欧洲1/3的生物技术公司位于英国。2006年英国已有生物技术专业企业435家，直接从业人员近2.2万人，绝大多数是高技能的技术人员，年销售额30亿英镑，研发费用达10亿英镑。因此，英国一贯把国际科技合作作为保持英国竞争力的重要组成部分。在合作对象上，传统合作方主要来自美国、德国和法国，而近年明显加大了同中国在生物科技领域的合作力度。目前，中英双边科技关系是历史最好时期。英国与中国的科技论文合著数量，在2001～2005年达5500多篇，超过其他任何一个欧盟国家。在基础性研究领域，英国正成为欧盟国家中与中国进行科研合作频率最高的国家。在教育领域，中国在英留学生人数遥遥领先于其他任何国家。2008年4月，中英科技联委会第五次会议在伦敦召开。双方确定了中英今后两年的6大重点科技合作领域：气候变化、能源和环境，干细胞和传统医学现代化，传染病防治，纳米

技术，空间技术，创新政策。这为中英科技合作的近期和中期发展奠定了坚实的基础。

（三）中国与加拿大

2008 年度，根据中加政府科技合作联委会决定，科技部与加拿大国家研究理事会共同在华举办了第一次中加干细胞研讨会。与会专家就干细胞研究和产业化等前沿热点问题进行了研讨，并访问了北京、西安、上海的相关研究机构。通过交流，中方了解到国际干细胞研发的最新动态，为制定“十二五”计划提供良好的借鉴，并达成了几方面的合作意向。

（四）中国与日本

近年来，中日两国的科技交流与合作发展迅速，规模不断扩大，形成了多形式、多渠道、官民并举的局面，是中日友好关系的重要组成部分之一。特别是在应用技术合作方面，成绩显著，为我国的社会经济发展、科技进步起到了积极作用。中日两国政府间的科技合作与交流以及科技协定等政府间协定下的合作逐步展开。目前中日政府间的科技合作主要包括《中日科技合作协定》、《中日环保合作协定》、通过日本国际协力事业团（JICA）的技术合作、两国政府科技部门对口合作、《中日核能合作协定》5 个方面。双方部门间多层次定期交流规模在扩大，有实质内容的合作项目也有所增加。双方在基础科学、地球环境、软科学方面的合作呈上升趋势。科技人员往来有所增加，如农业部、建设部、工信息部、交通部、铁道部、中国科学院等都与日方建立了对口合作交流关系，定期或不定期地举行高层对话，交流经验，探讨合作，对促进两国部门间科研人员的交流，开展合作研究等发挥了很好的作用。

2003 年 10 月温家宝总理出席了中日韩领导人第五次会晤，与日本首相小泉纯一郎、韩国总统卢武铉共同发表了《中日韩推进三方合作联合宣言》。阐明了新世纪进一步促进和加强三方合作的重要意义。为切实推进实质性合作，三国领导人强调，三国有必要本着循序渐进、先易后难、不断拓展、日益深化的方式，在九大领域中拓展并深化三方合作。其中涉及知识产权保护、信息通信产业合作、环境保护合作、防灾治灾合作、能源合作、科技合作、渔业资源保护等多项与科技有关的合作领域。通过国家领导人出访签订科技合作协定、协议既丰富了我国国家领导人出访成果，又增进了中日两国科技界的合作，并为拓展中日在高新技术领域的合作打下了良好的基础。目前上述合作协定、协议正在顺

利实施。为了更好地促进中日制药企业交流与合作，中国医药国际交流中心与日本大阪府、大阪市已成功举办了两届中日制药企业合作交流会，第三届（2008）中日制药企业合作交流会于2008年11月17～18日在日本大阪举办。该会议的宗旨是通过中日制药企业交流合作的平台，使两国制药企业通过交流合作实现双赢。届时，中日双方参会的生物医药企业的代表和政府官员将就项目合作、产品转让和合作研发等进行洽谈与交流，并就具体项目合作实现对接。

附　　录

附录1
2008年一些国家或地区的国内生产总值

（单位：亿美元）

排名	国家或地区	GDP	排名	国家或地区	GDP
1	美国	138 414	29	阿根廷	2 607
2	日本	43 799	30	爱尔兰	2 557
3	德国	33 165	31	泰国	2 455
4	中国	32 418	32	芬兰	2 447
5	英国	27 696	33	葡萄牙	2 230
6	法国	25 561	34	委内瑞拉	2 154
7	意大利	21 018	35	中国香港	2 067
8	西班牙	14 370	36	马来西亚	1 865
9	加拿大	14 259	37	捷克	1 753
10	巴西	13 142	38	哥伦比亚	1 720
11	俄罗斯	12 896	39	罗马尼亚	1 660
12	印度	11 351	40	智利	1 639
13	韩国	9 699	41	以色列	1 618
14	墨西哥	9 480	42	新加坡	1 613
15	澳大利亚	9 090	43	菲律宾	1 441
16	荷兰	7 662	44	乌克兰	1 405
17	土耳其	6 581	45	匈牙利	1 380
18	瑞典	4 546	46	新西兰	1 283
19	比利时	4 524	47	秘鲁	1 091
20	印度尼西亚	4 325	48	斯洛伐克	750
21	瑞士	4 236	49	克罗地亚	513
22	波兰	4 203	50	卢森堡	501
23	挪威	3 907	51	斯洛文尼亚	430
24	奥地利	3 733	52	保加利亚	396
25	中国台湾	3 720	53	立陶宛	384
26	希腊	3 125	54	爱沙尼亚	213
27	丹麦	3 116	55	约旦	158
28	南非	2 826			

注：表中对中国一栏的数据统计不包括港、澳、台地区。
资料来源：《国际科学技术发展报告（2009）》，科学出版社。

附录2 2007~2008年世界一些国家或地区竞争力排名

国家或地区	2008 年	2007 年	国家或地区	2008 年	2007 年
美国	1	1	印度	29	27
新加坡	2	2	斯洛伐克	30	34
中国香港	3	3	韩国	31	29
瑞士	4	6	斯洛文尼亚	32	40
卢森堡	5	4	西班牙	33	30
丹麦	6	5	约旦	34	37
澳大利亚	7	12	秘鲁	35	—
加拿大	8	10	立陶宛	36	31
瑞典	9	9	葡萄牙	37	39
荷兰	10	8	匈牙利	38	35
挪威	11	13	保加利亚	39	41
爱尔兰	12	14	菲律宾	40	45
中国台湾	13	18	哥伦比亚	41	38
奥地利	14	11	希腊	42	36
芬兰	15	17	巴西	43	49
德国	16	16	波兰	44	52
中国	17	15	罗马尼亚	45	44
新西兰	18	19	意大利	46	42
马来西亚	19	23	俄罗斯	47	43
以色列	20	21	土耳其	48	48
英国	21	20	克罗地亚	49	53
日本	22	24	墨西哥	50	47
爱沙尼亚	23	22	印度尼西亚	51	54
比利时	24	25	阿根廷	52	51
法国	25	28	南非	53	50
智利	26	26	乌克兰	54	46
泰国	27	33	委内瑞拉	55	55
捷克	28	32			

注：表中对中国一栏的数据统计不包括港、澳、台地区。

资料来源：《国际科学技术发展报告（2009）》，科学出版社。

附录3 中国《科技日报》评选出2008年国内、国际十大科技新闻

由科技日报社组织，部分院士、多家中央新闻单位参与的2008年国内、国际十大科技新闻评选结果于2008年12月29日揭晓。

一、国内十大科技新闻

（一）我国首颗中继卫星成功发射

4月25日，我国首颗数据中继卫星“天链一号01星”在西昌卫星发射中心成功发射。中继卫星可为卫星、飞船等航天器提供数据中继和测控服务。它的发射成功，填补了我国卫星领域的又一空白。

（二）科技为抗震救灾提供强大支撑

5月12日汶川发生特大地震。广大科技人员在抗震救灾中发挥了重要作用，一系列前沿技术为抢险救灾提供了有力支持，为抗震和重建工作提供了强大的科技保障。

（三）我国科学家发现铁基高温超导材料

5月25日，中国科学技术大学物理系陈仙辉教授的实验组宣布，首次在相关结构的氟掺杂的钐氧铁砷化合物中发现了超导电性。之后其他几个中国研究小组陆续发现了更多铁基超导材料。

（四）新《科技进步法》实施

修订后的《中华人民共和国科学技术进步法》（简称《科技进步法》）自2008年7月1日起正式实施。作为中国科技界基本法，新的《科技进步法》被认为进一步奠定了建设创新型国家的法律基石。

（五）科技元素让北京奥运异彩纷呈

8月，科技特色鲜明的第29届夏季奥运会在北京成功举办。科技部会同北京市

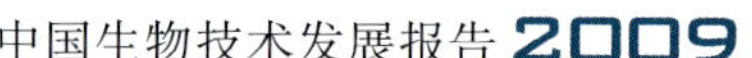

及相关部门，以实践“科技奥运”理念、支撑“绿色奥运”建设为重点，围绕场馆建设、大型活动、赛事组织等方面，应用了大批先进技术，使本届奥运会精彩纷呈。

（六）我国研制成功百万亿次超级计算机

8月，由中国科学院计算技术研究所、曙光信息产业有限公司自主研发制造的百万亿次超级计算机“曙光5000”宣布研制成功。这标志着中国成为继美国之后第二个能制造和应用超百万亿次商用高性能计算机的国家。

（七）我国科学家实现世界首个量子中继器

8月28日，中国科学技术大学的潘建伟教授及其同事宣布，他们利用冷原子量子存储技术，首次实现了具有存储和读出功能的纠缠交换，建立了由300m光纤连接的两个冷原子系综之间的量子纠缠，向未来广域量子通信网络迈出了坚实的一步。

（八）“神舟七号”升空，我国航天员首次太空行走

北京时间9月25日21时10分04秒，我国自行研制的“神舟七号”载人飞船在酒泉卫星发射中心发射升空，并准确进入预定轨道。9月27日16时41分00秒，我国航天员翟志刚打开“神舟七号”载人飞船轨道舱舱门，首度实施空间出舱活动。

（九）我国绘制成首张大熊猫基因组序列图谱

深圳华大基因研究院10月11日宣布，大熊猫“晶晶”基因组框架图绘制完成。该研究将从基因组学的层面上为大熊猫这种濒危物种的保护、疾病的监控及其人工繁殖提供科学依据。

（十）“翔凤”首飞成功，国产飞机走向商用

11月28日，国产支线飞机翔凤ARJ21-700在上海首飞成功，预计不到18个月便可交付首个用户，开始商业运营。发展大型客机项目，是党中央、国务院作出的一项重大战略决策。5月11日，中国商用飞机有限责任公司在上海成立，这标志着中国大型客机研制项目正式启动。

二、国际十大科技新闻

（一）器官移植研究取得重要成果

美国明尼苏达大学心血管修复中心

科学家1月13日在*Nature Medicine*杂志在线版发表论文称，他们通过给“脱细胞化”处理后的动物尸体心脏注入活细胞，成功地使这些心脏恢复了跳动。这是器官移植研究领域的重大突破，也是人类首次在生物体外用组织培养出完整器官。

由英国、意大利和西班牙三国科学家组成的研究小组则利用部分由成人干细胞培养的气管，于6月12日成功地为30岁西班牙女患者实施了器官移植，术后反应良好。这是世界上第一例成功移植用患者自身干细胞再造器官的病例，证实了成人干细胞与经过重新改造的生物材料结合，能够用来定制人体器官，治疗以往难以治愈的顽症。

（二）首次人工构建完整基因组

美国克雷格·文特尔研究所的科学家1月24日在*Science*杂志在线版刊登文章称，他们通过合成生殖支原体细菌JCVI-1.0中的58.297万个碱基对，成功制造出生殖支原体的完整基因组，创造了目前世界最大的人工合成DNA组织，成为合成基因组学的又一大突破。该成果使人类以化学方法制造DNA片段成为可能，并为合成与复制DNA的技术提供了新方法。

（三）电路世界存在第四种基本元件

美国惠普公司实验室研究人员在5月1日出版的*Nature*杂志上发表论文，宣称电路世界中存在第四种基本元件——记忆电阻器，并成功设计出世界首个能工作的记忆电阻器原型。这种元件即使在被关闭的情况下仍然具备记忆自身历史的功能。这项重大发现将对电子科学的发展历程产生重大影响。

（四）“凤凰”号确认火星有水

7月31日，“凤凰”号火星探测器项目小组宣布，“凤凰”号在加热火星土壤样本时鉴别出有水蒸气产生，从而确认火星上有水存在。除发掘到水冰外，“凤凰”号还探测到了碳酸钙和某种蒙古土的层状颗粒，并发现了高氯酸盐。这些成果将帮助专家进一步推断火星现在或者以前是否有适宜生命存在的环境。

（五）受活脑组织控制的机器人问世

英国雷丁大学科学家8月13日展示了他们研制的全球首个受活脑组织控制的生物化机器人米特·戈登，其原始大脑灰质由人工培育的30万个老鼠神经元聚合而成。这项实验的科研和医学意义深远，目的是探索天然智能和人工智能之间逐渐趋

于模糊的界限，揭示人脑奥秘，可能有助于找到对抗神经退化性疾病的有效治疗方法。

（六）发现新的三夸克粒子

美国费米国家加速器实验室9月初宣布，在对撞实验中发现一种新型粒子——欧米伽b重子，这是迄今物理学界发现的质量最大的重子。该粒子与常见的由第一类夸克（上、下夸克）组成的质子和中子不同，由两个奇异夸克和一个底夸克组成，这是人类首次发现由后两类夸克混合组成的重子，从而证实了夸克模型的成功。这一成果对于逐步认识夸克组成物质的全貌，了解凝聚和分离夸克的亚原子力，以及完善重子周期表来说具有重大意义。

（七）欧洲大型强子对撞机启用

欧洲核子研究中心的大型强子对撞机9月10日启动，将第一束质子束流注入长达27km的对撞机隧道，并贯穿了整个对撞机。虽然随后的实验进程因机械故障而暂停，但大型强子对撞机的启用具有里程碑意义，可望创造出与宇宙大爆炸之后万亿分之一秒时的状态相类似的条件，为研究宇宙起源和各种基本粒子特性提供强有力的手段。

（八）中国航天员实现太空漫步

9月25日21时10分04秒，发射“神舟七号”的“长征二号”火箭点火成功，搭载3名中国航天员的飞船腾空而起。9月27日16时41分00秒，航天员翟志刚身穿中国自行研制的“飞天”舱外航天服，首度实施空间出舱活动，在茫茫太空第一次留下中国人的足迹。

（九）物质第五态研究获突破性进展

德国美因茨大学科学家10月19日在*Nature Physics*在线版发表论文宣称，他们对物质第五态的研究取得突破性进展，开发出高分辨率扫描电子显微镜，首次成功观察到“玻色-爱因斯坦冷凝物”中单个原子的空间分布，竖立起一座新的里程碑，这一成果将加深对物质第五态的了解。

（十）看到系外行星“真面目”

美国天文学家11月13日发表一组太阳系外4颗新发现行星的照片，这是人类首次直接拍摄到太阳系外行星照片，从而在弄清太阳系以外是否存在类地行星，以及其上是否有生命存在的道路上迈出重要一步。

附录4 2008年部分诺贝尔科学奖

一、诺贝尔化学奖

瑞典皇家科学院2008年10月8日宣布，将2008年度诺贝尔化学奖授予日本科学家下村修、美国科学家马丁·沙尔菲和美籍华裔科学家钱永健。这三位科学家因在发现和研究绿色荧光蛋白方面做出贡献而获奖。

瑞典皇家科学院发布的颁奖声明称，绿色荧光蛋白已经成为现代生物科学最重要的工具之一。绿色荧光蛋白的出现，解决了生物化学和现代基因组学面临的一个重大难题——缺少跟踪活体细胞内部和外部分子实时变化的方法。在它的帮助下，研究人员能够看到以前所不能见的新世界，这包括大脑神经细胞的发育过程和癌细胞的传播方式等。

本次诺贝尔化学奖得主之一下村修和同伴于1962年在从一种特殊水母中提取水母素时，偶然发现了在紫外光下发强烈绿色的荧光蛋白；此次同时获奖的马丁·沙尔菲在接下来的研究中指出，水母素和绿色荧光蛋白发光原理不同，水母素仍是荧光酶的一种，需要荧光素才能发光，而绿色荧光蛋白本身就能发光；第三位获奖者，美籍华裔科学家钱永健改造绿色荧光蛋白取得多项成果，世界上目前使用的荧光蛋白大多是钱永健实验室改造后的变种。现在的荧光蛋白不仅荧光更强，而且除绿色外，还可以呈黄色、蓝色，有的还可激活变色。

二、诺贝尔生理学/医学奖

瑞典卡罗林斯卡医学院2007年10月6日宣布，将2008年度诺贝尔生理学/医学奖授予德国科学家哈拉尔德·楚尔·豪森

及两名法国科学家弗朗索瓦丝·巴尔一西诺西和吕克·蒙塔尼。豪森的获奖成就是发现了人乳头状瘤病毒（HPV），这种病毒是导致女性第二常见癌症——宫颈癌的罪魁祸首。巴尔一西诺西和蒙塔尼的获奖成就是发现了人类免疫缺陷病毒（HIV），也就是人们常说的艾滋病病毒。